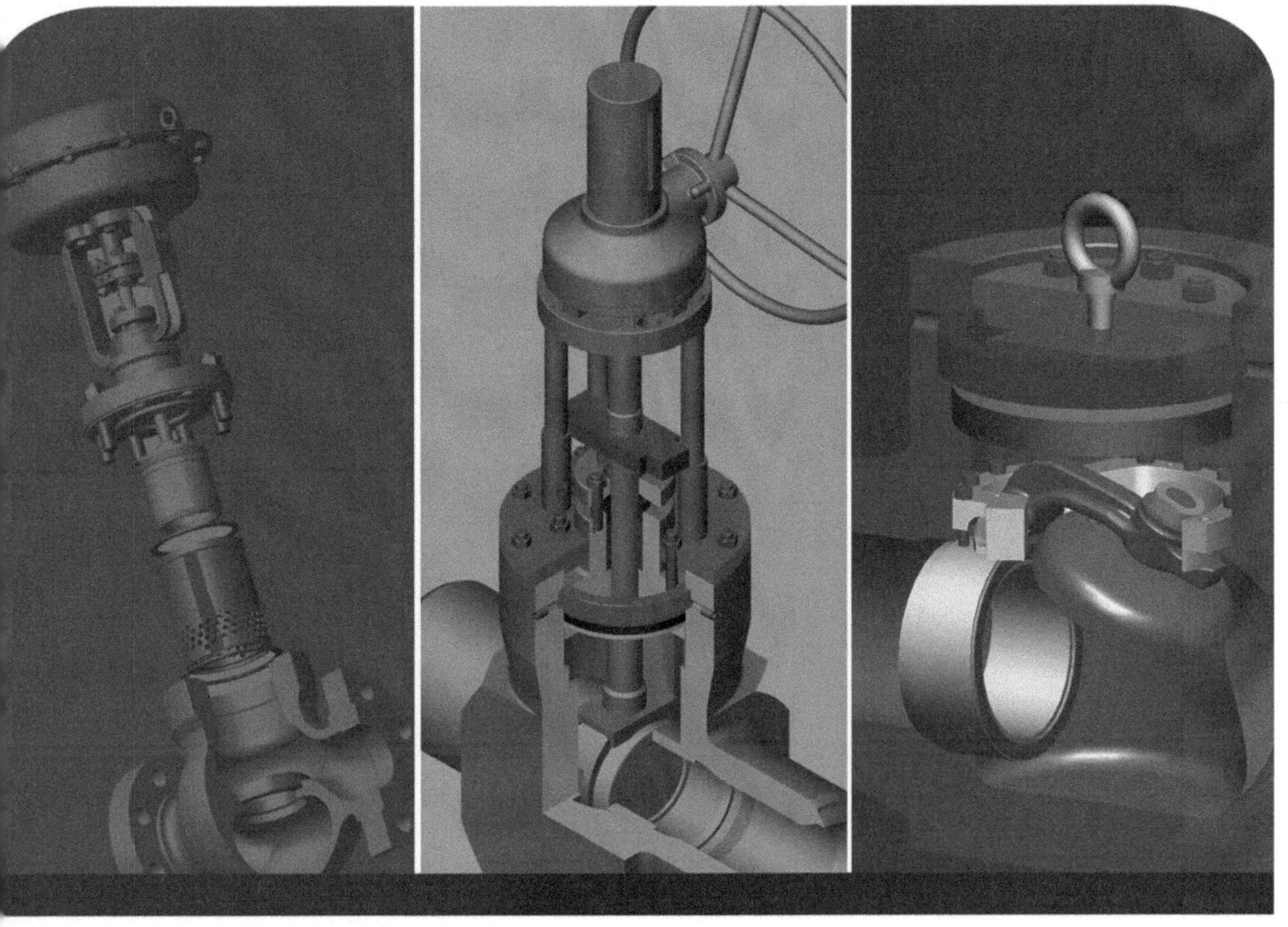

The Valve Primer

밸브입문서

| 최병권 지음 |

청 문 각

이 책을 펴내며...

밸브업계에서 일하면서 밸브 사용자들과 이야기를 해보면 밸브에 대한 잘못된 이해와 인식이 많고, 또한 밸브업계에 종사하는 사람들조차도 밸브에 대해 잘못 알고 있는 사항들이 있습니다. 이에 밸브에 대해 쉽게 접근하기 위한 서적이나 자료가 있으면 좋겠다고 생각하던 중에 Brent T. Stojkov의 ≪The Valve Primer≫를 접하게 되었고, 국내에도 이러한 기초적인 입문서가 있으면 밸브를 처음으로 접하는 분들께 도움이 되리라 생각되어 이 책을 만들게 되었습니다.

본 책의 내용은 밸브를 이해하는 데 가장 기초적인 사항들을 다루고 있으며, 밸브설계자나 밸브관련업체의 종사자에게는 보다 진보된 밸브의 개발이나 연구에 도움이 될 것으로 생각합니다. 특히 밸브의 사용자 입장에서 밸브를 올바르게 선정하고 사용하는 데 많은 도움이 될 수 있기를 기대합니다.

2009년 8월

지은이 **최병권**
키밸브기술㈜ 기술연구소
Research & Developments Center
Key Valve Technologies Ltd.

차 례_Contents

그림 목록_List of Figures

Chapter 1 서론(Introduction)

밸브는 배관 시스템에서 유체의 흐름을 제어하는 기능을 가진 기계적인 장치(mechanical devices)이다. 산업적으로 설치되어 제어되는 유체는 일반적인 유체일 수 있으며, 가스나 증기이다. 여기서의 유체는 고체입자, 소위 슬러리(slurry)라 부르는 것과 같이 이러한 고체입자를 운반하기 위한 가스를 포함한 혼합물로 확대하여 유체로 정의할 수 있다. 일부에서는 건조한 파우더도 유체로 고려할 수 있으며, 유체로 취급한다. 이러한 유체를 다루는 제어한다는 의미는 다음 중 하나이거나 복합된 것으로 볼 수 있다.

1. 흐름과 멈춤
2. 흐름량의 조절
3. 역으로의 흐름의 방지
4. 흐름 방향의 변경
5. 유체 압력의 제한

밸브는 밸브를 통한 흐름 경로에서 제약(이후 소위 흐름제어요소라 한다)에 의해 조절기능을 수행하는 것이다. 흐름제어요소의 본질은 밸브의 밸브가 적용되어야 하는 유형과 종류를 의미한다. 많은 종류의 밸브가 있으나 산업과 전력부분 배관에 적용되어 사용되는 것은 대부분 다음 중 하나일 것이다. 게이트, 글로브, 체크, 버터플라이, 볼, 플러그 또는 다이어프램밸브. 이러한 각 유형의 설계의 차이는 많은 각기 다른 적용에 맞추어 개발된 결과이다. 제어의 형태로서 각기 다르게 설계되는, 흐름제어요소와 이들 각 유형별 적용은 밸브의 종류별 설명에서 상세하게 다루고자 한다. 여기서는 밸브에 대한 개괄적인 설명을 우선하고자 한다.

밸브는 밸브의 제어기능을 수행하는 과정에서 두 가지 조건을 만족해야 한다. 첫 번째는 유체가 주변으로 새어 나가지 않아야 한다는 것이고, 두 번째는 내부에서 누설되면 안 된다는 것이다. 이것이 의미하는 것은 밸브가 닫히면 흐름이 없어야 하고 정상적인 유체 경로가 아니면 유체가 흐르지 않아야 하는 밸브 부품들 사이에서는 흐르지 말아야 한다는 것이다. 이러한 두 가지 지켜져야 할 조건은 항상 절대적인 것은 아니다. API 598과 같은 밸브의 시험 규격은 밸브의 크기와 형태에 따라 시팅 부위에서 매우 작은 누설은 허용하고 있다. 덧붙여 말하면 스템 패킹 또는 샤프트를 통한 누설이 사용 중에 잠시 동안 밸브에서 발생되는 것이 아주 보기 드문 경우라고 할 수는 없다.

모든 밸브의 유형은 일반적인 배관 연결방법으로 연결형식(end)을 갖도록 생산된다. 여기서 연결형식이라 함은 나사연결(threaded; screw로 불리기도 함), 플랜지(flanged), 맞대기용접(butt weld), 소켓용접(socket weld), 솔더(solder)와 그루브(grooved)를 말한다. 특정 배관에 밸브를 사용하기 위해 적절한 배관연결은 배관설계(자)에 의해 결정된다. 배관설계(자)의 결정은 배관 라인의 크기와 유체의 압력, 재질, 조립의 용이성 등의 요인들에 의해 결정된다. 하지만 어느 정도의 규격은 존재하며, 작은 크기의 밸브들은 대부분 나사연결이나 소켓용접 연결형식으로 제작된다. 반면 밸브의 크기가 크면 플랜지 연결형식이나 맞대기용접 연결형식으로 생산된다. 나사연결이나 플랜지 연결형식은 조립이나 분해에 용이하고 밸브 재질이 용접할 수 없는 재질에 사용되어야 한다. 하지만 이러한 연결형식은 누설의 가능성이 있음을 잊지 말아야 한다. 소켓용접과 맞대기용접 연결형식은 누설에 대해 강점이 있고 고압의 배관에서 선호된다. 이러한 장점에 반하여 연결하는 데는 많은 어려움이 있으나, 나사 연결이나 플랜지 연결에 비해 보다 더 영구적이다. 배관에서 배관의 크기를 통칭할 때, 2 inch(2″ NPS)를 포함하여 이보다 작은 경우에는 소구경(*small bore*)이라 하고, 2 $\frac{1}{2}$ inch(2 $\frac{1}{2}$″ NPS)를 포함하여 이보다 큰 경우에는 대구경(*large bore*)이라 한다.

일부 밸브는 특정한 연결형식 없이 제작되며, 두 가지의 다른 스타일이 있는데, 웨이퍼(wafer) 밸브와 러그(lug) 밸브이다. 양쪽 모두 플랜지를 사용하도록 설계되어 있다. 웨이퍼 스타일의 밸브는 양쪽에 플랜지를 대어 사용하며, 원형의 몸체는 플랜지의 원형 볼팅 패턴 안쪽으로 들어가 맞게 되어 있어 단단하게 조이게 되면 연장된 길이의 플랜지 스터드 볼트는 플랜지가 밸브 엔드부가 밀봉(sealing)되도록 하며, 밸브는 정위치로 고정된다. 이러한 설계에서는 밸브가 배관라인과 함께 고정되는 데 기여하지 못한다. 웨이퍼 스타일의 밸브의 예는 Figure 1.1에 보는 바와 같다. 러그 스타일의 밸브 또한 원형이지만 이 주위에 여러 개의 나사구멍이 있는 러그(lug, 귀처럼 나온 모양) 돌기부가 있다. 나사구멍의 위치는 플랜지와 맞게 되어 스터드볼트로 조립하게 되어 있다. 러그스타일의 밸브는 각 플랜지에 짧은 스터드나사로, 플랜지 사이에 놓이게 되고 밸브가 배관에 함께 고정되거나 러그밸브가 배관 끝에 단일 플랜지에 고정될 수 있다. 러그스타일의 밸브는 Figure 1.2의 러그스타일 버터플라이밸브의 예와 같다.

Figure 1.1 Wafer check valve (Courtesy of Crane Co.; Reprinted with permission from Crane Co. All rights reserved.)

Figure 1.2 Lug style butterfly valve (Courtesy of Crane Co.; Reprinted with permission from Crane Co. All rights reserved.)

Chapter 2 밸브(Valves)

2.1 서론: 밸브의 종류와 특성

밸브는 유체의 흐름을 제어하는 기계적인 장치로 기능별, 형태 또는 형상별로 분류할 수 있으며, 밸브가 적용되는 프로세스의 이름을 따서 명명하거나 밸브가 갖는 고유한 모양과 기능, 특성에 따라 또는 제조사의 고유한 명칭에 의한 밸브들이 있어 이러한 것을 모두 열거하기에는 너무나 가짓수가 많다. 여기서 가장 대표적인 밸브들은 아래와 같으며, 이에 대해 각 절에서 설명하고자 한다.

- 게이트밸브(gate valves)
- 글로브밸브(globe valves)
- 체크밸브(check valves)
- 버터플라이밸브(butterfly valves)
- 볼밸브(ball valves)
- 플러그밸브(plug valves)
- 다이어프램밸브(diaphragm valves)

2.2 게이트밸브(gate valves)

게이트밸브는 유체흐름 제어요소가 흐름을 정지하도록 유체흐름경로가 완전히 닫힐 때까지 양단에 가로질러 흐름경로에 위치하는 밸브이다. 밸브가 열렸을 때 게이트는 흐름경로에서 거의 완전하게 빠져나온다. 유체의 흐름은 직선상에 놓여 있어

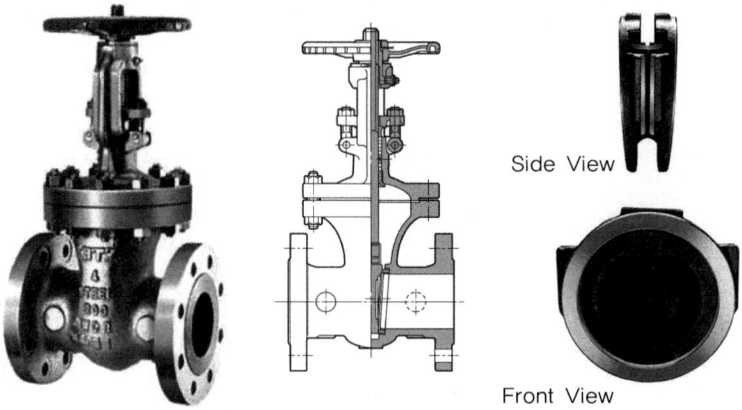

Figure 2.1 Gate Valve (Courtesy of KITZ Corporation; 출처 "KITZ Cast Carbon and Low Alloy Steel Valves" www.associatedvalve.com/download/kitz/kit-11011.pdf)

매우 작은 저항을 갖는다. 게이트밸브는 일반적으로 대칭형으로 출구가 입구가 될 수 있으며, 흐름은 양쪽 방향으로 가능하다. 게이트밸브가 적합한 적용 제어형태는 유체의 흐름을 시작하거나 멈추게 하는 것이다. 게이트밸브는 다른 밸브와 제어하는 측면에서 비교하여 정지밸브 또는 차단밸브(block valves)로 취급한다.

2.2.1 게이트밸브 형태

게이트밸브의 대표적인 형태는 다음의 그림을 참고로 설명한다. 이러한 밸브는 플랜지 연결(flanged end), 볼티드 보닛(bolted bonnet), 아웃사이드 스크루 요크(outside screw and yoke), 플렉시블 웨지(flex-wedge) 게이트밸브로 표현된다.

각 용어는 특정한 설계의 형태를 나타내는 것으로 배관의 연결방식, 밸브몸체와 보닛의 연결방식, 스템설계 형태, 게이트설계 형태를 표현한다. 바꾸어서 생각하면 이러한 각각의 설계 형태와 방식을 선택하여 조합하면 다양한 종류의 게이트밸브가 나올 수 있다. 연결방식, 즉 엔드부에 대한 것은 앞 장에서 설명하였으며, 각 설계의 형태에 대해 설명하고자 한다.

(1) 몸체와 보닛의 결합방식(body-bonnet joint)

몸체와 보닛의 결합방식에는 나사결합(screwed), 유니온(union), 볼티드보닛(bolted-bonnet), 프레셔 실(pressure-seal), 용접결합(welded-bonnet) 방식이 있다.

- 나사결합(screwed)방식은 Figure 2.2와 같은 결합방식으로 보닛 하단에 마련한 수나사가 몸체 상부에 구비한 암나사와 나사로 결합되는 구조이다. 매우 간단하고 값싼 결합방식으로 분해가 거의 필요하지 않은 작은 크기의 청동밸브에 주로 적용된다.

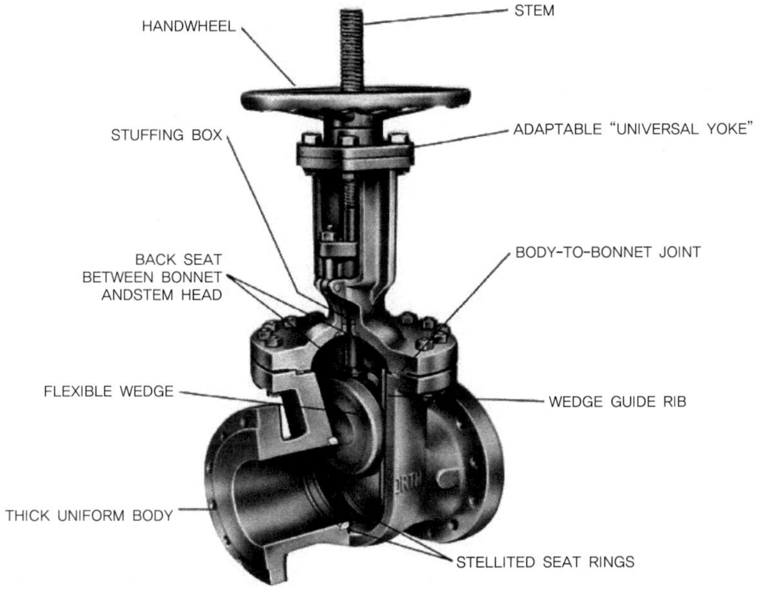

Figure 2.2 Gate valve (Courtesy of Walworth Company)

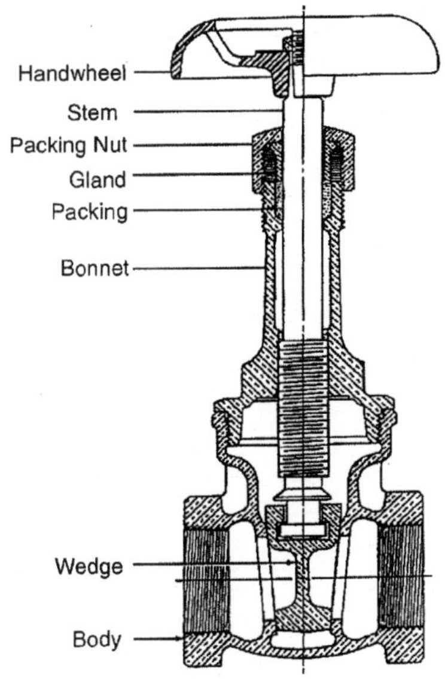

Figure 2.3 Screwed body-bonnet joint, inside screw rising stem (ISRS) design (Extracted from MSS SP-80, 1987, with permission of publisher, the Manufactures Standardization Society)

Figure 2.4 Union joint

- **유니온 체결형식**(union joint)은 Figure 2.4와 같은 결합방식을 갖는 것으로, 배관의 유니온 형식과 같이 나사부가 없는 보닛을 암나사가 나 있는 체결너트로 몸체에 나 있는 수나사와 체결하여 고정하는 방식이다. 몸체와 보닛은 단단히 조여서 결합될 때 마모될 우려가 없는 장점이 있다. 분해가 필요한 곳에 선호되는 나사결합방식이다.

  유니온 너트는 결합의 강도와 강성을 높여준다. 유니온 너트를 체결하거나 분해하는 데에는 강한 토크를 요구하기 때문에 유니온 결합방식은 작은 밸브에 국한되어 사용된다.

- **볼티드 보닛**(bolted-bonnet) 결합방식은 Figure 2.2에서 보는 바와 같이 몸체 상부에 플랜지를 구성하고 스터드 또는 볼트와 너트로 체결하는 방식이다. 작은 크기의 밸브에서는 몸체 상부에 구비한 나사구멍에 볼트로 보닛을 고정하는 방식이 일반적이다. 외부로의 누설을 방지하기 위해 플랜지 사이에 개스킷이 위치한다. 밸브의 압력수용량에 따라 개스킷은 플랫(flat), 단단한 재질로는 스파이럴 운디드(filled spiral-wound) 개스킷 또는 메탈링이 사용된다. 플랫 개스킷은 저압밸브에서 볼 수 있으며, 스파이럴 운디드 개스킷 또는 메탈링은 중간 또는 고압밸브에 사용된다. 볼티드 보닛은 보수 시 분해가 용이하며, 주철밸브와 탄소강밸브의 모든 크기에 사용된다.

- **프레셔 실**(pressure-seal) 결합방식은 Figure 2.5와 Figure 2.6에서 볼 수 있는 형식으로, 이러한 설계에서는 내부 압력이 보닛 바닥에 작용하여 상대적으로 무른 프레셔 실 개스킷 링(pressure-seal gasket ring)을 가압하는 구조이다.

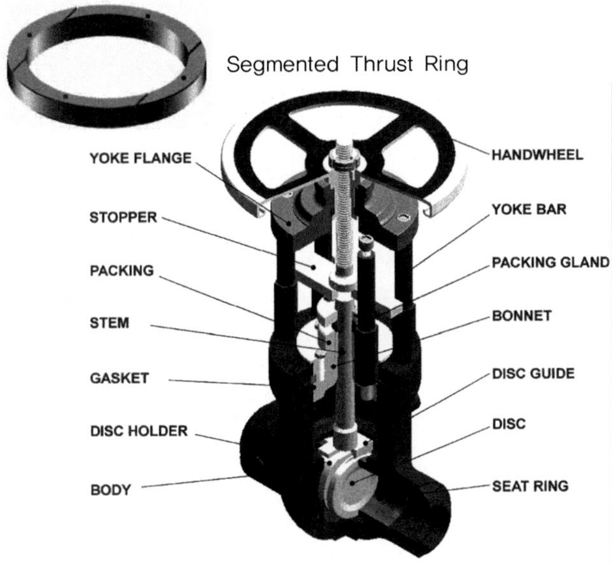

Figure 2.5 Gate valve (Pressure-seal body bonnet joint, Courtesy of Key Valve Technologies Ltd.)

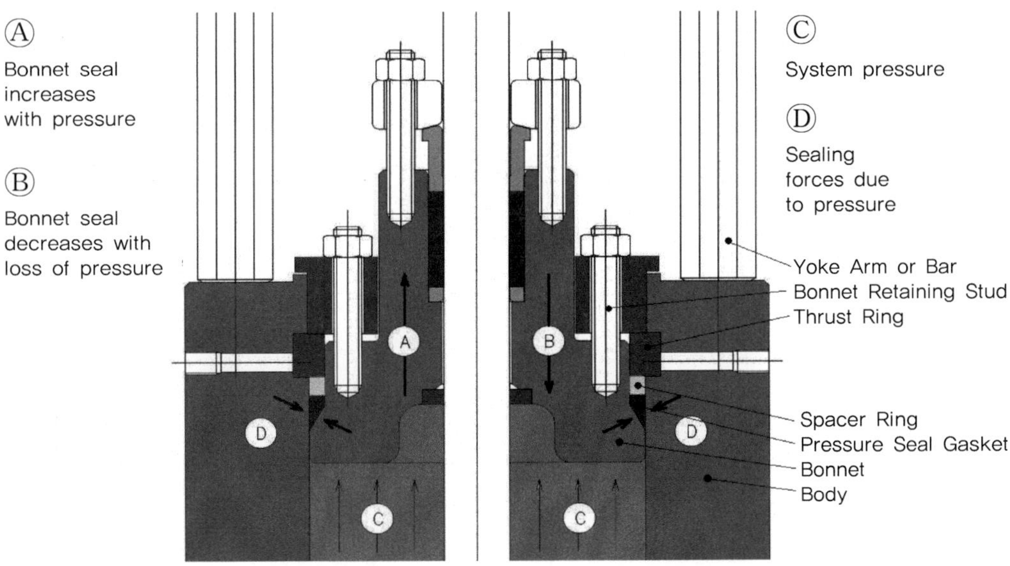

Figure 2.6 Pressure-seal body bonnet joint

프레셔 실 개스킷 링은 쐐기 모양의 단면을 가지므로 보닛의 외면과 몸체의 내측 원주면에 대해 가압 밀착하여 누설을 방지한다. 몸체 상부 내면에 원주의 그루브에 위치하는 분할된 스러스트 링(thrust ring)은 내부 압력에 의해

가해지는 모든 스러스트를 지탱한다. 강화 처리된 스페이스 링(space ring)은 프레셔 실 개스킷 링과 스러스트 링 사이에 위치하여 프레셔 실 개스킷 링의 상부가 변형되는 것을 방지한다. 보닛의 리테이닝 스터드(retaining stud)는 보닛(bonnet)을 정위치에 고정하고 밸브가 사용에 들어가기 전의 프레셔 실 개스킷 링에 프리로드(preload; 예비 가압력)를 주는 역할을 한다. 프레셔 실(pressure-seal) 결합방식은 고압 또는 매우 큰 고압사용조건의 탄소강밸브에 사용된다.

- **용접결합**(welded-bonnet)은 Figure 2.7과 같은 것으로, 몸체에 보닛을 용접하여 결합부위의 누설이 아예 없도록 한 것이지만 밸브의 분해는 가장 어려운 타입이다. 용접결합은 볼티드 보닛이나 프레셔 실 결합방식보다 밸브를 가볍게 한다. 작은 크기의 탄소강밸브는 수리하는 것 자체가 비경제적이므로 분해의 어려움이 단점이라고 할 수는 없다.

Figure 2.7 Welded-bonnet (body type)

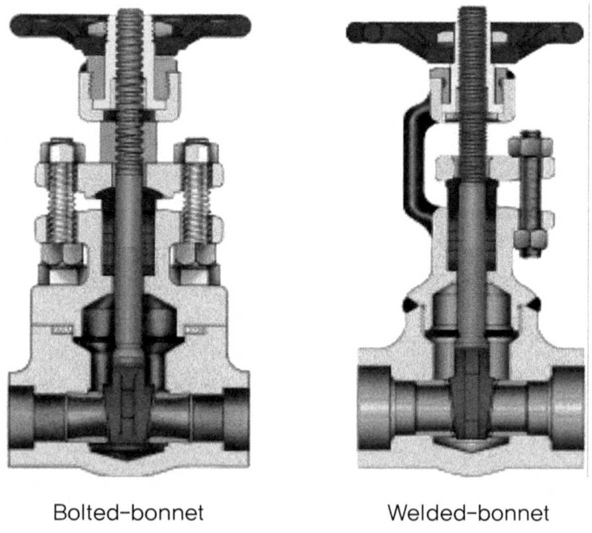

Figure 2.8 Bolted-bonnet & Welded-bonnet (Courtesy of Velan Inc. Catalog "Forged Steel Gate, Globe & Check Valves", p. 6)

(2) 스템 작동형식(stem design)

게이트밸브에는 3개의 스템 작동형식이 있는데, 내부나사 상승식 스템(Inside Screw Rizing Stem; ISRS), 비상승식 스템(Non-Rising Stem; NRS)과 외부나사 요크(Outside Screw and Yoke; OS&Y) 형식이다.

- 내부나사 상승식 스템(ISRS)은 Figure 2.3에 나타낸 것과 같은 것으로, 스템에 오른나사가 구비되어 보닛 내부에 구비한 나사에 결속되어 시계 방향으로 핸드휠을 돌리면 스템과 게이트가 내려가게 되어 밸브는 닫히게 된다(밸브가 닫히도록 핸드휠을 시계 방향으로 회전시키는 것은 밸브산업에서 통용되는 관습이다). 외부로 노출된 스템의 위치에 따라 밸브가 열려 있는지 닫혀 있는지를 알 수 있다. 내부나사 상승식 스템은 청동밸브에 표준으로 유일하게 적용되고 있다.

- 비상승식 스템(NRS)은 Figure 2.9에서 보는 바와 같은 스템 작동형식으로, 이러한 형식(설계)은 밸브가 설치되는 공간이 스템이 위쪽으로 움직이는 데 충분하지 않은 경우에 사용된다. 이러한 스템 작동형식에서는 스템에 왼나사가 구비되며, 게이트 내부에 나사와 결속되어 있다. 보닛 안쪽에 필수적으로 스템 칼라(stem collar) 부위가 있어 스템이 상하로 움직이지 못하게 하고 회전만 하도록 구성된다. 왼나사로 되어 있어 핸드휠을 시계 방향으로 돌리면 밸브는 닫히게 된다. 스템이 위쪽으로 이동하지 않아서 밸브가 닫혀 있는지, 열려 있는지를 알 수 없다. 비상승식 스템은 청동밸브나 주철밸브에서나 볼 수

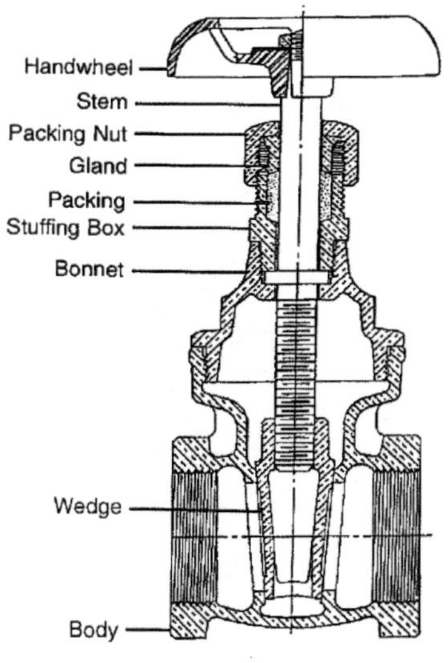

Figure 2.9 Non-rising stem: NRS (Extracted from MSS SP-80, 1987, with permission of publisher, the Manufactures Standardization Society)

있으나 일부 업체의 큰 사이즈의 탄소강 게이트밸브에 적용되기도 한다. 주철밸브 또는 탄소강 게이트밸브에 사용되는 경우에 논겔링너트(non-galling nut), 보통 청동재질의 것이 스템과 게이트 사이의 지나친 마모를 방지하기 위하여 게이트에 구비한다.

- **외부나사 요크**(Outside Screw and Yoke; OS&Y) 내부나사 상승식 스템과 비상승식 스템의 주요 단점은 밸브를 통해 흐르는 유체에 스템나사부가 항상 젖어 있는 상태에 놓인다는 것이며, 부식과 침식의 상태에 놓여 있어 망가질 가능성이 있다는 것이다. 하지만 해양시추선상의 환경과 같이 외부의 부식조건이 가혹한 경우가 있다. 이러한 예외적인 사례에서 내부나사 상승식 스템과 비상승식 스템은 밸브를 통과하는 유체에 의한 내부 부식보다는 외부 부식이 더 중요하기 때문에 선호된다. 외부나사 요크 형식은 Figure 2.2와 Figure 2.10에서 보는 바와 같은 형식으로 스템의 나사부가 밸브 외부에 있어 나사가 젖지 않는다. 스템은 보닛으로부터 확장된 2개의 암(arms)으로 구성된 요크를 통해 운동하며, 요크너트(yoke nut; stem nut, yoke bushing, 또는 stem bushing)에 대해 구조물을 형성하여 연결된다. 다른 스템형식과는 달리 핸드휠이 스템에 연결되었다기보다는 요크너트에 붙어 있다. 요크너트는 자유롭게

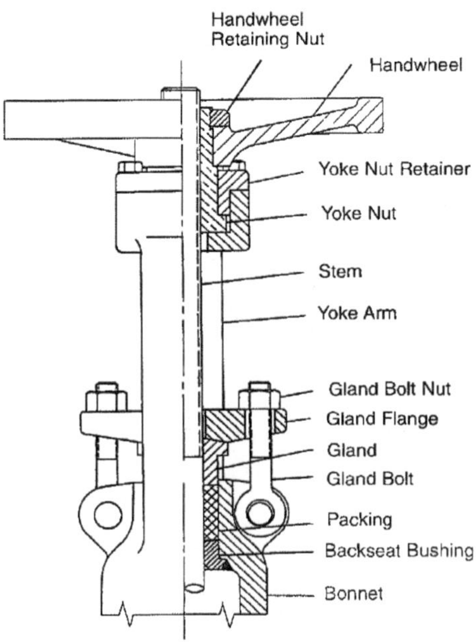

Figure 2.10 Section through yoke nut and stuffing box

회전하며, 요크너트에 부싱 역할을 하는 요크너트 리테이너에 의해 요크 상부에 결속되어 있다. 요크너트는 왼나사의 내부나사로 스템나사가 끼워진다. 스템나사가 왼나사이기 때문에 핸드휠을 시계 방향으로 회전하면 스템이 하향 운동하여 밸브는 닫히게 된다. 밸브 외부에 위치하기 때문에 나사부에 필요하면 쉽게 윤활제를 공급할 수 있으며, 이러한 목적으로 요크너트 하우징에 그리스 주입구를 마련한다.

큰 밸브에서는 요크너트와 요크너트 리테이너와의 마찰을 줄이기 위해서 핸드휠의 작동력을 감소시키기 위해 볼베어링이나 롤러베어링을 적용한다.

이러한 스템 설계형식에서는 스템이 회전하지 않으며 게이트에 핀으로 고정한다. 게이트 상부에 T자 모양의 슬롯을 만들어 이에 맞는 스템 끝단을 T자 헤드를 맞추어 끼우는데 게이트가 자연스럽게 시트와 정렬되도록 하기 위함이다. 밸브 게이트의 위치는 스템의 상부 위치로 쉽게 알 수 있다. 내부나사 상승식 스템(Inside screw rizing stem; ISRS)은 모든 크기의 주철과 탄소강 게이트밸브의 표준이다.

3개의 스템설계형식에서 스템으로의 외부누설은 변형 가능한 비금속 패킹을 사용하여 막는다. 패킹은 보닛 안쪽에 원주형 공간, 흔히 스터핑박스 또는 패킹 체임버라고 부르는 곳에 끼워진다. 내부나사 상승식 스템과 비상승식 스템 형식을 사용하는 밸브에서는 Figure 2.3과 Figure 2.9에서 보는 바와 같이 보닛 상부에 마련한 나사에 오목한 패킹너트로 조여주면 관 형태의 그랜드(grand)를 밀어 넣어 패킹을 밀착 고정하도록 되어 있다. 외부나사 요크 형식의 밸브에서는 패킹의 구성과 모양이 조금 더 복잡하며, Figure 2.10에서 보는 바와 같다. 그랜드볼트 또는 그랜드너트를 조여주면 그랜드플랜지가 그랜드를 밀어주는 구조로 패킹은 압축 고정된다. 그림에서는 아이볼트(eye bolt)와 핀(pin) 또는 이와 유사한 구성으로, 보닛에 고정되도록 그랜드플랜지는 한 쌍의 그랜드볼트 또는 그랜드너트를 조여주어 조임력을 지지하는 구조이다. 두 방법 모두 누설이 발생될 곳에 패킹 압력을 조절하도록 한 수단이다. 패킹너트(또는 볼트)를 조이면 패킹을 압축하여 스템에 대해 패킹이 소성변형하여 밀착 압축되도록 한다.

내부나사 상승식 스템형식과 외부나사 요크형식에서는 대부분 게이트와 스템 끝단 연결부 가까이에 숄더(shoulder)를 마련하여 배관에서 밸브를 분리하지 않은 상태에서 패킹 교체작업이 가능하도록 하고 있다. 밸브를 완전히 열면 여기서 말하는 숄더가 보닛 안쪽 상부에 마련한 백시트(backseat)에 밀착되어 누설을 막도록 하여 패킹 교체작업을 누설이 없이 가능하도록 한다. 백시트는 보닛 내부에 위치하며 분리되는 부싱형태이고 보닛에 나사로 조여 결합하거나 압착하거나 용접하기도 한다. 스템 숄더와 백시트는 Figure 2.2, 2.3, 2.5에서 보이는 바와 같다. 백시트에 대한 이용방법에 대한 것은 9장 유지보수 및 수리 부분을 참조하기 바란다.

(3) 게이트 설계형식(gate design)

게이트밸브에서 가장 일반적인 게이트 형식은 그 단면모양이 웨지의 형태를 가지기 때문에 '웨지게이트(wedge gate)'라고 불린다. 이러한 웨지게이트는 스템의 센터라인에 3~6°의 각을 갖는 양 시트에 결합된다. 닫힘 구동력에 의해 양쪽 시트에 게이트가 밀착되면서 쐐기작용에 의해 두 개의 실링면을 생성하여 양쪽 방향으로 흐름에 대해 차단하게 된다. 웨지게이트는 3개의 형태로 분류되는데, 하나의 강체로 구성되는 솔리드 웨지(solid wedge)와 하나의 강체로 구성되나 게이트 원주에 슬릿 홈을 주어 어느 정도의 변형이 되도록 유연성을 갖도록 한 플렉시블 웨지게이트(flexible wedge gate)가 있으며, 두 개로 분할된 스플릿 웨지(split wedge)가 있다(Figure 2.11 참조). 가장 일반적인 게이트의 형식이 웨지게이트이기는 하지만 보다 발전된 형태의 게이트로 패러럴 슬라이드 게이트(parallel slide gate)가 있다. 패러럴 슬라이드 게이트는 두 개의 평행한 디스크로 구성되며, 이러한 게이트밸브에서는 양쪽의 시트 또한 평행하게 구성된다. 현재의 추세로 보아 웨지 게이트밸브는 저가형으로 사용되며, 패러럴 슬라이드 게이트는 웨지게이트에 비하여 상대적으로 작은 구동력으로 작동시키는 이점이 있고 주로 고차압용으로 선호되고 있다.

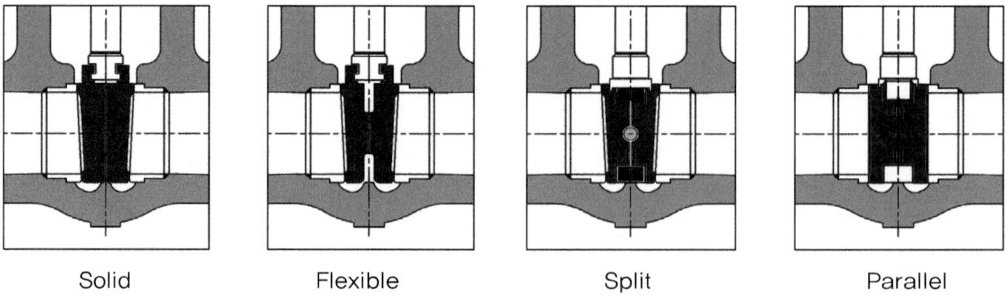

Figure 2.11 Wedge gate & parallel slide gate designs

- 솔리드 웨지게이트(solid wedge gate)는 한때 가장 많이 사용되었던 형식이다. 아직까지도 가장 단순하며, 가장 경제적인 스타일로 부식이나 진동에 가장 저항성이 높은 게이트이다. 또한 스팀의 사용조건에서 난류유동에 이상적인 형식이다. 솔리드 웨지게이트는 중공의 스템으로 수정하여 비상승식 스템과 함께 사용된다. 청동밸브, 주철밸브와 작은 크기의 탄소강밸브에 표준이다. 솔리드 웨지게이트의 단점은 그 강성에 있는데 이러한 강성으로 시트의 왜곡을 수용하지 않으며, 극단적으로 높은 온도일 때는 고착(sticking)되기 쉽다. 부가적으로 실링은 웨지와 시트면과 잘 맞아야 하고, 그렇게 되도록 정밀하게 가공하느냐에 달려 있다. 밸브의 크기가 커질수록 이러한 맞춤이 더욱 어려우며, 결론적으로 큰 크기의 밸브에는 적용하기가 불가능하다. 다음 Figure 2.12에서도 볼 수 있는 것과 같이 소형 게이트밸브에 적용된 사례이다.

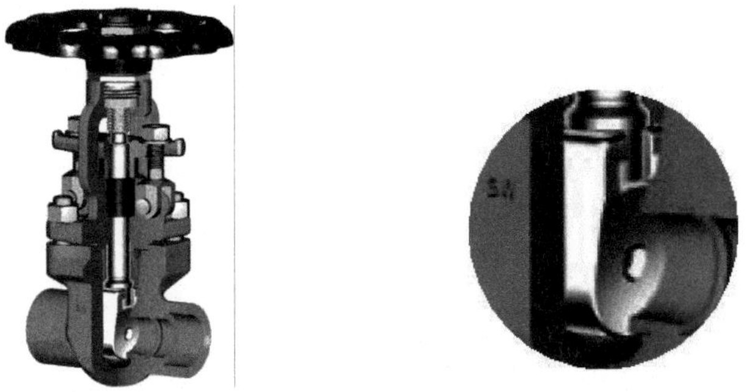

Figure 2.12 Solid wedge gate (Courtesy of Persta GmbH; 출처 "Valves for the industry" <http://www.persta.com/images/stories/persta/kataloge/PERSTA_Industrie_2008_e_72dpi.pdf>)

- 플렉시블 웨지게이트(flexible wedge gate)는 게이트 외주변으로 원주의 가늘고

Figure 2.13 Flexible wedge gate (Courtesy of Persta GmbH; 출처 "Valves for the industry" <http://www.persta.com/images/stories/persta/kataloge/PERSTA_Industrie_ 2008_e_72dpi.pdf>)

긴 홈을 갖도록 주조하거나 그러한 모양을 갖도록 가공된 게이트 형식이다. 이러한 가늘고 긴 홈은 웨지의 시팅면이 독립적으로 움직이는 데 유연성을 부여하고 시팅면과의 부정확을 수용하고 배관부하에 또는 배관시스템의 열팽창에 의한 밸브시트의 움직임을 수용한다. 뜨거울 때에 밸브를 닫고 밸브가 식은 다음에 밸브를 열 때에 발생하는 웨지 고착을 최소화한다. 하나의 몸체 구조로 갖는 이러한 수용능력으로 대부분의 적용에서 뛰어난 설계형식으로 인식되어 왔으며, 특히 큰 크기의 밸브에 거의 표준으로 사용되고 있다. 하지만 플렉시블 웨지게이트에서 요구되는 강도와 유연성을 청동밸브와 주철밸브에서는 수용할 수 없어 사용되지 않는다.

- **스플릿 웨지게이트**(split wedge gate)는 두 개의 부분품으로 구성되며, 볼과 소켓의 결합구조로 시트의 움직임과 시트 각도의 가공공차를 상쇄하는 유연성을 갖는다. 스플릿 웨지게이트는 플렉시블 웨지게이트가 적용되지 않는 작은 크기의 청동밸브를 포함하여 큰 크기의 스테인리스스틸 밸브, 다른 특수 재질의 밸브에 적용되는 것을 볼 수 있다. 특수 재질의 경우, 배관 부하와 열팽창에 의한 시트의 변형을 수용함으로써 두께가 큰 게이트보다는 스플릿 웨지게이트를 사용하는 것이 훨씬 경제적이다. 스플릿 웨지게이트는 높은 속도의 흐름이나 난류 흐름에는 진동과 떨림을 유발하므로 적용하지 않는다.

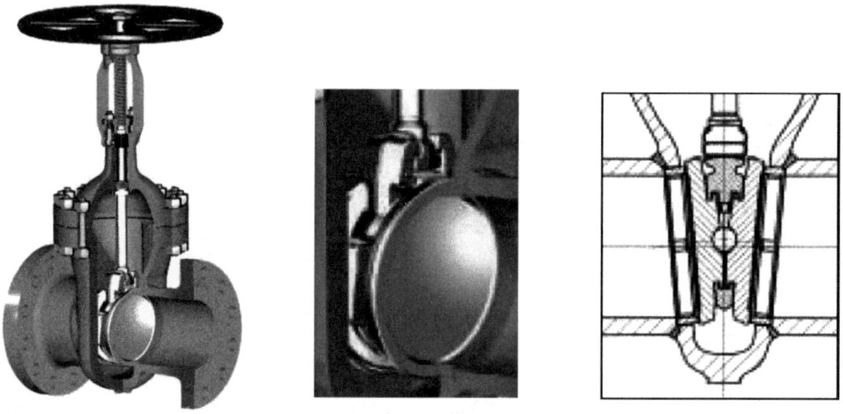

Figure 2.14 Split wedge gate (Courtesy of Persta GmbH; 출처 "Valves for the industry" <http://www.persta.com/images/stories/persta/kataloge/PERSTA_Industrie_2008_e_72dpi.pdf>)

웨지게이트는 전형적으로 밸브 몸체 안에 또는 게이트 양쪽에 위치한 리브가 상대적으로 게이트 양쪽에 또는 밸브 몸체 안에 슬롯과 맞도록 하여 안내된다. 이러한 안내(정렬)의 목적은 밸브가 열리고 닫힐 때 닫혀지지 않은 위치의 게이트가 유체의 흐름 방향으로 유체가 작용하는 힘에 의해 시팅면의 마모 원인이 되는 것을 방지하기 위함이다.

웨지게이트는 가장 널리 사용되어 온 게이트의 대표적인 밸브이지만 더블디스크를 이용한 게이트밸브의 설계유형이 있다. 스템의 중심에 대해 대칭구조를 갖는 밸브 몸체 시트가 평행하게 구성되고, 두 개의 디스크가 평행하게 이 시트와 접촉하면서 상하로 슬라이딩되어 밸브를 여닫는 구조이다. 디스크 안쪽에는 쐐기모양의 확장기구가 있어 하향하는 힘에 의해 밸브의 닫힘 위치에서 두 개의 디스크를 시트에 대해 밀어붙이도록 하는 구조이다. 밸브가 열릴 때는 게이트가 상승하기 시작할 때 시트에 작용하였던 힘은 해소되고 시팅면의 마모나 마찰력은 없다. 이러한 더블디스크의 설계는 시팅면의 고신뢰성이 요구되는 곳, 밸브의 보수가 불가능한 곳과 같은 곳에 적용되었다. 이러한 타입은 물사용 배관은 물론 전국을 횡단하는 오일, 가스배관라인에 설치되었다. 이러한 더블디스크 설계형식은 스플릿게이트와 같이 스팀라인이나 난류 흐름에는 부적합하며, 구조의 복잡성으로 웨지게이트에 비해 고가이다.

이러한 더블디스크의 단점과 웨지게이트의 단점을 개선하고 발전된 형태의 게이트밸브가 바로 다음과 같은 패러럴 슬라이드 게이트밸브(PSGV; Parallel Slide Gate Valves)이다. 더블디스크의 확장기구인 웨지형태의 기구를 스프링으로 대체한 형식으로, 항시 디스크를 시트면에 밀어붙이는 힘이 작용하는 형태이다.

- **패러럴 슬라이드 게이트**(parallel slide gate)는 두 개의 디스크로 구성되며, 디스크와 디스크 사이에 스프링이 장착되어 있어 항상 양쪽으로 팽창하는 힘이 작용하도록 구성된 게이트이다(Figure 2.15). 앞에서 설명한 솔리드, 플렉시블, 스플릿의 단점들을 해소한 설계형식으로 최근 들어 가장 많이 적용되고 있는 가장 진보된 형식이다. 이러한 게이트의 양 시트면은 평행하게 몸체에 별도로 가공된 시트를 용접하거나 몸체에 하드페이싱하여 구성되기도 하며 디스크는 이러한 시트면에 스프링의 힘에 의해 밀착되고 슬라이딩되어 평행

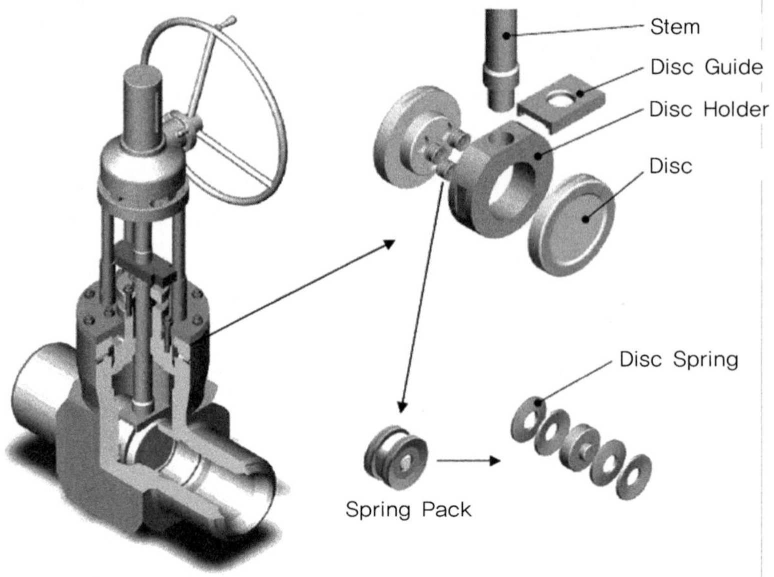

Figure 2.15 Parallel slide gate designs (Forged steel, Courtesy of Key Valve Technologies Ltd.)

하게 움직이므로 플렉시블 웨지에서 갖는 유연성을 가짐에도 불구하고 스플릿 웨지에서 발생할 염려가 있는 진동이나 떨림도 보완된 형식이다. 디스크와 디스크 사이에 장입하는 스프링은 코일스프링이거나 디스크 스프링이 사용되는데, 이러한 게이트에서 초기에 사용된 것이 코일스프링이지만 압축길이에 대해 작용력이 작으며 이러한 특성은 디스크와 디스크의 간격을 크게 하는 단점이 있어 디스크 스프링을 사용하는 것이 진보된 형태이나 가격이 고가이다. 탄소강밸브와 특수 소재인 고가 재질의 밸브에 크기와 관계없이 다양하게 적용되고 있으며, 특히 고온고압용 게이트밸브에 최적의 적합성을 갖는다.

현재 패러렐 슬라이드 게이트밸브(Parallel Slide Gate Valves; PSGV)는 몸체의 재질로는 탄소강 및 합금강을 포함한 특수강 모두 사용 가능하며, 과거에는 2 inch 이하 밸브만이 단조가 가능하였으나 현재는 24 inch 이상까지의 크기가 단조품으로 생산된다. 디스크와 시트는 하드페이싱하는 것이 일반적이며, 금속 간의 겔링(galling)을 방지하기 위해, 예를 들어 시트는 stellite#12로, 디스크는 satellite#6로 하여 경도의 차이를 두는 것이 일반적이다. 디스크와 디스크 사이에 장착되어 시팅면에 압력으로 작용하는 스프링은 디스크 스프링을 사용하면 시트 간의 간격이 작은 이점이 있고, 보수 시에도 조립할 때 필요한 별도의 디스크 고정용 치구가 없어도 조립이 가능하여 과거와 같이

라인상에서 보수가 불가한 경우도 해소되었다. 무엇보다도 밸브를 여닫을 때 필요한 힘(thrust)이 작아 다른 게이트에 비해 작은 힘으로 여닫을 수가 있으며, 구동기를 사용하는 경우 저용량의 구동기를 사용할 수 있어서 경제적인 장점이 있다. 스프링힘에 의해 시팅면에 항시 작용하는 디스크의 확장력은 배관 또는 밸브 내에 작용하는 압력이 상승하면 유체압력에 의한 디스크의 확장력이 증가하여 고온고압에서도 시팅력이 우수하다.

웨지게이트와 패러럴 슬라이드 게이트밸브에서 발생할 수 있는 문제점들은 열적 잠김(thermal locking), 압력 잠김(pressure locking), 열고착(thermal binding) 등이며, 열적 잠김, 열고착은 웨지게이트에서, 압력 잠김은 패러럴 슬라이드 게이트밸브에서 발생할 수 있는 문제점이다. 이에 대한 해결은 이퀄라이징(equalizing) 배관과 바이패스(bypass) 배관에 관한 것으로 게이트 밸브 제조사의 카탈로그나 기술서를 참조하기 바란다.

(4) 게이트밸브의 적용(gate valve application)

게이트밸브는 유체흐름의 시작과 멈춤에 사용되는 가장 일반적인 밸브이기 때문에 산업부문과 발전배관시스템에서 가장 빈번하게 적용되는 밸브이다. 대부분의 경우에서 정지밸브로서 다른 밸브에 비해 다음과 같은 이점들을 가지고 있어서 가장 많이 선택되는 밸브이다.

1. 밸브가 열렸을 때 흐름의 저항이 작으며, 밸브가 닫혔을 때는 두 개의 시트면을 가져 내부 누설의 위험이 작다.
2. 다른 정지밸브에 비해 생산 사이즈와 생산 압력등급의 폭이 넓고 다양한 재질로 생산되어 선택의 폭이 넓으며, 최적의 적용 밸브의 선택이 가능하다. 주조와 단조 게이트밸브는 1/4 inch부터 30 inch까지 생산되며, 그 이상 크기의 밸브라 하더라도 조립방식으로 생산이 가능하며, 특별한 사양은 보통 주문자 생산방식으로 제작된다. 게이트밸브는 진공에서부터 4,500 psi 이상까지도 적용되며, 밸브의 재질인 청동, 주철, 탄소강과 내부식 합금강에 이르기까지 특수한 재질도 가능하다.
3. 모든 청정한 유체(액체, 가스, 증기)에 적용 가능하며, 유체의 온도는 사용하는 재질에 의해서만 제한을 받는다.
4. 많은 제조사에서 생산하고 있으며, 그 대중성으로 많은 수량이 생산되어

결과적으로 싼 가격에 구입이 가능하다. 게이트밸브는 주어진 크기에서 가장 싼 가격으로 구매할 수 있는 밸브이다.

5. 다양성이 풍부하다. 앞에서 설계형식에 대해 다루어 보았지만 매우 다양한 설계형식들의 조합이 가능하므로 다양한 적용 조건을 만족시킬 수 있다. 그 일례로는 다음과 같다.
   - 저온, 저압수 적용, 유니온 보닛, 청동재질, ISRS, 솔리드 웨지 게이트밸브는 작은 크기의 배관에 적용될 수 있으며, 배관 크기가 큰 경우에는 주철재질의 볼티드 보닛, OS&Y, 솔리드 웨지 게이트가 적용될 수 있다.
   - 1,000 psi의 포화증기(약 550°F) 적용에 프레셔 실이나 볼티드 보닛, OS&Y 스템형식, 솔리드 또는 플렉시블 탄소강 게이트밸브가 적합할 것이다. 배관이 작다면 용접결합(welded bonnet)방식의 솔리드 웨지가 적합할 것이다.
   - 10% 염화수소산의 상온조건에 대한 적용 게이트밸브는 볼티드 보닛, OS&Y, 스테인리스 스플릿 웨지 게이트밸브일 것이다. 배관 크기가 작다면 솔리드 웨지가 선택될 수 있다.
   - 고온고압의 물이나 스팀 사용의 경우라면 프레셔 실, OS&Y, 패러렐 슬라이드 탄소강 게이트밸브가 적용될 것이다. 유지보수가 어렵거나 관리하기 어렵다면 더욱 더 선택될 가능성이 높다. 배관 크기가 작더라도 작은 사이즈의 밸브가 있어서 선택의 폭이 넓다.

게이트밸브는 장점이 많은 만큼 단점도 있다. 같은 크기의 밸브에서 다른 정지밸브에 비해 대개는 크기도 크고 무겁다. 게이트밸브는 여닫는 데 필요한 행정거리가 길기 때문에 밸브를 빈번하게 여닫는 수동 정지밸브라면 적합하지 않다. 또한 게이트밸브는 고체를 포함한 유체(이물질이 많고 더러운 유체나 슬러리 등과 같은)인 경우에는 스플릿과 더블디스크 중간 사이나 시트와 시트 사이의 빈 공간에 이러한 고체가 쌓이게 되어 사용되지 않는다. 이러한 고체나 이물질의 쌓임은 게이트의 올바른 시팅을 방해한다.

게이트밸브는 소위 스로틀링(throttling)이라는 유량제어에는 적용하지 않는다. 게이트밸브는 5~10% 열림에서 최대 유량의 대부분이 이루어져 유량조절은 웨지를 약간 연 상태에서나 이루어질 수 있어서 유체의 빠른 속도로 인하여 웨지에 진동을 주고 시트 부위에 마모를 증대시키는 결과가 된다. 덧붙여 말하면 웨지 가이드가 느슨해지면 게이트가 약간 열린 상태에서 유체에 의한 힘으로 양 시트면이 다른 한쪽으로 밀려가도록 한다. 이러한 이유로 밸브 닫힘 위치 가까이에서 빈번하게 밸브를 작동시키면 출구측의 시트면이 극단적으로 마모되는 원인이 된다.

- **나이프 게이트밸브(knife gate valve)** 표준게이트와는 다른 게이트밸브의 형식으로 나이프 게이트밸브가 있으며 Figure 2.16에 보이는 바와 같이 매우 단순한 밸브의 설계형식이다.

  나이프 게이트밸브는 몸체와 보닛의 결합구조가 없어 보닛이 없는 구조이다. 외부로의 부설은 몸체 상부의 안쪽에 우묵하게 들어간 자리에 게이트를 완전히 둘러싸도록 패킹을 설치하여 막는 구조로 되어 있다. 게이트밸브가 닫혀 있는 상태일 때조차 몸체 위로 연장되어 있기 때문에 패킹의 누설방지가 유지된다.

  패킹은 하나의 플랜지 패킹 그랜드로 누설방지를 유지할 수 있도록 고정되어 있다. 스템의 작동형식은 몸체 상부에 바로 요크가 부착된 OS&Y 설계형식이다. 스템부분이 완전히 몸체 밖에 위치하며 U자형 연결기구(clevis)와 핀(pin)으로 게이트에 부착된다. 게이트 그 자체는 평판으로 매우 단순하며

Figure 2.16 Knife gate valve

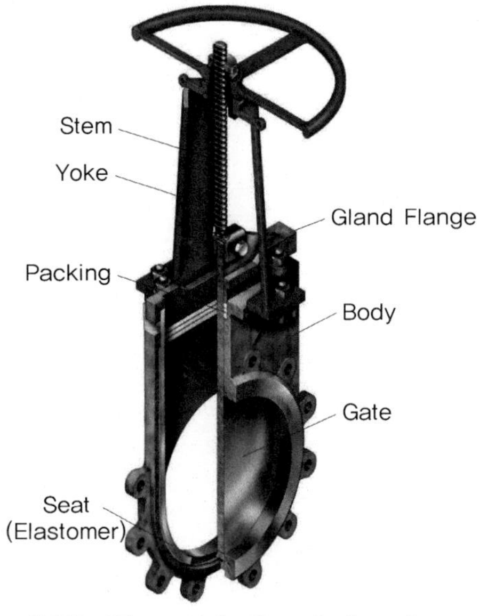

Figure 2.17 Elastomeric Seat designs for knife gate valves (Courtesy of ITT Corporation. All rights reserved.)

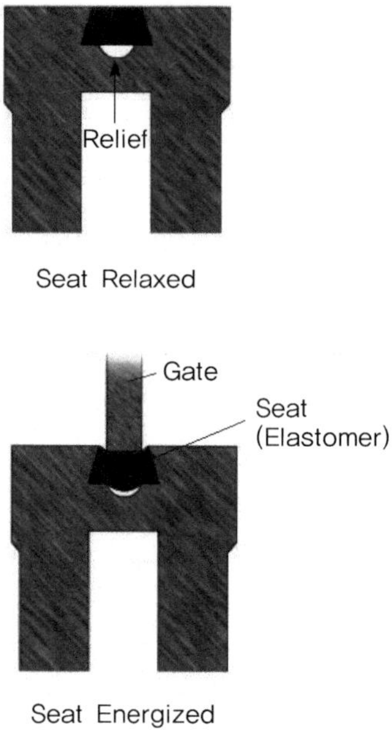

Figure 2.18 Elastomeric seat designs for knife gate valves(Courtesy of ITT Corporation. All rights reserved.)

Figure 2.19 Metal seat designs of the knife gate valves (Courtesy of Velan Inc. Catalog, "Knife Gate Valves")

두 개의 다른 시트 설계형식과 결합된다. 그 중 하나인 시트설계 형식은 게이트의 끝단이 몸체 그루브에 안착된 하나의 고무탄성체를 누르도록 구성된 형태이다(Figure 2.16, 2.17). 고무탄성체 시트는 게이트 끝단과 맞닿은 부위 전체에 바닥에서부터 상부까지 패킹이 있는 우묵한 부위까지 연장되어 있다. 이러한 설계형식은 밀착성이 좋고 양방향으로 차단이 가능하지만 고무탄성체 재질의 열적 내구성의 한계로 밸브가 사용할 수 있는 온도범위는 제한된다.

앞에서의 시트형식과는 달리 시트를 메탈시트로 적용하는 경우 Figure 2.19와 같은 시트설계형식이 있으며, 시트설계형식으로 단면시트가 사용된다. 시트는 몸체와 더불어 없어서는 안 되며 게이트에 평행한 면으로 분리된 링으로 구성될 수 있다. 게이트의 하부 선단은 시트로부터 측면으로 경사각을 가져 완전 밀폐 차단을 위해 몸체의 시트에 대해 게이트에 작용하는 힘을 시트면에 안내하도록 하여 게이트가 시트면을 밀착하도록 작용한다. 이러한 설계형식은 시트링 방향으로 유체가 흐를 때 아주 효과적이다(Figure 2.19). 반대방향으로의 흐름은 시트로부터 게이트가 떨어지도록 밀어내는 경향이 있다.

나이프 게이트밸브의 보닛이 없는 설계형식은 사용상 유체의 압력에 제한을 받을 수밖에 없다. 게이트를 둘러싼 커다란 실링 면적은 이러한 구성의 어려움과 더불어 외부로의 누설을 방지하는 것도 어렵기 때문에 나이프 게이트밸브의 적용범위가 낮은 압력일 수밖에 없다. 하지만 설계형식이 단순하여 표준 게이트밸브에 비해 더 큰 사이즈로 제작이 가능한 용접물로 만들어지는 것이 가능하다. 또한 같은 사이즈의 밸브에 비해 가볍고 시트면과 또다른 시트면과의 간격이 좁아서 특히 큰 사이즈에서는 표준 게이트밸브에 비해 값이 싸다. 대부분의 나이프 게이트밸브는 플랜지 연결이나 러그스타일로 제작되며, 탄소강이나 스테인리스강으로 제작된다. 표준 크기의 범위는 통상 3~36 inch까지 제작되며 더 큰 크기의 밸브는 주문제작에 의해 생산된다.

나이프 게이트밸브의 가장 큰 이점은 표준 게이트밸브에서 시트링 사이의 공간에 쌓일 수 있는 고체를 게이트로 자를 수 있으며, 막힘을 예방할 수 있다는 것이다. 시트 링 사이의 이물질이 쌓일 공간이 없어 슬러리나 공기로 고체를 운반하는 데 아주 이상적이어서 광산이나 제지, 펄프산업, 쓰레기 처리장소 등에 많이 적용된다.

2.3 글로브밸브(globe valves)

글로브밸브의 몸체(body)는 유체흐름 제어요소(소위 디스크라 부르는)가 유체흐름 경로의 축을 따라 움직이는 모양을 갖는다. 디스크는 항상 유체 경로상에 있으며, 밸브의 열림은 환상, 즉 고리형태이다. 글로브밸브가 가장 잘 맞는 제어형태는 흐름의 양을 조절하는 것, 소위 스로틀링(throttling)이다. 하지만 정지밸브(흐름의 시작과 멈춤)로서 또한 사용될 수 있다.

2.3.1 글로브밸브의 설계형식(globe valve design)

Figure 2.20은 전형적인 글로브밸브를 보여주고 있다. 이것은 다음과 같이 설명할 수 있는데 플랜지 연결(flanged end), 볼티드 보닛(bolted bonnet), OS&Y, 구형 디스크(spherical disc) 글로브밸브이다. 각 형식은 특정한 설계형식을 나타내며, 배관연결형식과 몸체와 보닛의 결합형식, 스템의 작동형식, 디스크의 형태를 나타낸다. 이러한 설계형식에 대한 것은 앞서 게이트밸브에서 설명하였다.

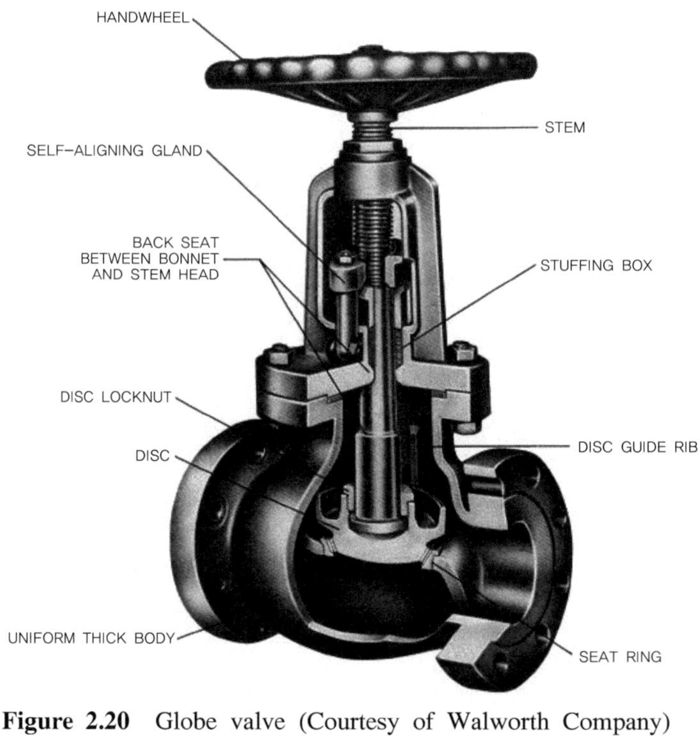

Figure 2.20 Globe valve (Courtesy of Walworth Company)

(1) 스템 작동형식

글로브밸브는 두 개의 스템 작동형식을 가지며, 내부나사 상승식 스템(Inside Screw Rizing Stem; ISRS)과 외부나사 요크(Outside Screw and Yoke; OS&Y) 형식이다.

- **내부나사 상승식 스템(ISRS)**
  이 형식은 Figure 2.3에 나타낸 바와 같이 게이트밸브에서 사용된 것과 유사하다. 스템에 오른나사가 구비되어 보닛 내부에 구비한 나사에 결속되어 시계 방향으로 핸드휠을 돌리면 스템과, 스템과 연결된 디스크가 내려가 밸브는 닫히게 된다. 내부나사 상승식 스템은 청동밸브에 표준으로 적용된다.

- **외부나사 요크(OS&Y)**
  외부나사 요크형식은 Figure 2.20에서 보는 바와 같이, 스템의 나사부가 밸브 몸체 밖에 있어 유체에 의한 나사부식이 없다. 스템은 요크를 관통하여 지나가며, 보닛으로부터 확장된 2개의 암(arms)으로 구성된 요크가 요크너트(yoke nut; stem nut, yoke bushing, 또는 stem bushing)에 대해 구조물을 형성하여 연결된다. 게이트밸브에서 언급했던 것과 같이 왼나사의 스템나사가 요크너트는 왼나사의 내부나사로 끼워지고 핸드휠을 시계 방향으로 회전하면 요크너트는 같은 방향으로 회전하여 스템의 직선운동으로 바뀌어 스템은 하향하여 밸브는 닫히게 된다. 필요하면 나사부에 쉽게 윤활제를 공급할 수 있으며, 이러한 스템 작동형식은 큰 크기의 주철밸브와 탄소강밸브에 표준이다.
  큰 크기의 고압 주조 탄소강 글로브밸브에서 제조사들은 Figure 2.10에서의 스템 작동형식을 적용함에 있어 구동력을 줄이기 위해, 즉 요크너트와 요크너트 리테이너와의 마찰을 줄이기 위해서 볼베어링이나 롤러베어링을 대부분 적용한다.

글로브밸브의 스템을 통해 외부 누설의 방지구조(stem packing)는 게이트밸브에서 설명한 것과 동일하다. 또한 패킹을 교체하기 위한 백시트의 이용방법에 대한 것은 9장 유지보수 및 수리 부분을 참조하기 바란다.

글로브밸브의 디스크 이동거리는 상대적으로 짧기 때문에 어떠한 스템 작동형식에서도 디스크의 위치를 명확히 확인하기는 어렵다. 이를 알아보기 쉽게 하기 위하여 대부분의 제조사들은 디스크의 위치를 나타내는 인디게이터를 밸브의 부속 부착물로 밸브의 요크 부위에 부착하여 밸브의 열림(open%)을, 즉 열림의 정도를 알기 쉽게 하도록 하고 있다.

(2) 디스크의 설계형식

대부분의 글로브밸브 디스크는 스템 끝단에 완전히 고정시키지는 않는다. 대부분 공통적으로 설계되는 형식은 스템 끝단에 작은 플랜지를 두어 디스크 후단에 나사 구멍을 두어 끼워넣도록 한다. 디스크 나사 구멍과 스템에 끼워진 디스크 고정 너트를 돌려넣어 디스크에 스템 플랜지를 고정하게 되어 있다. 이러한 방식으로 체결하는 것은 디스크가 스템에 상대적으로 회전할 수 있게 하고, 디스크가 시팅되었을 때 시트에서는 회전할 수 없게 하고, 시팅면에서 마모나 눌러 붙는 것을 감소시킨다. 또한 디스크 고정 너트와 스템의 여유공차는 시팅면이 일치하지 않는 것을 보상하도록 한다.

일부 작은 크기의 밸브들에서 디스크의 상단이 슬롯되어 있으며, 스템 플랜지가 측면의 슬롯 안으로 슬라이딩된다. 밸브 몸체의 벽면은 디스크를 측면으로 구속하도록 인접하여 구성된다.

작고 저압인 밸브들에서는 일반적으로 초과적인 유체의 유입으로 인한 진동이나 흔들림을 막기 위한 스템과 디스크의 결합이 충분한 강성을 갖는다. 이러한 것은 보통 실린더 형태의 구멍을 갖는 몸체의 목 부분이나 실린더 형태의 몸체 삽입 기구에 의해 이루어진다. 다른 방식으로는 몸체의 목 부위의 가공된 리브가 사용될 수 있다. 디스크를 가이드하는 데에는 두 가지 접근방법이 있다. 그 중 하나는 디스크의 바닥으로부터 연장부가 시트링의 지름 안으로 파일럿되도록 하는 것이고, 또다른 방법은 시트링을 통과하는 브릿지로서 구멍을 통과하는 디스크로부터 연장된 핀을 갖는 것이다.

몇 가지 다른 형태의 디스크 시팅면이 사용되는데 플랫(flat), 구면(spherical)과 원추형(conical, 플러그타입)이 있다. 이러한 형태는 Figure 2.21에서 보는 바와 같다.

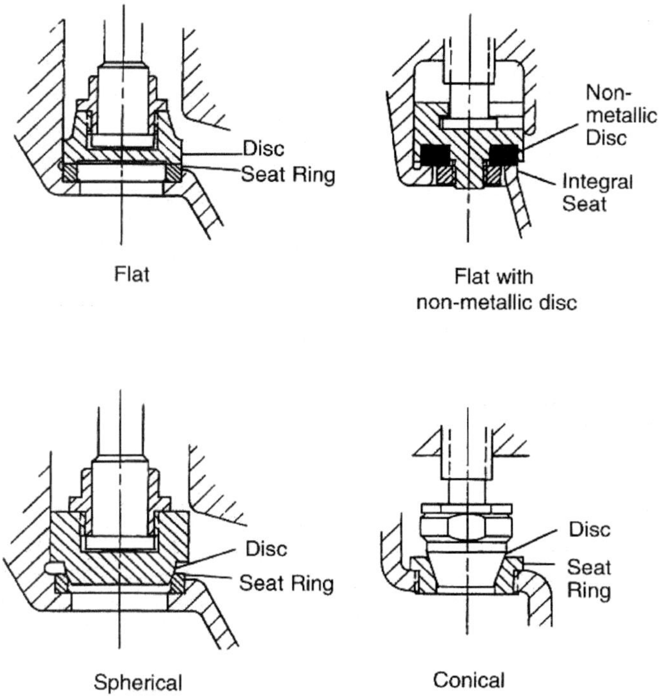

Figure 2.21 Globe valve disc designs

- 플랫시트는 가공이 용이하고 공차 범위 내로 래핑이 용이하다. 또한 중심이 잘 맞지 않는 것을 어느 정도는 허용할 수 있으며, 배관상에서 밸브의 유지보수가 쉽고 신속하게 할 수 있다. 접촉면적이 크기 때문에 밀폐성이 높게 시팅하기 위해서는 큰 닫힘력(required seating thrust)이 필요하다. 이러한 형태의 시트는 보통 작고 저압인 곳에서 일반적으로 사용하는 비금속 디스크 시트를 삽입하여 사용하는 방식으로 쉽게 바꿀 수 있다. 이러한 비금속 시트 삽입물은 공기나 가스를 사용하고 밀폐성이 요구될 때와 대부분 다른 저온의 유체에 사용 가능한 것이긴 하다. 하지만 외부의 유입된 작은 입자는 상대적으로 부드러운 디스크 삽입물에 박히기 쉬우며 밀폐성을 떨어지게 할 수 있다.

- 구면시팅은 가공이 어려우며, 중심이 맞지 않는 것에 민감하다. 하지만 실제 라인 접촉이며 밀폐성 높은 시팅이 되도록 하는 데 필요한 닫힘력은 상대적으로 작다. 디스크의 좁은 시팅면적으로 유체가 고속으로 흐르는 곳에서는 마모되기 쉽다.

- 원추형 시팅은 구면시팅에 비해서는 가공이 용이하며, 또한 중심이 잘 맞지 않는 것에 민감하다. 넓은 시팅면적은 높은 시팅스러스트를 요구한다. 하지만 외부유입 물질에 의한 흠이나 절손으로부터 누설되는 것에 덜 민감하다.

  세 가지 시팅형식 모두 몸체에 가공면으로 시트면을 형성하여 사용할 수 있으며, 분리된 시트는 나사에 의한 결합이나 가압하여 사용할 수 있다. 또한 시트 몸체에 스텔라이트 등과 같이 단단한 금속을 겹층으로 용접하고 하나의 시트로 기계가공하여 사용할 수 있다. 탄소강밸브의 경우에 시트링과 몸체 사이의 누설이 확실히 없도록 하기 위해 분리된 시트링을 몸체에 실용접(seal welding)하여 사용하기도 한다.

글로브밸브의 내부 형태는 유체가 90°로 두 번 방향을 바꾸어 흐르도록 하기 때문에 결과적으로 유체흐름에 저항이 높으며, 직선으로 흐르는 밸브에서 발생할 수 있는 것보다 더 큰 난류를 형성한다.

표준적인 글로브밸브 형태의 대안으로 흐름에 낮은 저항을 가지면서도 난류를 감소한 타입이 가능하며, 그 중 하나가 Figure 2.22에서 보는 바와 같은 앵글 글로브밸브이다. 여기서 유체는 한 번만 90°로 방향이 바뀐다. 물론 앵글밸브는 90°로 굽은 배관에 설치된다. 이것이 항상 가능한 것은 아니지만 90° 배관 엘보를 대체 가능한 곳에 표준 글로브밸브 대신에 앵글밸브를 사용한다.

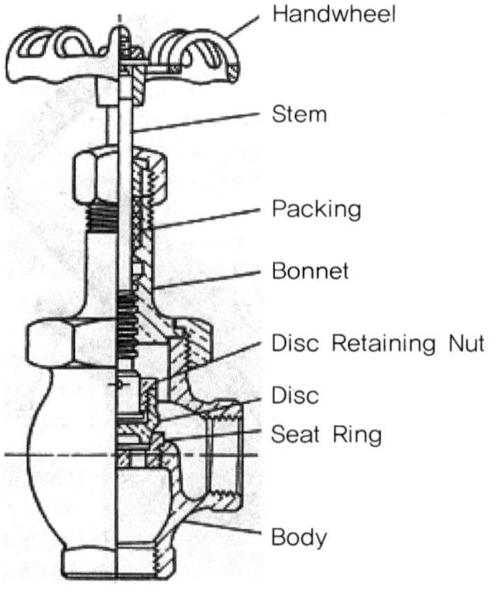

Figure 2.22 Angle valve (Courtesy of Walworth Company)

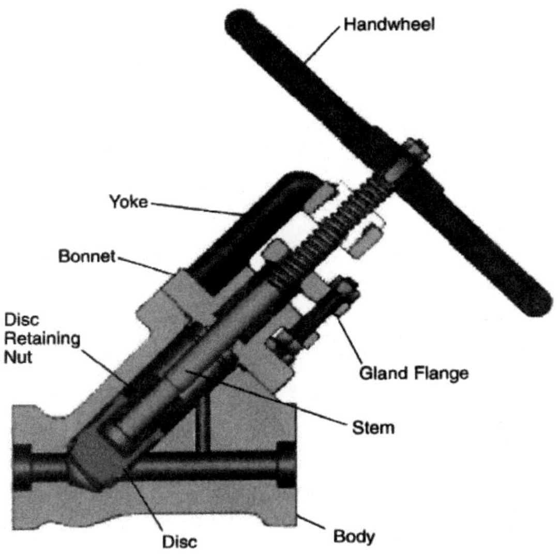

Figure 2.23 Y-pattern globe valve (Courtesy of Velan Inc. Catalog "Forged Steel Gate, Globe & Check Valves", p. 16)

표준 글로브밸브의 또다른 대안으로는 Figure 2.23에서와 같은 Y-패턴 글로브밸브가 있다. 유체흐름의 저항은 대단히 감소되며 배관상에서 이 밸브의 위치는 거의 제한을 받지 않는다. Y-패턴 글로브밸브는 보일러의 블로오프 적용에 폭넓게 사용된다.

Y-패턴 글로브밸브는 표준 글로브밸브와 마찬가지로 여러 가지 설계형태를 가지며, 제조사별로 보닛이 없는 bonnetless Y-패턴 글로브밸브는 Figure 2.24와

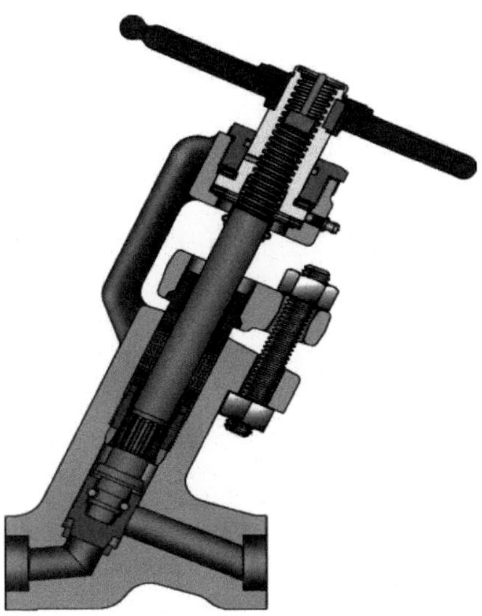

Figure 2.24 Bonnetless Y-pattern globe valve (Courtesy of Velan Inc. Catalog "Forged Steel Gate, Globe & Check Valves", p. 11)

Figure 2.25 Y-pattern globe valve (Courtesy of Flowserve, Edward Valves)

같으며, 보수성이 용이한 밸브이다. 큰 사이즈의 Y-패턴 글로브밸브는 Figure 2.25와 같으며 크기가 커질수록 큰 작동력이 필요하여 스템의 설계형식이 수동인 경우 외부나사 요크(Outside Screw and Yoke; OS&Y) 형식이 주로 적용되고, 마찰력을 줄이기 위해 베어링이 장착된다. 이보다 더 큰 크기의 밸브는 공압구동기나 전동모터 구동기가 적용된다.

2.3.2 글로브밸브의 적용처(globe valve application)

표준 글로브밸브는 산업현장과 발전 배관에서 유량제어에 적용되는 가장 흔하게 접하는 밸브이다. 이러한 이유는 유량제어용으로 다른 밸브에 비하여 다음의 하나 또는 그 이상의 장점을 갖기 때문이다.

1. 디스크 위치의 관점에서 유체흐름의 변화가 글로브벨브에서는 거의 정비례한다. 즉, 유량이 디스크의 행정(travel)에 대해 직선적으로 비례한다. 예를 들어 밸브를 1/2 열면 밸브를 완전히 열었을 때의 거의 50%의 유량으로 나타난다. 이러한 선형관계는 핸드휠(또는 디스크)의 위치로 유량을 예측할 수 있으며, 유량제어에 글로브밸브를 선호한다. 밸브제어요소의 위치와 유량과의 관계는 밸브의 유량특성(valve flow characteristic)으로 알려져 있다. 밸브의 유량특성은 3장의 유체흐름에서 상세히 다루고 있다.

2. 다른 유량제어밸브에 비해 폭넓은 크기와 압력등급, 재질들로 제조된다. 밸브의 크기는 보통 1/8～16 inch까지 생산되고 있으며, 글로브밸브는 진공에서부터 4,500 psi 이상까지도 취급할 수 있다. 글로브밸브는 모든 밸브의 재질들이 사용 가능하며, 청동, 주철, 탄소강은 물론 내부식성 합금에 이르기까지 다양한 금속재질로 생산된다.
3. 액체, 가스와 증기 등 모든 청정한 유체에 사용할 수 있으며, 사용 유체의 온도는 오로지 사용 재질에 의해 제한된다.
4. 시팅면은 몸체의 시팅면이므로 다른 유량제어밸브에 비해 배관상에서보다 쉽게 보수할 수 있다. 몸체 시트는 밸브의 보닛만 제거해도 쉽게 전체를 볼 수 있기 때문이다.

표준 글로브밸브는 몇 가지 단점을 갖는데, 대부분 다른 유량조절밸브에 비해 크기가 크고 무겁다는 것이다. 특히 크기가 큰 범위에서 그러하다. 또한 유체에 고체가 포함된 경우 적합하지 않은데 소위 지저분한 유체나 슬러리와 같은 유체는 유체의 흐름 방향이 변화하는 곳이나 디스크 뒷면과 같은 곳에 적층(built up)되어 결국 막히게 된다.

유량의 체적을 조절하는 데 주로 사용하지만 글로브밸브는 정지밸브로도 사용된다. 글로브밸브는 행정거리가 짧고 밀폐성이 좋아 높은 흐름 저항이 수용되는 곳에서 빈번한 작동이 필요한 곳에 적용이 적합하다.

글로브밸브는 유체흐름의 방향을 적용함에 있어서 유체의 압력이 디스크 아래에서 작용하도록 하는 것이 바람직하다. 글로브밸브 몸체에는 올바르게 설치하도록 일반적으로 유체의 흐름 방향을 화살표로 표시한다. 글로브밸브가 디스크의 상부에 압력이 작용하도록 설치하면 유체의 흐름 저항이 그리 크지는 않다. 하지만 디스크를 언시트할 때 디스크의 뒷면에 작용하는 유체의 총 작용력은 스템의 끝 부분에 작은 플랜지 면적에 작용하는 압력일 것이며, 스템 패킹은 낮은 압력의 출구압력이 아닌 이보다 높은 압력인 입구압력하에 놓이게 된다.

2.3.3 니들밸브(needle valve)

글로브밸브의 간단한 한 형태인 니들밸브는 Figure 2.26과 같다. 니들밸브는 분리된 디스크나 시트링을 갖지 않는다. 스템의 끝 단이 몸체에 원추형의 구멍에 만든

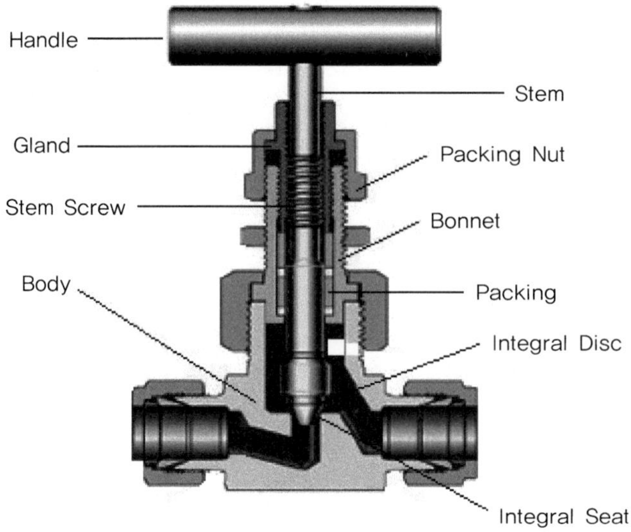

Figure 2.26 Needle valve (Courtesy of Vaishnavi Engineering)

시트에 맞게 한 몸체의 원추형 디스크 모양으로 뾰족하게 기계가공된다. 니들밸브라는 명칭은 니들 모양의 스템에 기인한다.

니들밸브는 기본적으로 1/8～1 inch 정도의 크기이고, 청동, 탄소강 봉재와 스테인리스강 봉재로 만들어진다. 청동재 밸브는 400 psi까지 사용될 수 있으며, 탄소강재의 경우 5,000 psi까지의 압력에 액체와 가스에 적용하는 것이 적합하다. 니들밸브는 표준형태과 앵글형태 모두 가능하며, 아주 극소량의 유량제어가 요구되는 압력레벨과 액체레벨 게이지, 오리피스 플레이트, 시험장치 등의 적용에 사용된다. 특히 니들밸브는 유압제어패널 뒤편과 같은 협소한 공간에 아주 적합하다.

글로브밸브는 게이트밸브에 비하여 유체의 제어적인, 즉 압력조절, 유량조절, 유로 차단 등이 우수하나 밸브구조의 복잡함과 이에 따른 구조적 불안정으로 인하여 밸브 크기는 기술적, 경제적으로 제한을 받는다. 따라서 글로브밸브는 통상적으로 특수한 경우를 제외하고는 호칭지름이 12 inch를 넘는 대형의 글로브밸브는 수동조작의 경우가 매우 드물고, 대부분 모터구동 또는 유공압을 이용한 동력 구동밸브가 대부분이다.

그러나 호칭지름이 2 inch 이하의 글로브밸브는 유로차단(ON-OFF)과 스로틀링(throttling)이 가능하며 특별히 비록 ON-OFF라 할지라도 계통 특성이 고압의 경우에는 소형 게이트밸브보다 글로브밸브를 선택하는 것이 합리적이다. 글로브밸브

유로 차단용(shut off)으로 사용할 때는 밸브의 디스크 하부로부터 계통 압력이 작용하므로 닫히는 데 요하는 힘이 게이트밸브의 4~5배 이상에 이르며, 내부 구조가 복잡하여 온도가 변화하는 상태하에서는 열팽창의 비대칭성으로 인하여 내부 누설의 가능성이 있으므로 보다 큰 힘의 밸브 개폐력, 즉 구동장치의 크기가 커야 한다. 글로브밸브는 통상 호칭지름이 3/8~12 inch 범위로 제작되며 압력-온도 기준으로 4500LBS까지 제작된다.

밸브의 형식 및 형태는 외양으로서 T, Y-앵글 형태가 있으며, 스템의 구성형식상 특수하게 스템 패킹으로부터의 누설을 방지하기 위한 팩리스(packless hermetically sealed, bellows sealed)밸브 등이 있으며, 아울러 글로브밸브의 디스크 및 시트의 설계방식에 따라 스템과 디스크의 일체형과 분리형이 있으며, 대부분이 분리형 구조를 채택하고 있다. 또한 디스크의 형상은 ball type, 조립식, plug type, needle type 등이 있으며 디스크 및 스템의 안내방식에 따라 top guided(고압용), body guided(소형용) 및 bottom guided(저압용, 150 LBS~300 LBS)가 있다.

2.4 체크밸브(check valves)

체크밸브는 기본적으로 두 가지 형태로 나눌 수 있다. 첫 번째로 소위 디스크 또는 플래퍼, 플레이트라 부르는 흐름제어요소가 유체흐름 경로에 수직한 방향으로 회전하는 타입이고, 두 번째 형태로는 디스크, 피스톤 또는 볼이 될 수 있는 흐름제어요소가 유체흐름의 경로에 따라 움직이는 것이다. 양 스타일 모두 유체에 의한 힘에 의해 흐름제어요소가 자동적으로 열리고 밸브를 통과하는 흐름 경로를 열고 유지된다. 흐름이 멈추게 되면 흐름제어요소의 자중에 의해 또는 보조스프링에 의해 또는 양자 모두가 작용하여 닫힘 위치인 시트로 되돌아가게 된다. 역류의 경우를 생각하면 유체의 배압은 흐름제어요소가 시팅하는 것에 도움을 주게 되며 보다 강하게 누설되는 것을 방지한다.

체크밸브의 유체흐름제어 형태는 유체흐름의 역류를 방지이다. 역류방지가 적용되는 두 개의 적용처는 펌프의 출구와 각기 다른 배관시스템에서 하나의 헤더로 연결되는 곳이다. 체크밸브는 보통 원심펌프(centrifugal pump)의 출구에 설치되어 펌프가 펌핑을 하지 않을 때 높은 위치로부터의 역류를 방지한다. 역류는 정상적인 속도 이상에서 펌프의 임펠러(impeller)를 역회전시키는 원인이 되며, 펌프에 손상을 준다. 또다른 사용처로는 여러 개의 배관라인이 하나의 공동헤더로 연결되는 곳으로 체크밸브는 다른 배관라인에서 해당 배관라인으로 유체가 역류하지 못하도록 하여 혼입이나 오염을 막도록 해당 배관라인에서 공동헤더에 연결되는 곳에 설치되어 분리사용 격리(isolating)의 목적으로 사용된다. 또한 체크밸브는 출구의 급격한 압력의 증가(high-pressure surge)로부터 저압의 시스템과 장비를 격리하여 보호하는 데 사용된다.

체크밸브가 아닌 다른 밸브들의 유형은 그것을 구성하는 구성품들의 설계형식에 따라 분류되고 기본적인 형태는 고정되어 있는 반면에 체크밸브는 각기 다른 형태와 모양을 갖는다. 가장 일반적인 체크밸브의 형태는 스윙 체크밸브, 틸팅 디스크 체크밸브, 웨이퍼 체크밸브, 리프트 체크밸브와 스톱 체크밸브이다.

체크밸브는 배관계통 구성에 있어서 계통의 운전 상태에 따라 유체에 의한 힘으로 자동적으로 개폐하는(self actuating) 밸브이다. 따라서 다른 밸브와는 달리 한번 설치하면 유지, 보수 등의 문제가 그리 간단하지 않아서 최초 선정 시 주의를 요한다. 체크밸브는 외양 및 작동특성별로 상기한 바와 같이 여러 종류가 있으나 가장 대표적인 체크밸브가 스윙 체크밸브이다.

밸브의 크기는 거의 제한이 없으며 설계형식 또한 매우 다양하다. 체크밸브 선정에 있어서 무엇보다도 중요한 것은 밸브에 있어서 적용처별로 압력 강하량, 체크밸브 사이의 유체흐름 속도, 밸브의 설치 위치와 누설한계 등의 문제 및 계통특성상 체크밸브의 닫힘 시간의 문제를 고려한 후에 체크밸브의 형식을 결정하여야 한다.

2.4절의 뒷부분에서 체크밸브의 선정 기준표를 참조하길 바란다.

2.4.1 스윙 체크밸브(swing check valve)

스윙 체크밸브는 Figure 2.27에서 보는 바와 같으며, 회전하는 유체흐름 제어요소를 갖는 스윙 체크밸브의 가장 대표적인 유형이다. Figure 2.27의 밸브는 플랜지 연결방식(franged end), 볼티드캡(bolted-cap)의 스윙 체크밸브이다. 스윙 체크밸브의 볼티드캡 연결방식은 게이트밸브의 볼티드 보닛(bolted bonnet)과 같은 유형으로 앞의 장에서 설명한 바와 같다.

스윙 체크밸브의 설계 구성을 보면, 디스크의 후면에 연장되어 한 몸체로 구성되는 짧은 스터드가 힌지(hinge)라고 하는 링크의 구멍에 끼워져 디스크 너트(disc nut)로 체결하여 디스크 조립체가 구성된다.

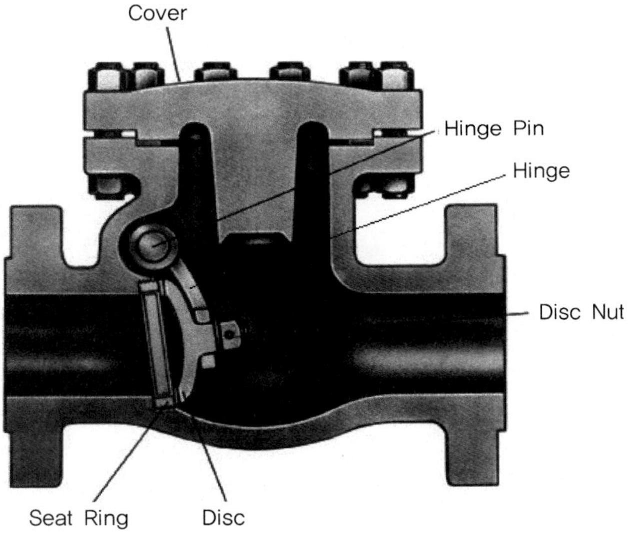

Figure 2.27 Swing check valve (Courtesy of Walworth Company)

디스크는 힌지에 꼭 끼워져 고정되지 않고, 자유롭게 흔들릴 수 있게 하여 디스크의 시팅면의 마모와 침식을 분산하도록 구성된다. 이러한 헐거운 유격은 Figure 2.28에 도시한 바와 같이 디스크와 디스크 후면에 연장되어 구성되는 스터드 나사부 사이의 부분을 라운드지게 한 면이 힌지에 직선 구멍면과 접선으로 접촉하면서 회전할 수 있도록 한 것이다. 이러한 유격은 시트 링의 시트면과 디스크의 시트면이 시팅할 때 디스크의 회전축(hinge pin)에 가까운 시트면이 가장 먼저 접촉을 시작하여 디스크가 이러한 유격으로 회전하면서 나머지 시트면이 접촉하도록 하여 어느 정도는 부드럽게 닫히도록 하는 기능을 한다. 디스크를 고정하는 디스크 너트는 코터 핀(cotter pin)이나 다른 고정기구로 고정된다. 만일 이 부분을 고정시키지 않으면 유체의 힘에 의한 진동이나 회전으로 디스크 너트가 풀어질 수 있으며, 디스크가 힌지에서 이탈할 수 있다. 힌지는 다른 한쪽이 힌지 핀(hinge pin)에 끼워져 고정되며, 밸브에 고정된다. 몸체 시트는 분할된 시트 링으로 끼워질 수 있으며, 몸체에 한 몸체로 하드페이싱하여 구성되기도 한다. 디스크와 몸체 시트의 시트 형식은 금속 대 금속, 금속 대 탄성질의 합성고무, 금속 대 합성고무 링이 삽입된 시트 링으로 구성될 수 있다.

스윙 체크밸브는 밸브 입구에서 유입되는 유체의 힘이 디스크와 힌지의 무게를 이기고 힌지 핀을 중심으로 윗방향으로 회전 상승하도록 하여 밸브를 열어줌으로써 작동되는 밸브이다. 유체의 흐름이 멈추게 되면 유체에 의한 힘은 상실되고

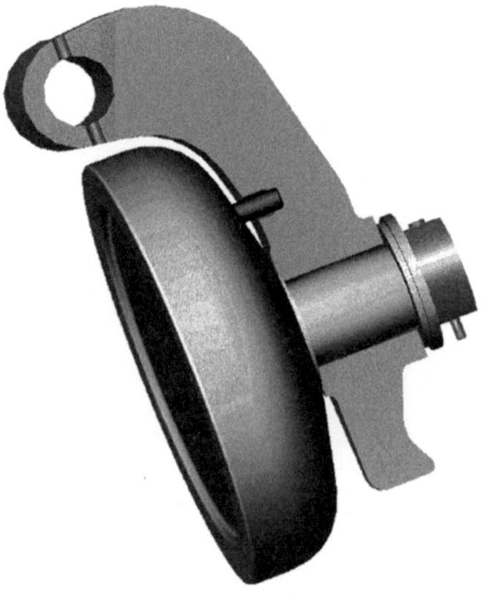

Figure 2.28 Disc assembly of swing check valve

디스크와 힌지의 무게에 의해 아랫방향으로 회전하게 되며 시트 위치로 회복되어 밸브는 닫히게 된다. 밸브의 출구로부터 역류에 의해 유체가 유입되면 유체의 압력은 디스크를 시트면에 더 압착하게 하며 좀더 시팅하게 하는 힘을 높이게 되고 닫힘 상태를 유지하게 된다.

스윙 체크밸브의 스윙 각도는 제조사별로 설계에 따라 상이하나 통상 0～65°로 설계되며 몸체 시트의 각도는 수평 설치 시를 고려하여 5～7°만큼 앞 방향으로 경사시켜야 한다. 유체의 역류에 의해 순간적으로 닫힐 때 발생하는 슬램(slamming)을 방지하려면 디스크의 운동량을 작게 하면 가능하기 때문에 밸브의 스윙 각도 범위를 줄이면 운동 경로가 짧아져서 신속한 여닫음이 가능하다. 이러한 스윙 각도의 범위를 줄이는 방법은 두 가지로 대별되는데, 첫 번째는 최대 열림각을 줄임으로써 스윙 운동 범위를 줄이는 방법이다. 유체의 손실을 가장 작게 하기 위해서는 최대 열림각이 90°가 되도록 하는 것이지만, 스윙 체크밸브의 열림은 유체의 힘에 의한 것이기 때문에 디스크의 열림각이 90°가 되기 위해서는 유체의 에너지가 무한해야 하기 때문에 사실상 무의미하다. 따라서 최대 열림각은 밸브의 유량과 최대 열림각과의 관계에서 최적의 효율을 갖는 점에서 선정해야 하며, 유속의 압력과 변화가 심한 곳에서는 최대 열림각을 너무 크게 하면 디스크가 상하로 계속적으로 흔들리는 펄럭임(flutter)이 발생한다. 두 번째로는 시트의 경사 각도를 크게 하면 스윙 각도 범위를 줄일 수 있다. 앞에서의 시트 각도 5～7°만큼 앞 방향으로 경사시켜야 함은 설치를 고려한 최소의 각도이며, 스윙 체크밸브의 설계에서 고려해야 할 사항 중 하나는 밸브가 열리는 시점이다. 밸브가 열리는 조건은 시트 위치에서 디스크와 힌지의 무게에 의한 힘을 유체의 압력이 디스크에 작용하는 힘과 같아지는 것으로 이러한 압력을 최소 열림압력(cracking pressure)이라 한다. 시트의 경사각을 크게 할수록 이러한 압력은 증가하나, 체크밸브의 압력 강하가 통상적으로 1 psi이며, 이보다 아주 작거나 공정의 압력이 극단적으로 낮은 압력이 아닌 한 최소 열림압력이 0.1～0.5 psi이면 충족되므로 제조사별로 상이하기는 하지만 30°의 경사각을 갖도록 설계하기도 한다.

앞에서 설명한 바와 같이, 신속한 여닫음을 요하는 곳에는 스윙의 운동 각도를 밸브에서의 저항으로 인한 압력 손실을 허용하는 범위 내에서 작게 하는 것이 좋다.

Figure 2.27에서 힌지 핀은 시트 상부인 몸체의 목 부위에 위치하지만, 일부 다른 설계에서 캡 하부에 매달린 경우도 있다. 또한 Figure 2.36과 같이 일부 단조강 스윙 체크밸브에서 시트에 힌지 핀을 결속한 설계 유형도 있다. 캡 장착은 조립과 분해가 용이한 반면에, 몸체 안의 설계형식은 디스크의 올바른 위치로 배열이 확실하고 수정이 가능하다. 몸체 장착 그 자체로 두 가지 설계형식이 있으며, 그 중 하나는 힌지 핀이 몸체 목 부위 안쪽에 볼트로 체결되는 브래킷이 있어 브래킷에 고정된다. 다른 하나는 몸체의 목 부위에 양쪽 벽면을 관통하는 구멍에 힌지 핀이 끼워지는 설계형식이다. 이 구멍은 나사가 있으며, 힌지 핀에 디스크를 끼워넣어 고정하고 몸체와 실(seal)을 구성한다. 첫 번째 설계형식은 힌지 핀을 통해 외부누설이 있을 수 없다. 두 번째 설계형식은 부품의 수가 적고 외부에 레버와 균형추(lever-and-weight)를 조립하는 것이 가능하다. 레버와 균형추 형식은 Figure 2.29와 같으며, 힌지 핀이 몸체의 한쪽 벽면으로 인출되어 있다. 힌지 핀을 통한 외부누설이 없도록 작은 크기의 스터핑 박스-패킹-패킹너트의 조립이 연장된 힌지 핀에 적용된다. 레버는 힌지 핀 일단에 부착된다. 균형추(weight)는 레버상에 위치하게 되며, Figure 2.29와 같이 빠르게 닫히게 하거나 필요한 유체 힘이 작용하기까지 열림을 막기 위해 균형추의 위치와 무게의 변화를 줄 수 있다. 균형추는 레버의 반대측 단에 위치할 수 있으며, 낮은 유체 압력에서도 밸브를 열 수 있도록 할 수 있다.

Figure 2.29 Swing check valve with lever and weight (Courtesy of Acipco, American Cast Iron Company)

Figure 2.30 Cap-mounting swing check valve with lever and weight (Courtesy of Tyco Flow Control)

Figure 2.30은 캡 장착 설계형식이며 균형추는 레버가 구성된 설계형식을 보여준다. 스윙 체크밸브의 약간 다른 유형으로 작은 청동밸브에서 볼 수 있는 리그라인딩(regrinding) 타입이 있다. 이것은 몸체가 Y-패턴으로 밸브의 캡 부위가 45° 기울어져 있다(이것은 Y-패턴 글로브밸브의 유형과 유사하다). 캡과 디스크를 분해하면 시트면 전체를 볼 수 있기 때문에 배관상에서 쉽게 재연삭(reground), 즉 재생이 가능하다.

스윙 체크밸브는 체크밸브 중에서 가장 많이 사용하고 있는 밸브이다. 아주 간단한 구조를 가지며, 흐름 경로가 직선으로 밸브가 열렸을 때 낮은 저항을 갖는다. 모든 청수에 사용 가능하며 폭넓은 크기와 압력등급으로 다른 어떤 체크밸브보다 다양한 재질로 제작된다. 스윙 체크밸브의 크기는 1/4 inch에서 36 inch까지 생산된다. 이들 밸브는 4,500 psi 이상을 초과하는 압력유체를 적용할 수 있도록 생산되며, 청동, 주철, 탄소강과 내부식성 합금 등 모든 밸브의 재질들이 사용 가능하다.

스윙 체크밸브는 몇 가지 단점이 있다. 고속으로 흐르는 유체에는 적합하지 않으며, 빈번한 역류가 발생하는 곳이거나 불규칙한 유체흐름으로 디스크의 빈번한 운동으로 힌지 핀의 마모가 발생하기 쉽다. 또한 슬러리와 같은 유체에는 적합하지 않은데 슬러리에 혼입된 고체 입자가 시트에 쌓이기 쉬우며 시팅되는 것을 방해한다. 가장 큰 단점은 갑자기 닫힐 때 슬램(slam) 현상이 발생하기 쉬우며, 시트면에 강한 충격응력을 주어 소위 워터해머와 같은 소음과 진동을 발생시키는 것이다. 슬램은 완전역류 이전에 미처 밸브를 닫지 못한 결과이다. 이러한 결과는 열림 위치에서 닫힘 위치까지 경로가 길기 때문이다. 따라서 밸브를 설계하는 관점에서 앞에서 설명한 디스크의 이동경로를 줄이는 것이 중요하며, 또한 밸브 선정 시에 잘못 선정하거나 사용압력이 적합하지 않으면 불규칙한 유체흐름으로 디스크의 빈번한 운동으로 힌지 핀의 마모가 예상되며 밸브 구조상 완벽한 기밀 유지가 곤란하다는 점이 있으므로 사용조건과 밸브의 사양을 면밀히 검토하는 것이 필요하다.

(1) 스윙 체크밸브의 압력강하와 최소흐름속도 (pressure drop and minimum flow velocity for swing check valves)

스윙 체크밸브의 선정에서 아마도 가장 중요한 것은 압력강하와 스윙 체크밸브의 열림을 유지하기 위한 유체의 유량, 즉 최소흐름속도일 것이다. 따라서 이에 대해 설명하면 다음과 같다.

스윙 체크밸브에서의 압력강하량과 스윙 체크밸브를 완전히 열기 위한 최소유속은 다음과 같다.

(2) 압력강하(pressure drop)[1)]

스윙 체크밸브의 압력강하는 밸브의 크기와 설계구조에 따라 저항(손실)계수값이 다르고 디스크의 위치, 즉 각도에 따라 변화하기 때문에 조건별로 다르게 변화한다. 저항계수와 압력강하는 다음 수식으로 표현할 수 있으며, 완전 열림 상태(full open)에서의 유속과 저항계수를 알고 있으면 계산이 가능하다.

저항계수 K는 다음과 같이 표현된다.

$$K = \frac{2g\Delta P}{\rho V^2}$$

여기서, ΔP: 압력강하(psi)

g: 중력가속도(lbm/lbf · sec^2); 32.173 ft · sec^2

ρ: 밀도(lbf/ft^3); density of cold water 62.4 lbf/ft^3

V: 유체의 속도(fps)

스윙 체크밸브의 압력강하는 위의 식으로부터 다음과 같이 표현할 수 있다.

$$\Delta P = \frac{K\rho V^2}{2g}$$

---

1) "Application Guide for Check Valves in Nuclear Power Plants", EPRI.

▶ 압력강하 계산의 예

밸브가 10 inch 압력등급 900 스윙 체크밸브이고, 상온의 물(cold water)을 사용하는 조건으로 최대 열림각이 50°인 경우:

다음의 그림에서 유체의 속도가 5.04 fps이고 저항계수값 $K=3.47$임을 알 수 있다.

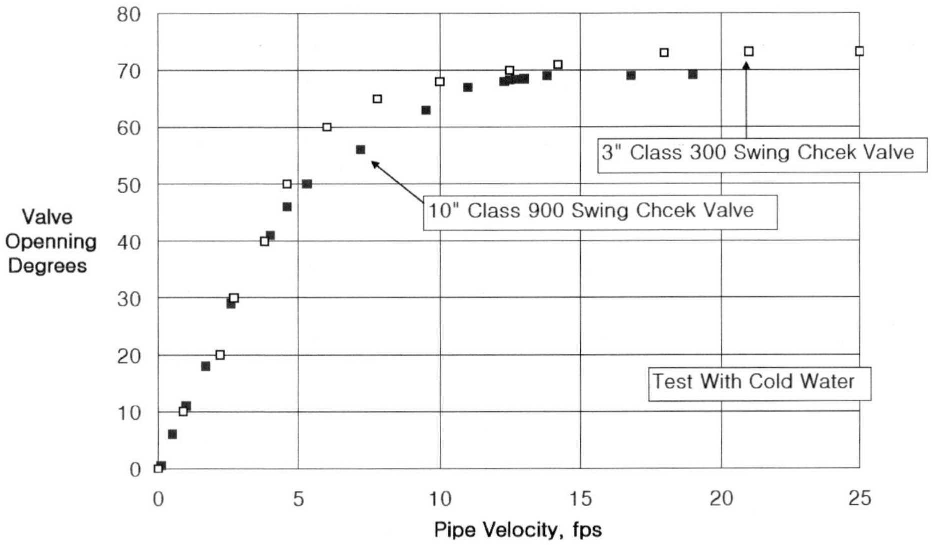

Figure 2.31 Velocity vs. disc position (Courtesy of EPRI. Reproduced from, "Application Guide for Check Valves in Nuclear Power Plants", EPRI)

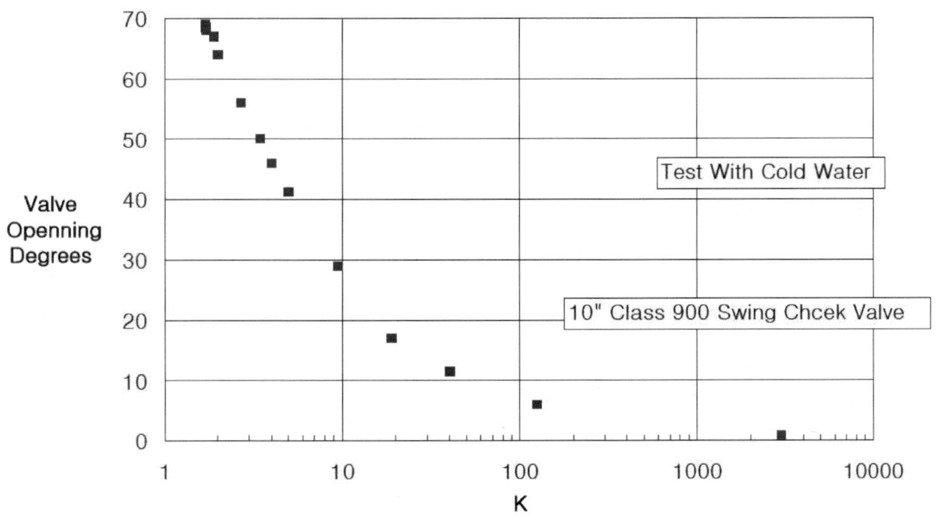

Figure 2.32 K vs. disc position (Courtesy of EPRI. Reproduced from, "Application Guide for Check Valves in Nuclear Power Plants", EPRI)

따라서 압력강하 ΔP는

$$\Delta P = 3.47 \times 1.94 \times (5.04)^2 / (2 \times 144) = 0.593 \text{ psi}$$이다.

(3) 최소흐름속도(minimum flow velocity), V_{min}[2)]

밸브를 완전히 열기(full open) 위한 최소흐름속도 V_{min}은 다음 그림과 같은 스윙 체크밸브에 대해 다음과 같은 식으로 표시된다.

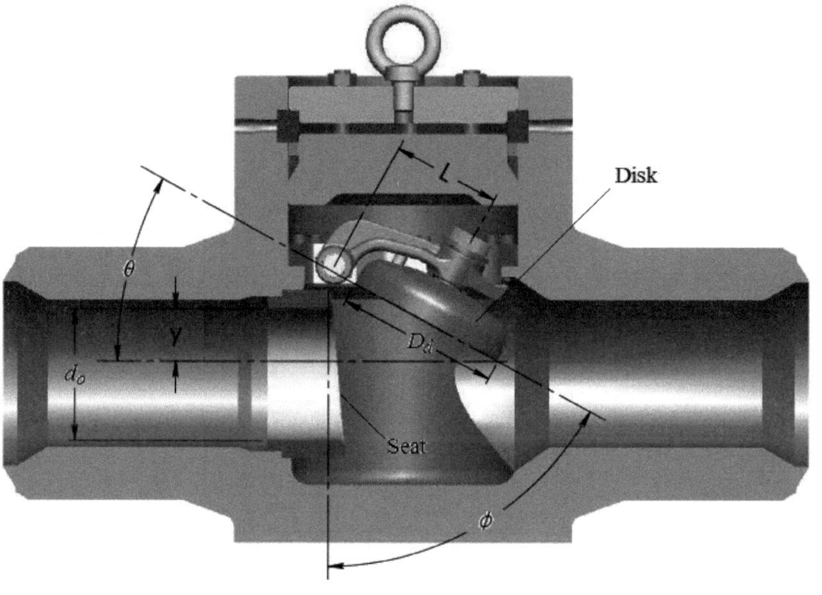

D_d: outside diameter of the disc (ft)

d_o: inside diameter of the valve inlet (ft)

ϕ: disc angle measured from vertical (degrees)

L: length from the pivot pin to the centerline of the disc (ft)

γ: specific weight of fluid (lbf/ft^3, i.e.water 62.4)

β: slope angle of valve inlet from horizontal

θ: angle of impingement of the fluid against the disc

Figure 2.33 Nomenclature for V_{min} and V_{open} equations for horizontal Inlet (Courtesy of EPRI. Reproduced from, "Application Guide for Check Valves in Nuclear Power Plants", EPRI)

2) "Application Guide for Check Valves in Nuclear Power Plants", EPRI.

$$V_{\min} = \sqrt{\frac{gBW_{EFF}\sin\theta}{K_C \rho A_D \sin^2\theta}}$$

여기서, A_D: 디스크의 면적(disc area, ft^2)

W_{EFF}: 디스크 조립체의 무게, lbs = $W_{DISC}+0.5\,W_{ARM}$

B: 부력교정팩터(buoyancy correction factor, 물에 대해 0.9)

K_C: 2.0, 평균 형상계수(a body/shape factor constant with from the available test data)

압력강하와 최소흐름속도는 밸브를 선정하는 데 있어 중요한 요인이기도 하지만 밸브를 설계하는 입장에서 보면 밸브의 성능과 관련한 것으로 중요하다고 하겠다. 대부분의 제조사는 이에 대한 정보를 사용자에게 카탈로그 또는 기술문서로 제공하고 있다.

(4) 보조 구동기 스윙 체크밸브(swing check valves with assistance actuator)

앞에서 설명한 바와 같이 체크밸브의 유체흐름제어 형태는 유체흐름의 역류를 방지하는 것이다. 역류방지가 적용되는 두 개의 적용처는 펌프의 출구와 각기 다른 배관시스템에서 하나의 헤더로 연결되는 곳으로 대별된다. 하지만 스윙 체크밸브의 단점으로 이러한 적용에 부적합할 경우가 있을 수 있으며, 이를 보완한 형태가 보조구동기를 사용하여 이를 보완한 스윙 체크밸브이다.

즉 완전역류 이전에 보조 구동기의 힘을 이용하여 밸브를 빠르게 닫아 주어 펌프 출구에서 펌프를 보호하는 기능을 강화한 형태가 있으며, 보조 구동기의 힘을 이용하여 체크밸브가 닫혀 있을 때 시팅력을 보조하여 보다 확실한 시팅을 함으로써 여러 개의 보일러 배관라인이 하나의 공동헤더로 연결되는 곳으로 적용하는 것이다. Figure 2.34와 같이 구성된다.

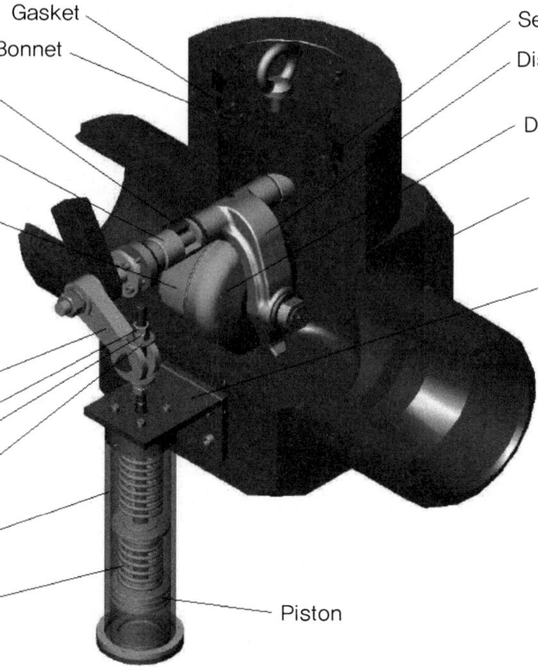

Figure 2.34 Swing check valve with assistance actuator
(Courtesy of Key Valve Technologies Ltd.)

2.4.2 틸팅 디스크밸브(tilting disc check valve)

회전하는 유체흐름 제어요소를 갖는 체크밸브의 또다른 형태가 Figure 2.35에서 보는 바와 같은 틸팅 체크밸브이다. Figure 2.35에서 보는 밸브는 맞대기 용접연결(butt welded end)방식의 일체형 몸체(one-piece)의 프레셔 실(pressure seal) 타입의 몸체-캡 연결방식이다. 틸팅 체크밸브는 스윙 체크밸브와 마찬가지로 플랜지 연결(flanged end), 분리형 몸체(split body)일 수 있다. 몸체-캡 연결방식은 볼티드 타입이나 프레셔 실 타입일 수 있으며, 분리형 몸체의 경우에는 볼트에 의해 몸체가 결합되며, 분리된 몸체 한쪽에 시트 링이 구비된다. 시트는 몸체에 일체형으로 구성하거나 분리형 시트 링을 나사로 체결하거나 용접한다. 분리형 몸체의 경우에는 출구측의 몸체에 있는 구멍을 관통하는 핀에 디스크 회전축이 고정된다. 하지만 현재 대부분의 업체에서 제조되는 틸팅 체크밸브는 일체형 몸체가 대부분이며, 분리형 몸체는 대부분 외부 누설을 막기 위해 개스킷을 이용한 스터드볼트 체결로 결합되어 높은 압력에서는 외부 누설에 대해 취약점이 있어서인지 찾아보기 힘들다. 물론 저압용으로 사용되거나 유지보수에 있어 용이한 이점이 있다.

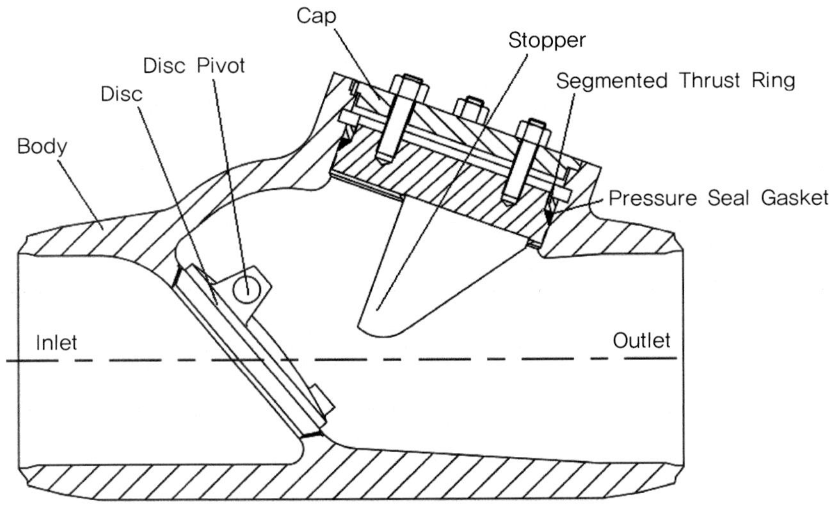

Figure 2.35 Tilting disc check valve (Courtesy of Dewrance, Tyco flow Control)

틸팅 체크밸브의 가장 큰 특징 중 하나는 디스크의 회전 중심이 디스크의 중심은 아니지만 가까이에 위치한다는 것이다. 이러한 중심 위치의 불균형(off-set)은 유체에 의해 디스크에 작용하는 힘이 불균형을 이루어 디스크의 시트와 언시트, 스윙 체크밸브가 해야 하는 열림 위치에서 닫힘 위치로 이동해야 하는 이동거리를 짧게 하는 효과가 있다. 또한 디스크의 회전 중심이 디스크의 중심은 아니지만 가까이에 위치한다는 것은 디스크의 관성모멘트를 작게 하여 유체에 의한 힘에 의해 더 민감하게 작동됨을 의미한다. 그리고 또다른 특징 중 하나는 디스크의 모양이다. 디스크는 유체흐름의 거의 중심부에 위치하며, 유체에 의한 양력을 받도록 윗부분의 접선 길이가 아랫부분의 길이보다 길다. 이에 따라 디스크의 상면에 근접하여 흐르는 유속은 아랫부분에 비해 빨라져 아랫부분의 압력이 윗부분의 압력보다 커지게 되어 유체에 의한 양력으로 디스크를 윗방향으로 올리게 된다. 이러한 특징은 디스크의 열림을 더 크게 하도록 작용하므로 압력강하를, 즉 저항손실을 줄이는 효과가 있다.

스윙 체크밸브가 밸브 디스크의 개폐 속도 및 유량 변화에 신속히 대응하는 데 부족한 면이 있는 반면, 리프트 체크밸브는 비교적 양호한 특성을 갖고 있다. 그러나 압력손실의 정도, 보수성 및 누설방지에 대한 구조로 보아 스윙 체크밸브는 매우 양호한 특성을 갖고 있으므로 스윙 체크밸브와 리프트 체크밸브의 장점을 절충하고 아울러 슬램(slam)에 의한 영향을 최소화시킨 구조의 밸브가 틸팅 디스크

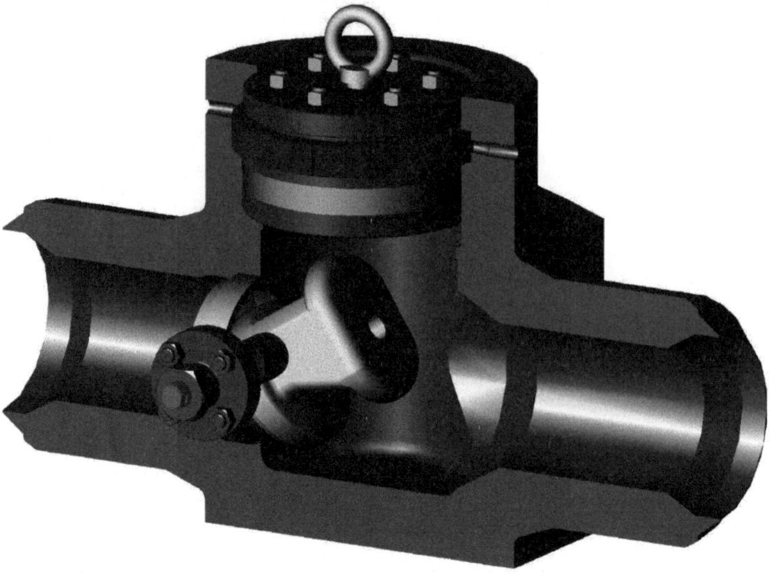

Figure 2.36 Tilting disc check valve

체크밸브(tilting disc check valve)이다. 하지만 이 밸브도 가급적 균일한 흐름이 예상되는 곳에서의 사용을 권장한다.

틸팅 디스크 체크밸브는 디스크의 짧은 행정길이로 슬램 현상이 덜 일어나는 것으로, 스윙 체크밸브에 비해 빈번한 역류가 발생하는 곳에 더 적합하다. 틸팅 디스크 체크밸브는 탄소강과 내부식성 합금으로 생산되며, 2 $\frac{1}{2}$ ~ 24 inch까지, 압력등급 4,500 psi 이상까지 가능하다.

Figure 2.36은 단조강으로 설계된 틸팅 디스크 체크밸브이며, 시트에 디스크의 힌지가 시트링에 연결 결합된 형태이며, 디스크의 상면으로 'U'자 모양을 뒤집은 모양의 가이드가 인출되어 있어 유체가 통과하도록 설계되어 있으며, 상단부가 시트링의 상부와 만나는 위치에서 스토퍼(stopper)의 역할을 하도록 설계되어 있다.

이러한 구조는 단조에 의한 몸체의 가능한 형상이 제한적인 결과이다. 단조에 의해 성형된 밸브는 고압 사용에 매우 유리하며, 산업의 고효율화에 따른 고온고압 조건의 요구에 따른 결과이다.

2.4.3 웨이퍼 체크밸브(wafer check valve)

유체흐름 제어요소가 회전하는 체크밸브의 세 번째 설계유형은 Figure 2.37과 같은 웨이퍼 체크밸브이다. 웨이퍼의 의미가 웨이퍼 타입의 배관연결방식을 뜻하여 웨이퍼 체크라고는 하지만 이러한 밸브의 설계형식은 러그(lug) 타입과 플랜지 연결방식과 맞대기용접 연결방식 모두 가능하다. Figure 2.37은 플레이트(plate)라 부르는 두 개의 반원 디스크로 구성되며, 가운데가 힌지 핀(plate hinge pin) 회전 중심축으로 구성되며, 힌지핀에 장착된 토션 스프링(torsion spring)의 작용력에 의해 플레이트를 몸체 시트에 닫힘 위치로 밀착시킨다. 힌지 핀과 평행하게 핀(spring restraining pin)이 설치되어 스프링이 돌아가는 것을 제한한다. Figure 2.37에서 핀은 몸체를 관통하여 설치되는 구조이며, 몸체를 관통하지 않는 설계형식

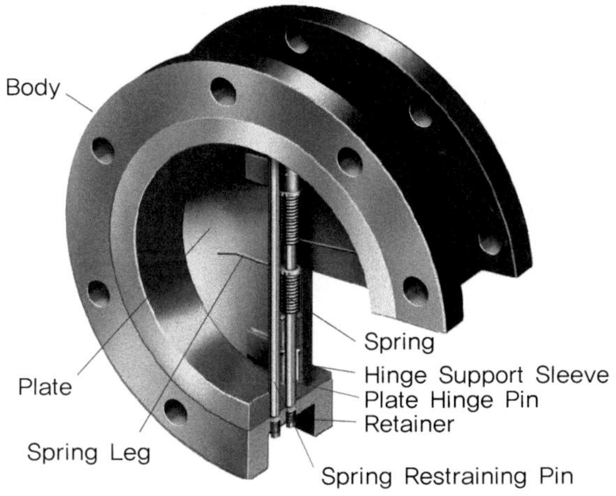

Figure 2.37 Wafer check valve duo disc type (Courtesy of Crane Co.; Reprinted with permission from Crane Co., All rights reserved.)

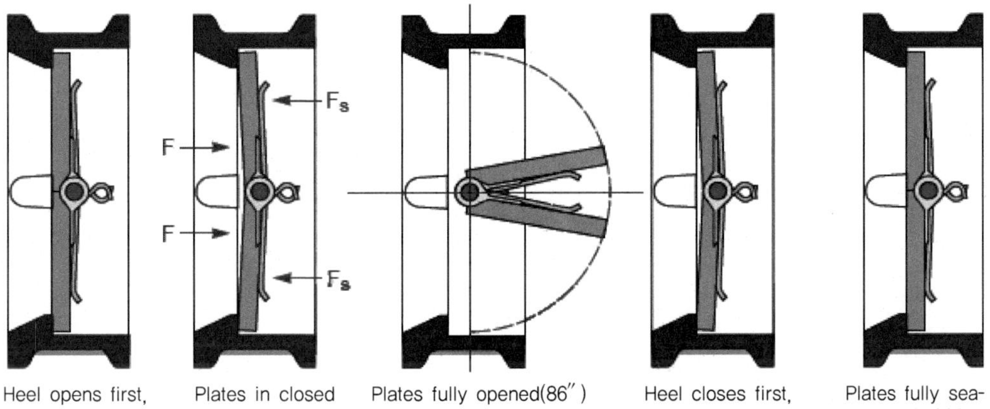

Figure 2.38 Wafer check valve duo disc type (Courtesy of Crane Co.; Reprinted with permission from Crane Co., All rights reserved.)

또한 가능하다. 유체의 힘은 스프링에 전달되어 감아올리게 되며 플레이트가 언시트되도록 한다. 플레이트의 열림 각도는 유체의 힘과 스프링의 탄성력에 따른다. 플레이트의 신속한 닫힘은 스프링의 탄성력으로 얻어지지만 너무 강한 스프링은 밸브를 여는 데 필요한 유체의 큰 힘을 요구한다.

웨이퍼 체크밸브는 스윙 체크밸브와 틸팅 디스크 체크에 비해 다음과 같은 이점이 있다.

1. 같은 크기의 밸브인 경우 스윙 체크밸브와 틸팅 디스크 체크에 비해 작고 가볍다.
2. 짧은 이동거리와 슬램 현상이 감소되는 빠른 플레이트 닫힘으로 빈번한 역류 흐름이 있는 곳에 적합하다.
3. 72 inch까지 아주 큰 사이즈의 밸브도 가능하다. 웨이퍼 체크밸브는 모든 밸브재료, 청동, 탄소강, 내부식성 합금 등이 가능하며, 4,500 psi에 이르는 유체 압력을 취급할 수 있다.
4. 부식성 유체나 연마입자를 포함한 유체를 다루는 경우에 내부식성과 내마모성을 가진 비금속재질을 내부에 도포하는 것이 용이하다.

웨이퍼 체크밸브의 가장 큰 특징은 밸브가 매우 콤팩트하다는 것이다. 디스크를 스프링의 힘으로 유지하므로 스프링의 상수를 조절하면 디스크의 열림 최소 요구 속도를 조절할 수 있으며, 또한 매우 미세한 차압상태에서도 개폐를 할 수 있어서 계통의 요구사항대로 설계가 가능하다는 것이다.

Figure 2.39 Wafer check valve single disc type (Courtesy of Crane Co.; Reprinted with permission from Crane Co., All rights reserved.)

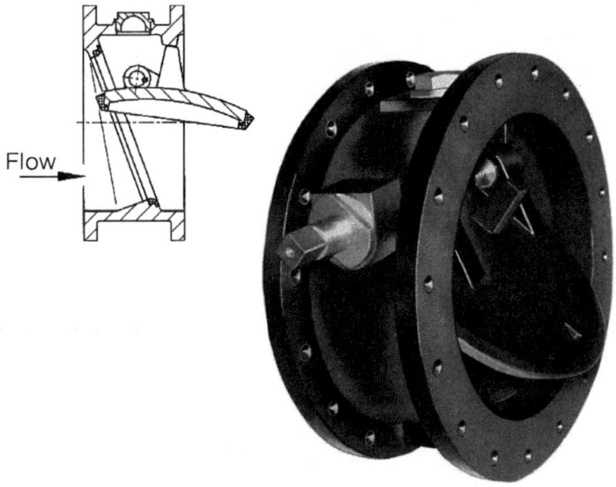

Figure 2.40 Wafer check valve tilting disc type (Courtesy of Stockham; 출처 "Check Valves" <http://www.tradelink.com.au/resources/attachments/IndustrialCatalogue/07.%20Check%20Valves.pdf>)

웨이퍼 체크밸브 또한 단점들을 가지고 있으며, 틸팅 디스크 체크밸브에서와 같이 플레이트가 항상 유체흐름 경로에 있기 때문에 스윙 체크밸브에서보다 흐름 저항이 크다는 것이다. 스윙 체크밸브와 틸팅 디스크 체크밸브(Figure 2.41의 스프링이 없는 웨이퍼 체크밸브, 스윙 체크밸브 포함)가 중력에 의하여 작동되는 반면에 웨이퍼 체크밸브는 스프링에 의해서만 작동된다. 따라서 스프링의 파손이나 부식 또는 양쪽 모두로 인해 망가지면, 밸브는 제 기능을 하지 못하고 작동되지 않을 수 있다.

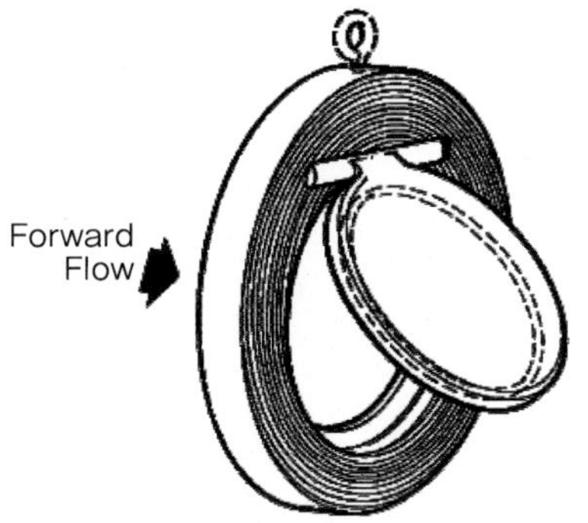

Figure 2.41 Wafer type (Courtesy of the Spirax Sarco; from Spirax Sarco website "Steam Engineering Tutirials" at <http://www.spiraxsarco.com/resource/steam-engneering-tutorials/pipeline-ancillaries/check-valves.asp>, with permission of Spirax Sarco's Copyright.)

2.4.4 리프트 체크밸브(lift check valve)

리프트 체크밸브는 피스톤, 디스크 또는 볼인 흐름제어요소가 흐름경로상에서 움직이는 체크밸브의 또다른 유형이다. Figure 2.42는 배관연결형식이 맞대기용접(butt-weld)이며, 몸체캡 연결은 프레셔 실 캡(pressure seal cap), 몸체(body) 구조가 글로브(globe)이며, 흐름제어요소가 피스톤(piston)형인 체크밸브이다.

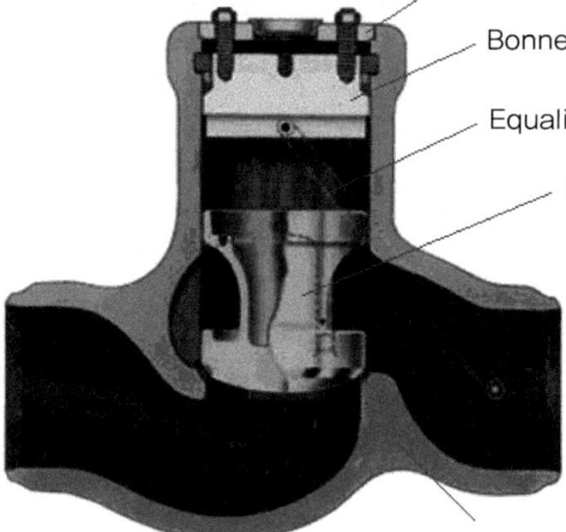

Figure 2.42 Globe piston lift check valve (Courtesy of Flowserve, Edward Valves)

Figure 2.43은 나사의 배관연결형식을 가지며, 나사캡 리프트 체크밸브이다. 흐름제어요소로 볼을 사용할 수 있으며, 단순한 구조와 제조의 용이성으로 인하여 작은 크기의 체크밸브에 사용되며, 이를 볼 체크밸브라 한다. 볼 체크밸브는 수평관에서 사용할 때는 스프링을 사용하는 것이 일반적이고 볼의 자중에 의해서만 작동되는 형식과 스프링을 포함한 형식이 있다.

밸브의 작동면에서 보면 밸브로 유입되는 유체의 힘이 흐름제어요소의 무게를 극복하고 흐름제어요소를 들어올리게 되어 밸브가 열린다. 유체의 흐름이 멈추면 흐름제어요소는 무게에 의해 아래로 떨어지며, 시트 위치가 된다. 밸브의 출구로 유입되는 유체는 흐름제어요소에 압력을 가하게 되고 밸브는 닫힘 위치를 유지하게 된다.

피스톤과 디스크 흐름제어요소는 시팅면에 정확하게 위치하도록 안내되어야 한다. 원주형태로 보링된 몸체의 목 부위의 안내면은 피스톤의 움직임을 안내한다.

디스크를 사용하는 경우에는 Figure 2.43에서 보는 바와 같이 시트 안쪽으로 가이드하는 디스크에서 연장된 핀을 갖거나 연장된 가이드를 갖는다. 또한 캡 안쪽에 마련한 가이드 홀에 디스크의 상부에서 연장된 핀이나 연장된 돌출부가 안내되도록 설계된다. 피스톤과 디스크의 안내 가이드는 상대적으로 높은 정밀도(여유공차)를 가져야 하는데 유체에 혼합된 입자가 안내면 사이에 끼여 있는 경우 고착될 수 있기 때문이다.

볼밸브는 스스로 정렬하는 메커니즘을 가질 수 있어 정밀도 높은 여유공차를 그다지 요구하지 않으며, 따라서 고착의 위험성이 상대적으로 적어 고체입자가 혼입된 유체나 더러운 유체에 적용이 가능하다. 볼은 시팅될 때 회전하는 경향이 있어 마모가 분산되는 효과도 있다.

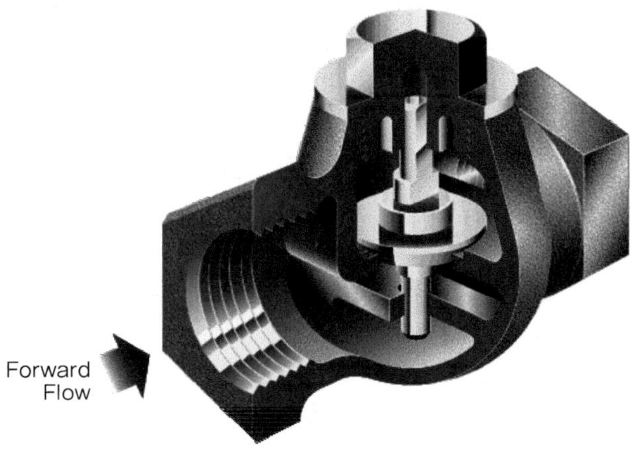

Figure 2.43 Lift check valve disc guide (Courtesy of Spirax Sarco; from Spirax Sarco website "Steam Engineering Tutirials" at <http://www.spiraxsarco.com/resource/steam-engneering-tutorials/pipeline-ancillaries/check-valves.asp>, with permission of Spirax Sarco's Copyright.)

리프트 체크밸브의 구성형태는 스프링의 추가 장착이 용이한 구조이다. 스프링을 추가함으로써 흐름제어요소를 좀더 빨리 닫히게 할 수 있고 시팅력을 높이는 효과가 있다.

Figure 2.42, 2.44와 같이 바이패스관(equalizer tube)이 밸브의 출구와 디스크 상부의 공동부에 연결되어 피스톤 상부의 공동부에 유체가 배출되도록 함으로써 빠르게 밸브를 열고 완전 열림(full open)이 되도록 한다. 또한 역류에 의해 보다 확실한 시팅이 되도록 도움을 준다.

리프트 체크밸브는 흐름제어요소 외에는 움직이는 부품이 없어 매우 단순하고 투박하여 밸브만으로 동작이 확실하다. 흐름제어요소는 분해가 쉽고 캡 부위만을 제거해도 내부를 볼 수 있어 시팅면의 유지보수에도 유리한 밸브이다. 흐름제어요소의 이동거리가 다른 체크밸브에 비해 짧아서 슬램 발생의 소지가 적고, 빈번한 유체흐름의 변경이 있는 곳의 적용에 적합하다.

다른 체크밸브에 비하여 유체의 속도가 비교적 빠른 조건에서 사용하며 내누설 특성이 양호하다. 대부분 글로브밸브의 외양과 비슷하며 디스크 모양과 몸체의 설계형식에 따라 여러 가지 형태의 리프트 체크밸브가 있다. 유체의 저항 손실을 줄이는 형태로는 Figure 2.44에서와 같은 Y-패턴의 리프트 체크밸브가 있으며, 배관의 구성 형태에 따라 앵글(Figure 2.45)과 엘보-다운(Figure 2.46) 형태도 가능하다.

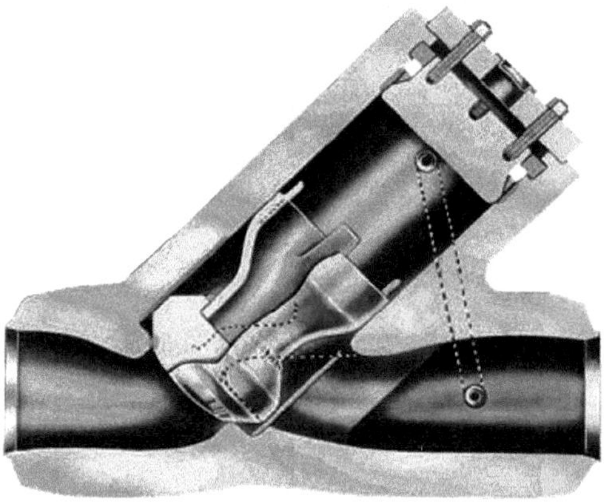

Figure 2.44 Y-pattern piston lift check valve (Courtesy of Flowserve, Edward Valves)

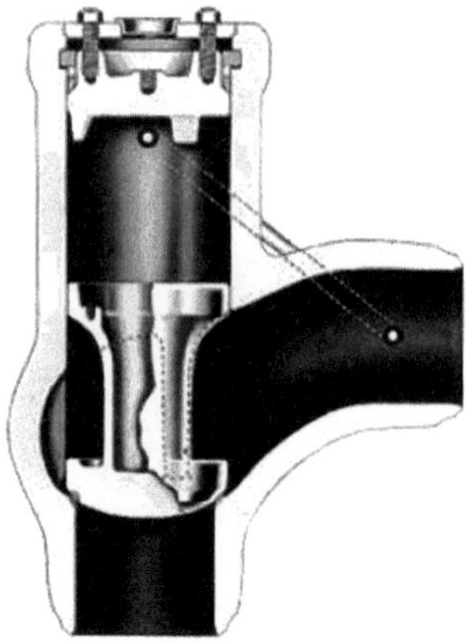

Figure 2.45 Angle (Courtesy of Flowserve, Edward Valves)

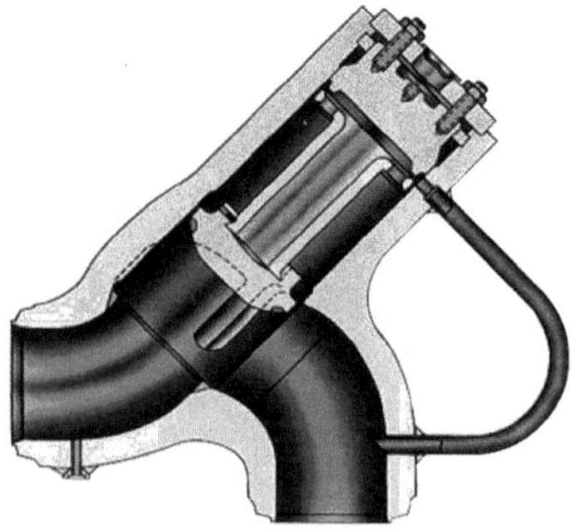

Figure 2.46 Elbow-down (Courtesy of Flowserve, Edward Valves)

Y-패턴의 리프트 체크밸브와 엘보-다운 형태의 리프트 체크밸브는 유체의 저항 손실을 줄여주는 효과가 있으나, 흐름제어요소인 피스톤이 경사면을 따라 이동하며, 유체에 의한 편심 하중을 받아서 경사안내면 일부가 마모되는 경향이 있다.

리프트 체크밸브는 모든 청수에 적합하며, 볼 체크밸브는 더러운 유체나 점성유체에 사용이 가능하다. 대부분의 체크밸브는 폭넓은 크기와 압력등급, 재질로 생산되며, 리프트 체크밸브는 1/4 inch에서 24 inch까지 생산된다. 다만 볼밸브의 경우 주로 작은 크기로 생산되며, 아주 작은 크기에서 2 inch 정도까지 생산된다. 양쪽 모두 압력 4,500 psi 이상까지의 유체에 적용이 가능하며, 청동, 탄소강, 내부식성 합금 등의 재질로 만들어진다. 다만 충격에 약한 주철재 밸브는 일반적이지 않다. 리프트 체크밸브의 일반적 표준은 작은 크기의 단조강 밸브이다.

리프트 체크밸브의 단점은 흐름제어요소가 유체의 경로상에 있어 높은 압력강하가 있다는 것이며, 또다른 단점으로는 볼 체크밸브 이외는 더러운 유체나 진득진득한 유체에는 적용할 수 없다는 것이다. 이러한 더러운 유체는 디스크나 피스톤이 안내면에서 고착되는 원인이 된다. 디스크의 회전(spinning) 가능성과 대구경의 경우에는 반드시 이퀄라이저 튜브(equalizer tube)가 필요하다는 것도 단점이다.

2.4.5 스톱 체크밸브(stop check valve)

리프트 체크밸브의 캡(cap)을 보닛(bonnet)으로 대체하고 피스톤에 체결하지 않는 스템을 추가하면, 스톱 체크밸브로 알려진 NRV(Non-Return Valve)라고도 하는 복합기능의 밸브가 된다. Figure 2.47은 Figure 2.45의 앵글글로브 형태의 몸체의 리프트 체크밸브 구성에서 스톱기능을 추가한 형태로 앵글글로브(angle globe) 몸체, 프레셔 실(pressure seal) 타입의 몸체-보닛 연결형식을 가지며, 모터로 작동(Motor Operated Valve; MOV)되는 맞대기용접(butt welded end) 배관연결형식을 갖는 밸브이다. 스템이 열림 위치에 있으면 밸브는 리프트 체크밸브로서의 기능을 하게 된다. 스템이 닫힘 위치에 있으면 정지밸브(stop valve)로서의 양쪽 방향으로 흐름을 막는 기능을 한다.

체크밸브가 중요한 격리에 적용되는 경우, 역류에 의한 내부 누설이 없도록 보다 강화된 시팅력이 요구될 때 스톱 체크밸브가 필요하다. 스톱 체크밸브는 별도의 정지밸브를 마련할 필요가 없게 한다. 예를 들어 하나 이상의 보일러가 메인 스팀 헤더(main steam header)에 연결되는 곳에 각각의 보일러와 메인 스팀 헤더

사이에 스톱 체크밸브가 설치된다. 스템이 열림 위치에 있을 때는 밸브는 체크밸브로서 보일러의 기동과 정지에 따라서 헤더로부터의 역류를 방지하는 기능을 한다. 스템이 닫힘 위치에 있을 때 구동기를 이용하여 보다 강한 시팅력으로 기동 중인 다른 보일러들로부터 분리 격리된 보일러를 안전하게 보호한다.

스톱 체크밸브는 주철, 탄소강과 내부식성 합금으로 생산되며, 밸브의 크기는 2 ½~14 inch까지 만들어지며, 4,500 psi 이상까지 적용된다.

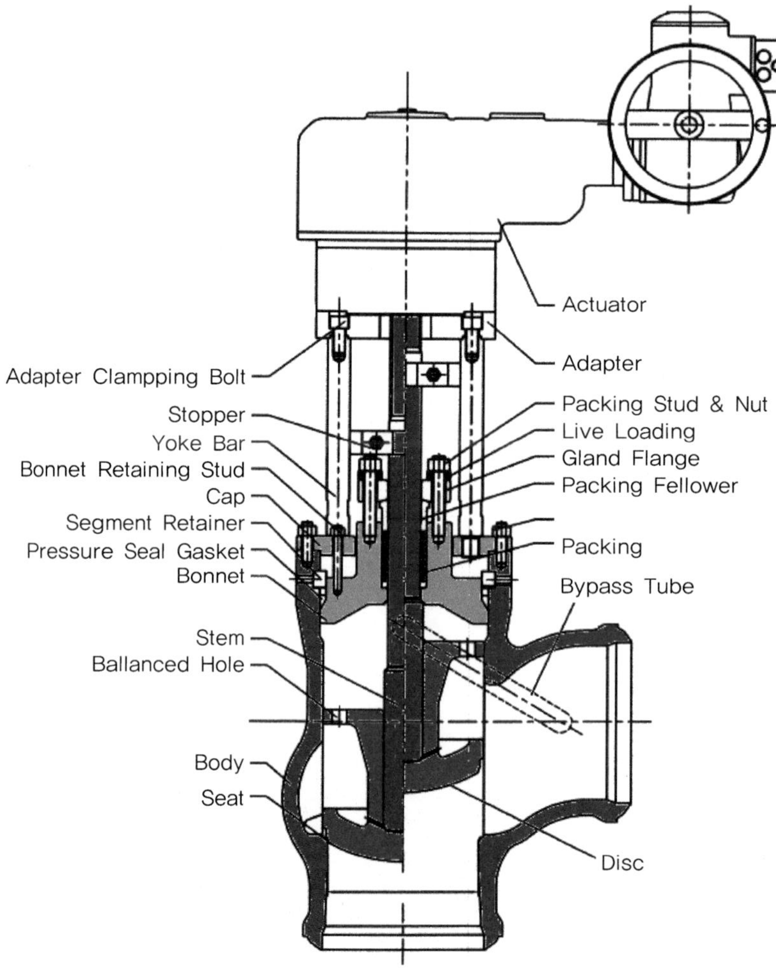

Figure 2.47 Angle lift stop check valve

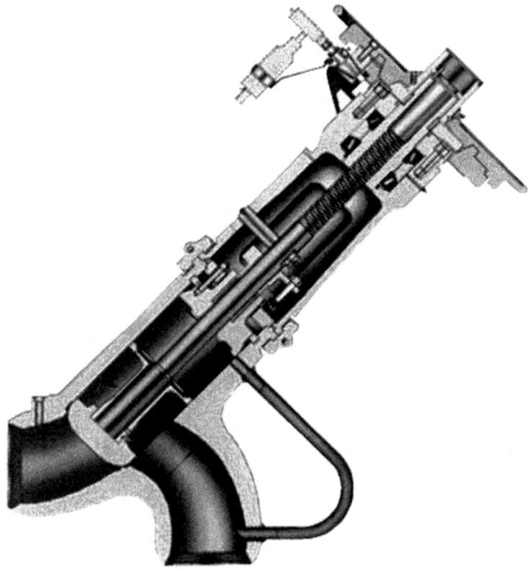

Figure 2.48 Elbow-down lift stop check valve (Courtesy of Flowserve, Edward Valves)

Figure 2.48은 Figure 2.46의 리프트 체크밸브가 스톱밸브로 변형된 것으로, 리프트 체크밸브는 대부분 스톱밸브로의 변경이 용이함을 보여준다. 대부분의 스톱밸브는 수동형도 Figure 2.48과 같이 일반적이지만 밸브의 크기가 커지면 큰 구동력을 필요로 하게 되어 대부분 구동기를 부착하게 되며, 적용처에 따라 시팅에 요구되는 구동력이 상이하다. 또한 역류의 확실한 방지를 요구하는 경우에는 시팅력을 높이는 요구 스러스트만 만족하면 되지만 정지밸브로서의 기능, 즉 별도의 스톱밸브를 대체하는 기능을 하기 위해서는 아주 높은 시팅력이 필요하다. 특히 고압의 유체에 적용하거나, 큰 크기의 밸브에 적용하는 경우, 시팅에 필요한 요구 스러스트는 밸브 입구 압력과 디스크 또는 피스톤에 실제 가압하는 면적인 시트면적에 비례하므로 일반적인 스톱 체크밸브에서 요구하는 것보다 더욱 큰 힘을 요구하므로 밸브 및 구동기 선정에 주의를 요한다.

2.4.6 노즐 플러그 체크밸브(nozzle plug check valve)

앞에서 설명한 체크밸브들 중에서 아마도 가장 밸브의 저항계수가 작은 다시 말해 압력강하가 작은 체크밸브는 스윙 체크밸브일 것이다. 하지만 고속의 유체에 적용하기에는 부적합하며, 슬램에 대해서도 문제가 있는 것이 사실이다. 따라서 리프트 체크밸브와 같이 디스크의 운동거리가 짧고 고속의 유체에 적용하기 적합한 밸브가 노즐 체크밸브이다.

노즐 플러그 체크밸브는 Figure 2.49와 같은 구성으로 이루어지며, 밸브의 입구에서 인입되는 유체는 밸브 입구에 위치하는 디스크를 밀어내고 유선형으로 구성

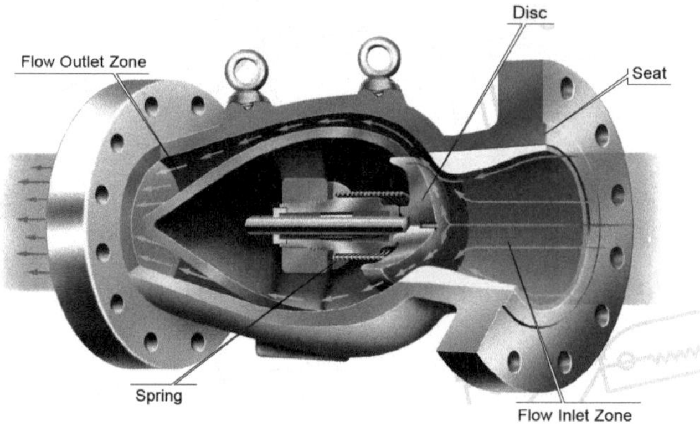

Figure 2.49 Nozzle check valve, one-piece body type (Courtesy of Crane Co.; Reprinted with permission from Crane Co., All rights reserved.)

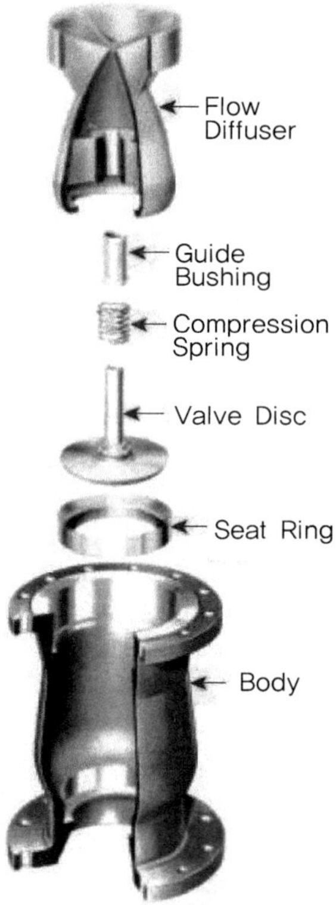

Figure 2.50 Nozzle check valve, components of one-piece body type (of Enertech; 출처 The Dresser Connection, spring 2003, Volume 4, Number 3, "*Dresser Now Offers Anti-Slam Nozzle Check Valves*")

Figure 2.51 Nozzle check valve, wafer type, one-piece body, flanged end (Courtesy of the Enertech; 출처 <http://www.valvedepot.com/catalogue/check/040556701.htm>)

되는 디스크와 디스크를 지지하고 스프링이 내장된 디퓨저(flow diffuser)의 외면과 몸체 사이의 환형의 흐름 경로를 따라 밸브 출구로 나가도록 설계된 밸브이다. 유체가 고속으로 흐를수록 저항은 커지므로 유체속도 면에서 볼 때 가장 저항이 작은 밸브라고 할 수 있다. 또한 디스크와 복원 스프링을 내장한 디스크를 지지하는 하우징이 몸체 안쪽에 있으며, 유선형으로 만들어져 유체의 저항손실이 작으며, 유체의 압력에 대해 실시간적으로 디스크의 열림과 닫힘을 유지하며, 디스크의 이동경로가 짧아서 슬램의 발생 소지가 작으며, 유속이 빠른 곳에 적용된다.

몸체의 구성은 한 몸체(one-piece)로 구성되며, Figure 2.52와 같이 분할몸체(split body)로 구성될 수 있다.

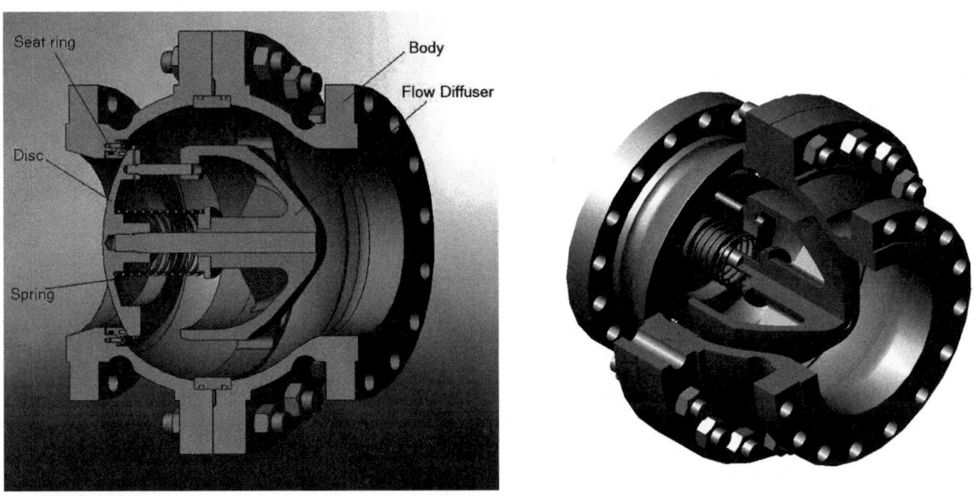

Figure 2.52 Nozzle check valve, split body, flanged end (Courtesy of Key Valve Technologies Ltd.)

노즐 플러그 체크밸브는 웨이퍼 체크밸브와 같이 면간이 짧은 유형도 가능하며, 밸브의 크기도 매우 다양하게 제작되고 있다. Figure 2.56에서 보는 바와 같이, 면간이 짧은 유형보다는 몸체가 유선형으로 긴 타입이 고속의 유체에 더 적합하다. 스프링의 장력에 의해 여닫음이 이루어지므로 배관이 수직 윗방향으로 흐르는 배관에 설치하는 경우나 반대의 경우에는 열고 닫히는 조건에 유의할 필요가 있다. 흔히 접할 수 있는 밸브가 아니여서 새로운 밸브라고 생각할 수 있으나, 1920년대에 이미 개발된 밸브로 다른 밸브에 비해 역사가 짧지 않다.

2.4.7 체크밸브의 설치(check valve installation)

어떤 위치에 설치하더라도 작동에 거의 영향을 받지 않는 다른 밸브에 비하여 대부분의 체크밸브는 설치에 제한을 받는다. 스윙체크, 틸팅디스크와 리프트 체크밸브는 흐름제어요소의 시팅에 있어 중력의 영향을 받기 때문에 중력이 필요한 효과를 내도록 하는 방향과 위치에 설치되어야 한다. 모든 체크밸브는 명확하게 올바른 흐름 방향을 갖도록 설치하여야 하며, 올바른 설치를 위하여 몸체에 화살표 방향 표시를 해 놓는다.

설치시 고려해야 할 사항들은 다음과 같다.

1. 모든 체크밸브는 수평배관에 사용할 수 있다.
2. 스윙 체크밸브와 틸팅 디스크 체크밸브는 수직배관에 설치할 수 있으며, 흐름 방향이 윗방향이면 수평에서 수직 방향의 어떠한 각도에서든지 설치가 가능하다. 밸브가 아랫방향으로 설치되면 디스크가 열림 위치에 매달려 있는 형상이 되므로 역류 발생 시에 시팅이 보장되지 않는다.
3. 리프트 체크밸브는 수평에서 45° 기울어진 방향까지는 설치가 가능하다. 각도가 커지게 되면 디스크와 피스톤은 안내면과의 마찰이 커지므로 닫힘이 지체되거나 방해된다. 유체의 흐름 방향은 윗방향과 아랫방향 모두 가능하다.
4. 수직 설치 외의 경우 스윙체크, 틸팅 디스크 체크밸브와 리프트 체크밸브는 배관축 선상의 수직한 면에 밸브 상부가 위쪽으로 오도록 설치하여야 한다. 밸브는 배관축 선상에서 수직면이 아닌 어느 정도 회전 범위에서 경사되어 설치할 수 있다. 하지만 흐름제어요소가 안내면과의 마찰이나 회전 중심축이 닫히는 데 방해가 되지 않도록 30° 이내이어야 한다(Figure 2.55의 Figure 4B 참조).

웨이퍼 체크밸브와 스프링 장착 리프트 체크밸브는 재시팅에 중력의 영향을 받지 않으므로 어떠한 위치에서든 설치가 가능은 하지만 스프링 장착 리프트 체크밸브는 밸브의 상부가 수직으로부터 90° 이상 회전시켜서는 안 된다. 만일 그렇게 설치하게 되면 작은 입자나 스케일 물질이 피스톤이나 디스크를 여는 데 걸리거나 방해할 수 있기 때문이다.

체크밸브별로 기본적인 설치 위치 및 방향은 다음과 같다.

- 스윙 체크밸브: 수평 또는 수직. 수직배관에 설치 시에는 밸브의 최소 흐름 속도에 디스크의 최대 열림각도(45° 이하)만큼을 고려한다. 또한 밸브의 힌지 핀에 균형추(weight)를 이용하면 계통 특성에 따라 디스크의 열림 최대 흐름 속도를 조절할 수 있다.
- 틸팅 디스크 체크밸브: 수평/수직
- 웨이퍼 체크밸브: 수평/수직 모두 가능하나, 힌지핀은 필히 수직 방향이어야 한다.
- 리프트 체크밸브

  T-type: 수평

  Y-pattern type: 수평/수직. 수직설치 시 스프링을 사용하면 효과적

  angle type: 밸브 입구는 필히 수직 배관
- 스톱 체크밸브

  T-type: 수평

  Y-pattern type: 수평/수직

  angle type: 밸브 입구는 필히 수직 배관

  45° 경사형(inclined): 수평

체크밸브의 설치각도 제한범위

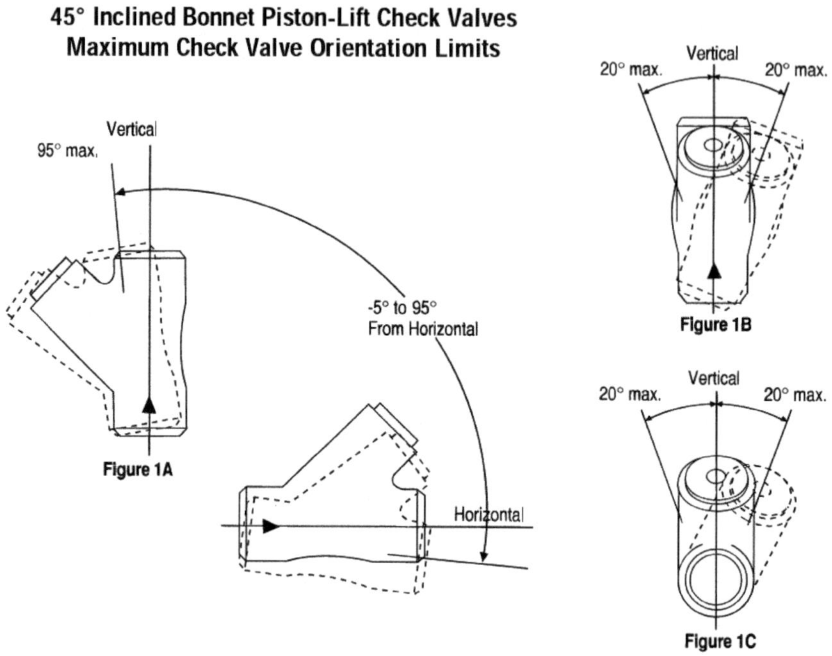

Figure 2.53 Installation limits of the piston-lift check valves (Courtesy of Flowserve, Edward Valves)

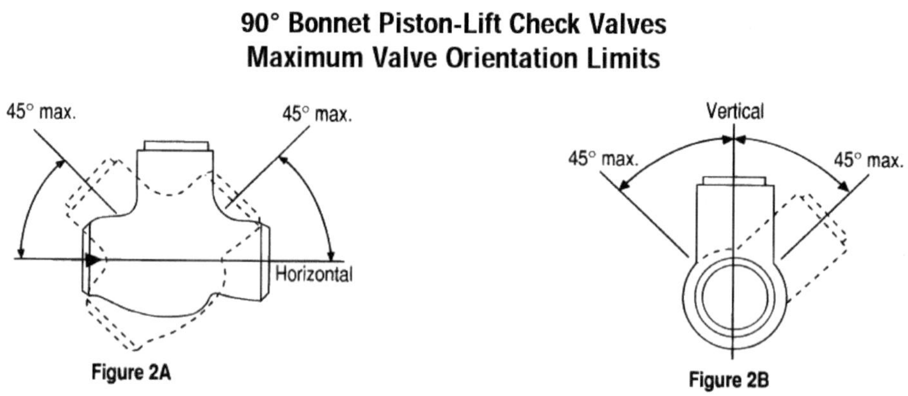

Figure 2.54 Installation limits of the piston-lift check valves (Courtesy of Flowserve, Edward Valves)

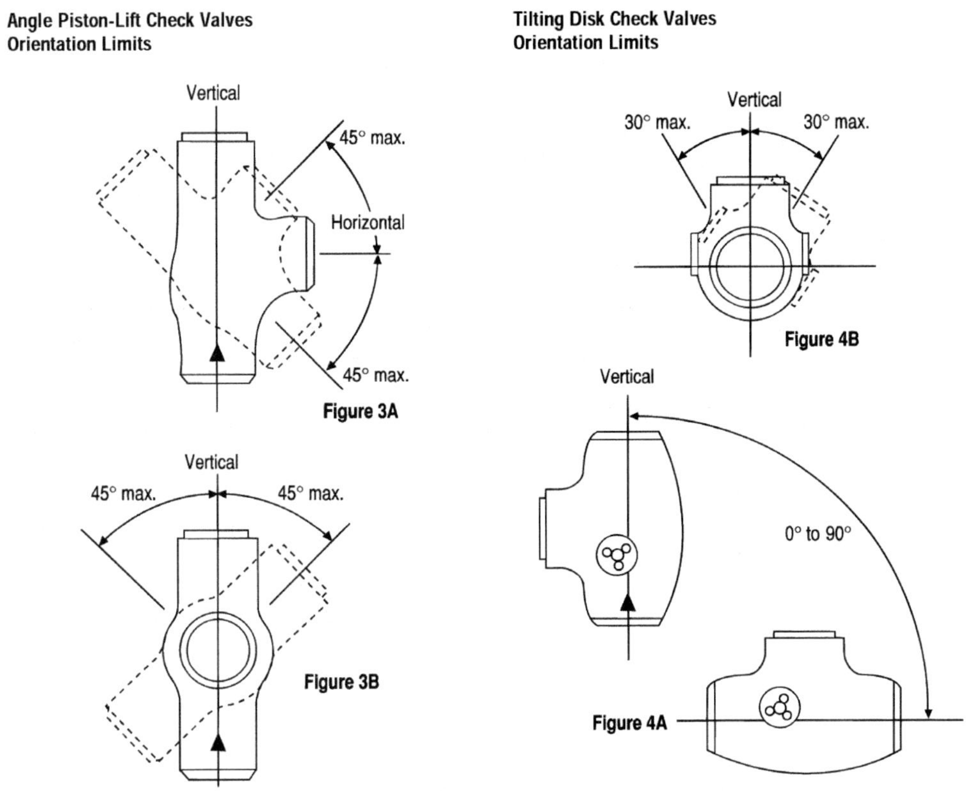

Figure 2.55 Installation limits of the piston-lift check and tilting check valves (Courtesy of Flowserve, Edward Valves)

2.4.8 체크밸브의 선정과 사이징

체크밸브와 다른 밸브들과의 또다른 중요한 차이는 체크밸브의 열림량이 구동기의 유용 스러스트가 아닌 밸브를 통과하는 유체의 힘에 의존한다는 것이다. 또한 체크밸브는 유체의 최소 요구량으로 완전 열림 위치까지 열리도록 설계된다. 완전 열림 위치에서 체크밸브는 가장 작은 흐름 저항을 가지며, 흐름제어요소가 보다 안정적 위치를 유지한다. 결론적으로 체크밸브는 정상적인 유체흐름 조건하에서 완전하게 열림 위치를 유지하도록 크기가 결정(sizing)되어야 한다.

올바른 밸브의 크기를 결정하는 데 도움을 주기 위해 제조사들은 각기 다른 접근방법들을 제시하고 있는데, 어떤 제조업체에서는 예를 들어 스윙 체크밸브와 틸팅 체크밸브 등의 다른 체크밸브 설계형식에 대해 유체의 비중을 기반으로 그들이 제조하는 밸브들의 최대 열림에 필요한 유체의 속도(최소 흐름속도; minimum flow velocity)를 계산할 수 있도록 공식을 제공한다. 밸브의 최대 크기는 밸브가 취급할 수 있는 유체의 흐름속도로 계산되는 요구 속도로부터 구해진다. 또다른 접근방법은 그들이 제조하는 체크밸브 크기와 유형별로 밸브크기 결정의 파라미터를 제공하는 것이다. 이러한 유일한 파라미터는 유체의 밀도와 유량으로 계산된 값과 비교한다. 이러한 밸브사이징 파라미터가 계산된 값보다 작으면 밸브는 완전 열림을 갖게 된다.

제조자들의 사이징 접근방식은 그들이 행한 밸브의 실험적 결과이므로 그 제조사의 밸브에만 적용해야 한다. 제조사가 이러한 정보들을 제공하지 않는다면 제조사에 연락하여 제공받아야 한다.

체크밸브의 사이징에서 결정된 밸브의 크기는 설치될 배관보다 작게 사이징될 수 있다. 이것이 반드시 바람직하지 않은 것은 아니다. 더 작은 완전 열림 밸브가 대부분 배관과 같은 크기의 밸브의 부분적 열림보다 더 큰 저항을 갖는 것이 아니며, 부분 열림에서 있을 수 있는 마모도 적은 이점이 있기 때문이다. 덧붙여 말하면 작은 밸브를 선택하여 절감된 경비는 배관에 맞추기 위한 리듀서의 설치 비용으로 상쇄될 것이다.

체크밸브의 선정 기준

밸브 종류	스윙체크	틸팅체크	리프트체크
사용조건			
급속 열림이나 닫힘이 요구되는 경우	3	1	1
유속의 변화가 큰 경우	3	2	1
유지보수의 용이성	1	3	2
저항손실이 작아야 하는 경우	1	2	3
유체의 차단성(기밀유지)	1	2	2
슬러리 또는 분체를 포함한 유체	2	3	3

1 = 우수 2 = 적용가능 3 = 부적합

밸브별 저항손실

밸브 종류	L/D
글로브밸브	340
게이트밸브	8
리프트 체크밸브	600
스윙 체크밸브	50
볼밸브	6
버터플라이밸브	35

적용처 및 유체속도별 적용 체크밸브

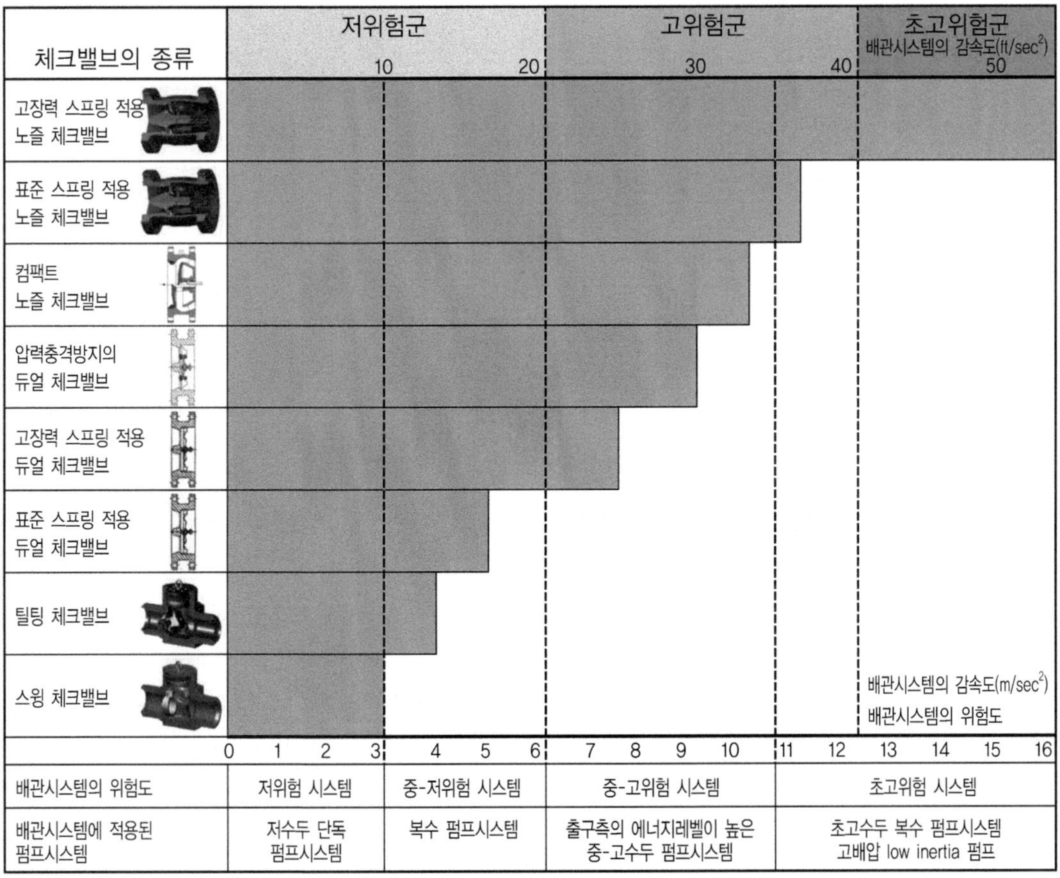

주의사항: 상기 차트는 체크밸브의 종류별 적용 형태를 나타내기 위하여 작성된 것으로, 실제 체크밸브의 선정 기준으로 사용해서는 안 된다. 각 제조사별로 적용된 밸브의 설계형식에 따라, 적용된 스프링의 장력에 따라 배관시스템의 감속도에 대한 최대 역류속도가 다를 수 있기 때문에 밸브 선정 시에는 반드시 각 제조사가 제공하는 TECHNICAL DATA에 의해 선정해야 한다.

Figure 2.56 Application of check valves (Reproduced from; 1. Catalog of Goodwin 2007, "Check valve selection based upon system decelation characterisric", 2. VAL-MATIC VALVE, "Dynamic Characteristics of Check Valves")

2.5 버터플라이밸브(butterfly valves)

버터플라이밸브도 볼밸브, 플러그밸브와 마찬가지로 90° 회전밸브이다. 특히 밸브구경 대비 밸브 면간의 길이가 매우 짧은 콤팩트화된 밸브로서 밸브 구조상의 여러 가지 독특한 장점이 있다. 그 예로, 밸브의 구경 대비 밸브 무게가 거의 같은 역할을 수행하는 게이트밸브에 비하여 60~70% 정도이고, 볼밸브나 플러그밸브에 비해서도 20% 이상 가볍다. 또 밸브의 무게중심의 볼밸브와 같이 배관 중심선과 거의 일치함으로써 배관계의 구조를 보다 건전하게 한다. 물론 밸브의 구성부품 수도 적기 때문에 제작도 용이하고, 밸브 구경 대비 가격도 저렴한 편이다.

특히 웨이퍼(wafer) 타입의 버터플라이밸브는 밸브의 크기 및 콤팩트성, 가격, 제작의 용이성, 설치의 편이성, 배관계의 구조적 안정성, 밸브의 유지보수 측면에서 어쩌면 가장 합리적인 밸브타입으로 볼 수 있다. 위와 같은 여러 설계인자로 인하여 버터플라이밸브는 밸브구경이 커지면 커질수록 장점이 돋보인다. 계통의 운전조건에 따라 다르겠지만 밸브의 호칭지름이 20 inch(500 mm)를 넘는 대형의 밸브는 거의 모두 버터플라이밸브이다. 현재까지 기록상으로 호칭지름 10,000 mm (10 m)의 버터플라이밸브가 생산되었고, 차후 바닷물의 조수(潮水) 발전이나 해양 온도차에 의한 해양발전 등 대규모 에너지 개발 프로젝트가 실용화되려면 이보다 훨씬 큰 버터플라이밸브가 제작되어야 할 것이다.

단점으로는 디스크와 시트와의 기밀유지 기술이 타 밸브에 비하여 까다로우며, 디스크의 구조상 유체흐름과 대칭상태로 힘을 받기 때문에 높은 차압을 요구하는 계통에는 진동 및 소음 등을 유발하므로 적용하는 데 어렵고, 아울러 밸브 크기가 클수록 디스크에서의 면압 및 운전토크가 커지기 때문에 압력이 높은 계통에서의 버터플라이밸브 선정은 제약을 받는다.

(1) 버터플라이밸브의 시팅구조

버터플라이밸브의 시팅구조는 볼밸브와 마찬가지로 탄력성이 좋은 천연 또는 합성고무, 불소수지 등으로 만든 시트에 금속재의 디스크면이 접촉하여 기밀을 유지하는 구조가 범용의 저압 프로세스용 버터플라이밸브에 널리 채용되고 있으며, 증기 서비스와 같이 비교적 고온 유체의 제어 및 계통압력이 20 bar를 넘거나 밸브간 차압이 5 bar 이상을 제어해야 하는 경우에는 메탈시트(metal to metal contact)

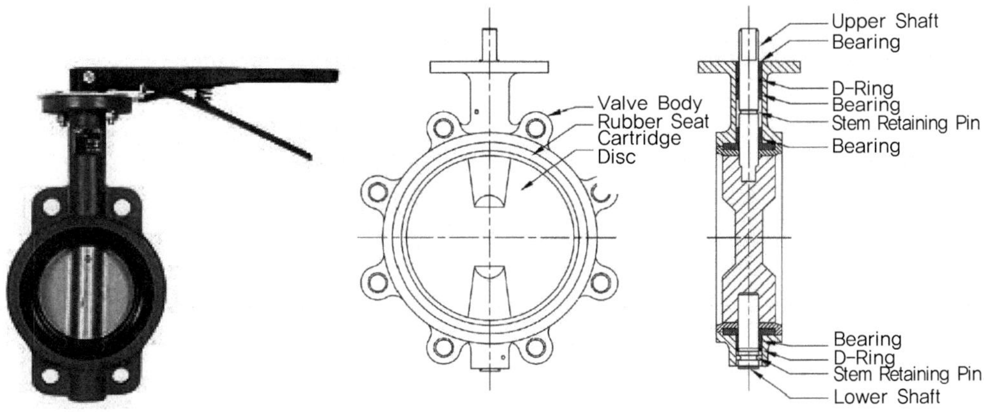

Figure 2.57 Lined butterfly valve (Courtesy of Dezurik, <http://www.dezurik.com>)

또는 고성능 버터플라이밸브(High Performance Butterfly Valve; HPBV)를 채용하는 것이 권장된다.

HPBV는 각 제조사별로 독특한 시팅 구조를 가지고 있으나 HPBV의 기본적인 시팅구조의 형식은 디스크와 디스크축이 편심 상태로 설계된 구조이다.

(2) 버터플라이밸브 형식

버터플라이밸브 형식은 밸브 몸체의 연결방식과 디스크-시트의 시팅구조의 차이점에 따라 구분할 수 있다. 우선적으로 밸브 몸체의 구성방식으로 보면 프랜지형, 웨이퍼형, 프랜지 관통형으로 구분되며, 시팅구조로 보면 디스크와 디스크 구동축

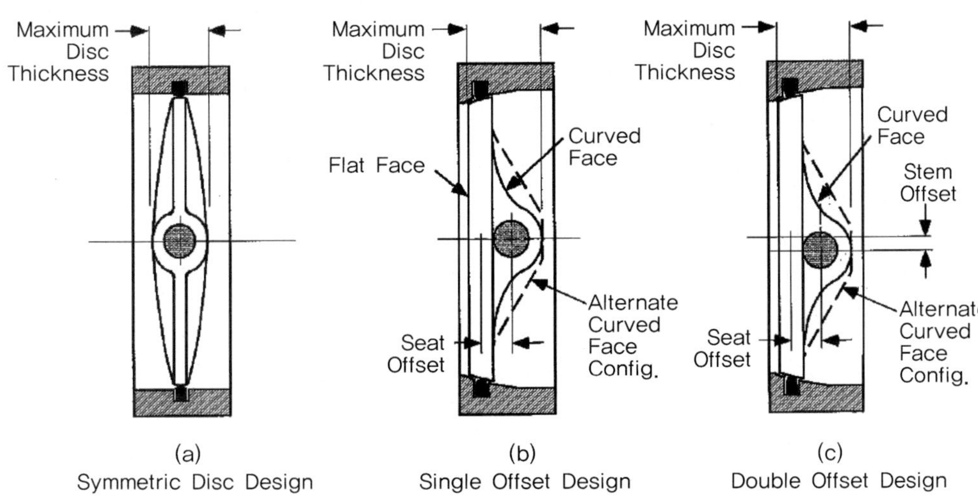

Figure 2.58 Butterfly disc designs (Courtesy of Kalsi Engineering, 출처; Kalsi Engineering, AOV/MOV Training Seminar)

Figure 2.59 High performance butterfly valve (Courtesy of Dezurik, <http://www.dezurik.com>)

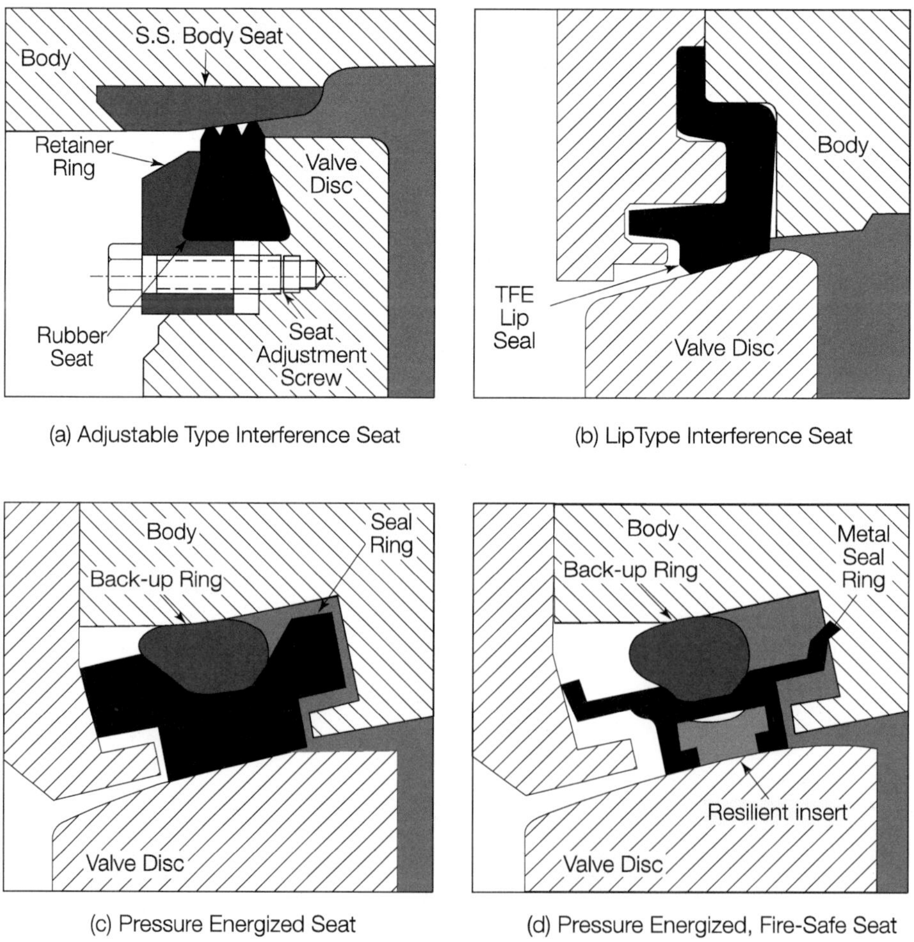

Figure 2.60 Typical seat designs of butterfly valve (Courtesy of Kalsi Engineering, 출처; Kalsi Engineering, AOV/MOV Training Seminar)

이 밸브 몸체의 중심과 일치하는 구조(concentric)와 구동축이 편심되어 있는 구조(eccentric)로 구분할 수 있다.

이렇게 기하학적으로 시팅 구조가 상이한 것은 시팅의 역학적 구조가 밸브의 기본기능인 압력기준 및 완벽한 유로차단기능에 있어서 전자의 경우는 낮은 압력 또는 'rubber lined', 후자의 경우는 높은 압력 또는 'high performance'를 갖는다는 뜻을 포함하고 있다.

(3) 버터플라이밸브의 운전특성

버터플라이밸브의 운전특성은 디스크 형상의 특성상 독특한 운전특성을 갖고 있다. 운전특성은 첫째, 밸브 개도의 정도에 따라 밸브의 운전토크가 크게 변화되고, 둘째 밸브 시팅에 비교적 큰 토크가 필요하며, 셋째 유량조절 시 저개도 운전 시 유체 와류현상에 의한 밸브 운전의 불안정성을 들 수 있다. 이러한 버터플라이밸브의 운전특성으로 말미암아 밸브의 구조적 측면에서 많은 장점에도 불구하고 버터플라이밸브의 적용은 제한받을 수밖에 없다.

밸브의 운전 토크는 밸브에서의 부하차압(밸브는 계통에 있어서 제어요소이기 때문에 밸브 전단의 계통압력과 후단에서의 계통압력은 제어요소인 밸브에서 감당하는 경우가 대부분이다. 이때 밸브가 수용해야 하는 계통 간의 차압을 부하차압이라고 한다.)의 정도에 따라서 크게 차이가 난다. 한 예로써 범용 고무라이닝된 4″ ANSI CLASS300의 버터플라이밸브는 일반 청수를 기준하여 사용할 때 100% 완전개도 시 경험상 10 psi(0.7 bar)의 차압을 유지하는 것이 권장된다. 이런 경우 유속을 9 m/sec로 하면 최대 유량은 1186 gpm(269 ton/hour)이 된다. 이때의 필요 토크는 시팅되어 있는 디스크를 떼어내는 힘(breakaway torque)을 포함하여 2.4~2.5 kg · m가 필요하다.

그러나 개도가 70% 정도가 될 때는 차압이 증가되는데 이는 밸브 디스크와 시트의 교축이 원인이 된다. 이때 차압이 22 psi(1.5 bar) 정도 생기며 유량은 1313 gpm(298 ton/hour) 정도로 증가된다. 이때의 운전토크(dynamic operating torque)는 100% 개도 시의 운전토크에 비하여 적어도 10배 이상의 토크가 소요된다. 실제 닫힌 밸브를 열기 시작할 때는 닫았을 때의 시팅 토크 이상의 토크가 필요하다. 이 토크를 브레이크어웨이 토크라 한다.

통상적인 모든 버터플라이밸브는 브레이크어웨이 토크가 실질적인 밸브 조작토크가 된다. 따라서 버터플라이밸브의 운전토크는 계통운전조건의 압력-온도에 의한 토크보다 시팅력에 필요한 토크에 200% 이상의 토크를 더 계산한 브레이크-어웨이 토크를 가지고 사이징하여야 한다. 따라서 총 필요 토크는 경험상 $Tt = Ts +$(스템부 마찰에 의한 토크)+(정수역학적 토크)가 된다.

버터플라이밸브만이 가질 수 있는 특성을 살펴보면 다음과 같다.

1. 밸브 개도 80~90%일 때 밸브 간 생기는 차압은 일정하지만 유량은 다르다.
2. 밸브 개도가 60% 이상이 되면서부터 차압의 증가율이 낮아진다.
3. 밸브 개도가 70~80%일 때 차압의 변화율과 유량의 변화율은 상호 비례관계를 갖지 않는다. 이와 같은 버터플라이밸브에서는 밸브 개도 60~90% 사이에서는 유량과 차압의 변화특징이 많으므로 실제 범용의 버터플라이밸브에 있어서 개도 조절에 의한 유량제어에의 적용에는 무리가 따름을 알 수 있다.

(4) 버터플라이밸브 관련 산업규격

API STD598, Butterfly Valves Inspection and Testing

API STD609, Butterfly Valves Lug and Wafer Butterfly Valves

ASTMF1098, Standard Specification for Envelop Dimensions For Butterfly Valves-NPS 2 to 24

AWWA C504, Standard for Rubber-Seated Butterfly Valves

JIS B 2032, Wafer Type Rubber-Seated Butterfly Valves

JIS B 2064, Butterfly Valves for Water Works

MIL V-24624, Valves, Butterfly, Water and Lug Style, Ship-Board Services

MSS SP-67, Butterfly Valves

MSS SP-68, High Pressure-Offset Seat Butterfly Valves

UL 1091, UL Standard Safety Butterfly Valves for Fire Protection Services

UL 1091, Outline of Investigation for Butterfly Valves Indicator Posts for Fire Protection Service

2.6 볼밸브(ball valves)

볼밸브는 유량제어요소가 원형의 관통 구멍(hole)이 구비된 볼(ball)인 밸브이다. 볼은 유체의 흐름경로인 볼의 구멍에 수직한 축을 중심으로 회전하며, 볼은 항상 유체흐름 경로상에 있으나 밸브가 완전 열림(full open)일 때 볼의 구멍은 유체의 흐름경로와 일직선상에 놓이게 된다. 볼밸브는 대칭으로 양단 어느 쪽도 입구가 될 수 있고 양방향으로 사용할 수 있다. 볼밸브가 가장 적합한 제어의 형태는 유체흐름의 시작과 멈춤이지만 또한 방향의 전환용으로 사용될 수 있다.

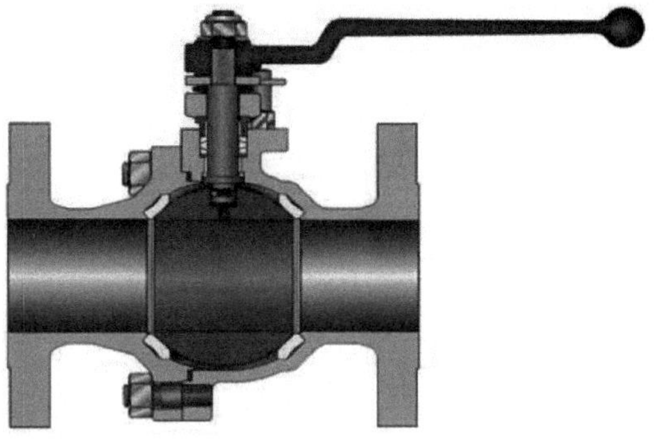

Figure 2.61 Split body, flanged end, float ball, full port, soft seated, ball valve. (Courtesy of Velan Inc. Catalog "Ball Valves", p. 10)

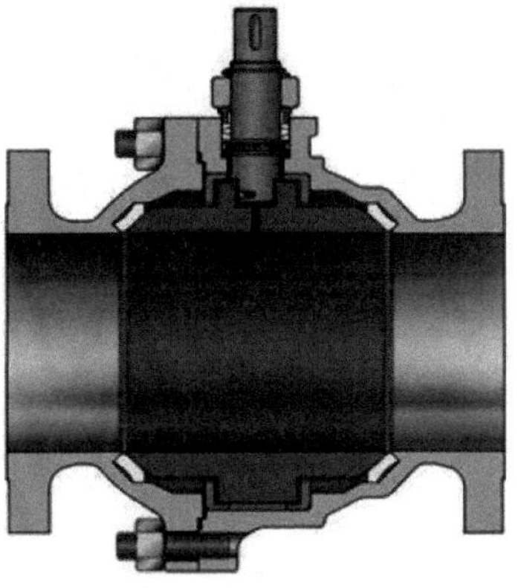

Figure 2.62 Split body, flanged end, float ball, full port, TRUNNION, soft seated, ball valve. (Courtesy of Velan Inc. Catalog "Ball Valves", p. 10)

2.6.1 볼밸브의 역사(history of ball valves)

밸브의 구분은 크게 형태별로 구별된다. 볼밸브는 밸브 몸체 안에 볼(ball) 형태의 유량제어요소가 있어 유체를 차단하거나 유체의 방향을 전환하는 기능을 가진 밸브이다. 밸브의 기원은 고대 로마시대에 이미 청동제 콕(cock)이 제작되었다고 알려져 있다. 볼밸브는 이 콕이 개량, 변형된 것이며, 현재의 형태인 볼밸브의 구조는 1920년대에 미국에서 수로용인 40″ 300 psig의 볼밸브가 처음으로 고안되었다.

미국, 영국, 독일에서는 주로 항공기 및 배의 연료공급용으로 사용되었다. 제2차 세계대전 후에 합성고무가 시트(seat) 재료로 사용되고 볼의 구면가공기술이 향상되어 현재의 볼밸브의 기초가 만들어졌다.

그 이후로, 내화학성과 내식성, 윤활성이 풍부한 4-불화에틸렌수지(Dupon社의 상품명: Teflon®, PTFE)가 개발되어 가장 적합한 시트 재료로 채택되었으며, 현재까지 가장 많이 사용하는 시트 재질 중 하나이다.

2.6.2 볼밸브의 특징

밸브가 완전 열림(full open)일 때 대부분의 볼밸브에서 배관의 안지름과 볼밸브의 유체통과 구멍의 안지름이 같아서 유체저항이 거의 없으므로 압력손실이 적다. 이에 따라 밸브 중에서 가장 좋은 밸브 유량계수(C_v)값을 갖는다. 구동방식이 90° 회전되어 개폐되는 구조로 쿼터턴(quarter-turn) 밸브에 속하며, 밸브의 개폐시간이 짧으며, 조작이 편리하다. 일반 밸브에 비해 구조가 간단하고 높이가 낮아서 설치 공간이 협소한 곳에도 적용이 가능하다. 스템(stem)이 상승하거나 하강하여 밸브를 여닫는 일반적인 게이트밸브와 글로브밸브와는 달리 샤프트(shaft)를 사용하는 방식으로 상승/하강하는 것이 없어서 패킹(packing)이 손상될 위험이 적다. 가스용, 저압용, 진공용에 적합하며, 3방향밸브(3-way)는 유체흐름의 방향전환용으로도 널리 사용되며, T-port와 L-port 형태가 주로 사용된다.

2.6.3 볼밸브의 종류(구조 및 형상)

(1) 몸체 형태상 분류

- one-piece(uni-body)
- two-piece(split-body)
- three-piece(split-body)

One-piece Ball Valve　　Two-piece Ball Valve　　Three-piece Ball Valve

Figure 2.63 Body structures of the ball valves. (Courtesy of Xomox; <http://www.xomox.com/Xomox/htdocs/northamerica/tufline/ball/index.asp?Npiece=1>, <http://www.xomox.com/Xomox/htdocs/northamerica/tufline/ball/index.asp?Npiece=2>, <http://www.xomox.com/Xomox/htdocs/northamerica/tufline/ball/index.asp?Npiece=3>)

(2) 볼 삽입방법에 따른 분류

- top entry: 일체형 몸체이며 볼과 시트를 위에서 삽입하는 방식이다. 밸브를 배관한 상태에서 수리할 수 있는 장점이 있다.

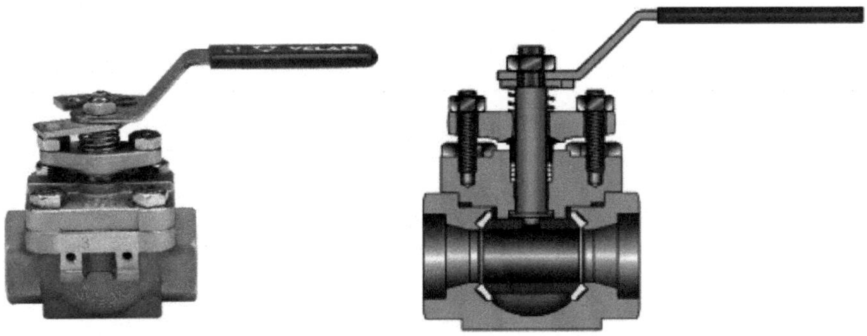

Figure 2.64 Top entry ball valve - Reduced bore type (Courtesy of Velan Inc. Catalog "Ball Valves", p. 16)

- end(side) entry: 분리형 몸체이며 볼과 시트를 옆에서 삽입하는 방식이다. 밸브를 배관한 상태에서 수리할 수 없는 단점이 있다.

Figure 2.65 End entry ball valve (Courtesy of Xomox; <http://news.thomasnet.com/images/large/009/9592.jpg>)

(3) 보닛/스템 형태상 분류

- 연장 스템: 스템 길이만 연장한 상태로 설치 및 작동상 배관라인과 작동부가 어느 정도의 거리가 필요한 곳에 적용한다.
- 연장 보닛: 유체의 이상 압력상승에 대한 보온, 격리가 필요한 저온, 초저온용 및 매설용에 적합하다.

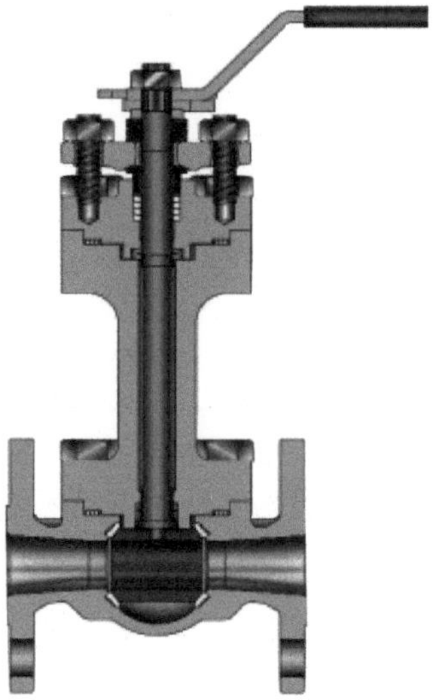

Figure 2.66 Extension bonnet ball valve (Courtesy of Velan Inc. Catalog "Ball Valves")

(4) 보어(bore) 형상치수에 따른 분류

- full bore: 몸체와 볼의 안지름 치수가 같은 형태로, 압력손실이 극히 적으므로 모든 라인에 사용할 수 있으며, 계량, 분체수송, 고점성유체, 슬러리 다중 유송에 사용한다.

Figure 2.67 Full bore type/two-piece Ball valve
(Courtesy of Velan Inc. Catalog "Ball Valves")

- reduce bore: 몸체 안지름에 비해 볼의 안지름이 작은 형태로 소형, 경량, 저가격의 장점이 있다고 하나 실제로 큰 차이는 없으며, 일반적으로 대형 밸브와 자동밸브에 많이 사용되며 유체조건이(유속, 유량, 점도 등) 까다롭지 않

은 곳에 사용된다(Figure 2.64). 또한 진단용 피그를 사용하기에 부적합할 수 있으며, reduce bore를 실제적으로 사용하는 이유는 배관경은 이미 계통설계에서 정해진 것으로 full bore를 사용하기에는 유량이 필요 이상으로 많거나 유량제어 범위가 작아야 하는 경우에 reduce bore를 사용하게 된다.

- venturi bore: 몸체에서 볼 쪽으로 구경이 커지는 형태로 플러그 밸브 및 특수 용도에 적용하나 현재 거의 사용하지 않는다.

주 1. API 6D와 ASME B16.34의 같은 압력등급, 같은 호칭지름이라도 안지름 치수가 다르다.
2. ASME B 16.34의 경우에는 안지름이 압력등급이 높아질수록 작아지나 API 6D는 900LB까지 같다.

(5) 볼 지지형상에 따른 분류

- floating type: 볼이 몸체 공동부 내에 '떠 있는 상태'(유동형)로 볼은 시트에 의해 위치를 유지하며 상부 스템의 이면폭에 의해 회전운동을 할 수 있는 구조이다. 완전 닫힘(full close) 시에 볼은 유체의 차압에 의해 출구(down stream) 쪽으로 이동하여 실링이 된다. 주로, 300lb 8″ 이하에 사용하고 있다. 대구경의 경우 볼 중량에 의해 시트 변형을 초래하여 시트 누설의 원인이 되기도 한다.
- trunnion type: 볼의 상・하를 스템과 trunnion에 의해 고정되어 있는 형태로

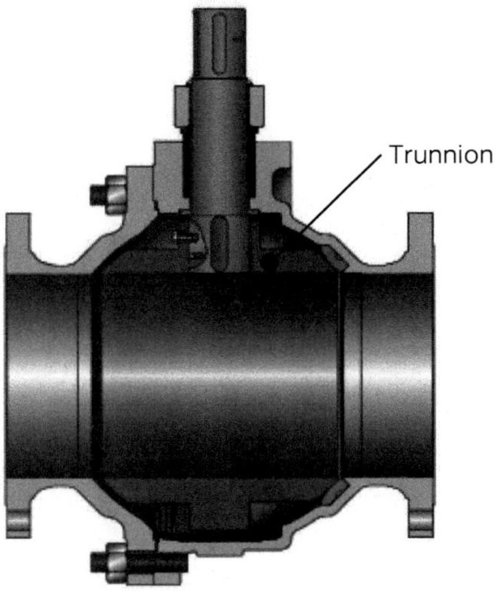

Figure 2.68 Two-piece, metal seated, trunnion ball valves (Courtesy of Velan Inc. Catalog "Metal Seated Ball Valves")

볼이 공동부 내에서 회전운동을 할 수 있으나 출구 쪽으로 이동할 수 없는 구조이다. 볼을 고정하는 방법에 따라 trunnion low-stem type과 trunnion plate type으로 구분한다. trunnion type의 실링은 완전 닫힘 시 시트 리테이너가 차압에 의해 볼 쪽으로 이동하여 실링이 된다(up stream sealing). 고압 및 대형 사이즈에 적합하다.

(6) 볼밸브에서의 장치 및 기구

- DBB: Double Block and Bleed의 약어로 밸브를 완전히 닫았을 때에 입구와 출구가 모두 차단(double block)되어 밸브 몸체 내의 유체를 누출(bleed)할 수 있는 것을 말한다. floating type의 볼밸브는 입구 측의 유체의 압력으로 볼을 출구로 미세하게 이동시켜 시팅(또는 차단)이 이루어지는 구조이기 때문에 한쪽으로만 차단이 이루어져 이러한 기능을 가질 수 없는 구조이다. 이와 달리 trunnion type의 볼밸브는 스프링에 의해 볼을 지지하여 양 시트에서 차단이 이루어져 밸브 몸체에 배출구를 두어 배수(drain)나 방출(vent)이 가능하며, 블리드밸브(bleed valve)를 두어 이러한 기능을 하도록 하는 것이 가능하다.
- double block and bleed valve: DBB의 기능을 갖는 밸브를 뜻하며, 볼밸브 외에 플러그밸브, 게이트밸브에서도 이러한 기능의 구현이 가능한 구조이면 이러한 기능을 부여할 수 있다. 일반적으로 double block and bleed valve는 하나의 몸체에 두 개의 볼밸브를 설치하고 볼밸브 사이에 블리드밸브를 두어 DBB의 기능을 수행하는 밸브가 대부분이며, 누출(bleed)기능이 필요한 경우 양 단의 볼밸브를 닫고 배수나 방출을 하도록 구성된다. 큰 크기의 볼밸브를 사용하는 가스공급배관라인에서는 진단장치인 피그(pig)를 사용함으로써 이러한 피그가 사용 가능(piggable)한 trunnion type의 볼밸브를 선호한다. 물론 두 개의 볼로 구성되는 밸브에서도 피그를 사용 가능한 밸브가 있으나 흔하지는 않다.
- single piston effect vs. double piston effect: single piston effect(self-relieving seats)는 trunnion type의 볼밸브에서 기준으로 채택한다. 입구와 출구 양단에 위치하여 스프링에 의해 볼을 가압하는 양 시트에 입구의 유체압력과 출구의 유체압력이 양 시트를 볼 방향으로 가압하는 구조이며, 양 시트에 작용하는 가압면적부가 동일하다. 가압면적부가 동일하여 single piston effect라 하며,

시팅력을 높이는 효과가 있다. 밸브 내 공동부(cavity)의 압력에 과압(overpressure)이 발생되는 경우, 이러한 과압은 양 시트를 밀어내어 밸브 내 공동부의 과압이 자동적으로 해소된다. 이러한 이유로 self-relieving seats라고도 한다. double piston effect는 single piston effect와는 달리 밸브 내 공동부의 압력에 과압이 발생되는 경우, 입구와 출구의 유체에 의해 작용하는 가압면적부와는 다른, 시트상에 볼을 가압하는 가압면적부를 형성하는 구조로 두 개의 다른 가압면적부가 존재하여 double piston effect라 한다. 이러한 작용으로 밸브 공동부에 발생할 수 있는 과압의 해소가 이루어지지 않기 때문에 과압을 방지하도록 과압방지밸브(relief valve)를 추가적으로 설치하도록 한다. 대부분 double piston effect는 선택(option) 사항이다. 이러한 double piston effect를 사용하는 목적은 일종의 이중안전장치로 입구 측의 시트가 손상되더라도 출구 측의 시트가 작용하여 누설에 대한 안전성이 높기 때문이다. 배관 설계자는 single piston effect와 double piston effect를 적절히 배치하여 원하는 안전배관 설계를 조합할 수 있다.

- 화재안전(fire safety): 화재가 발생하거나 기타 이유로 1차 실링 구조가 파손될 경우에 유체의 압력에 의해 금속 간의 밀착으로 기밀을 유지해 줌으로써 재해를 방지하는 구조를 말한다. 관련표준서는 API 607, BS 6755 Part 2, API SPEC 6FA가 있다.

주) fire safe design valve: 화재안전(fire safe) 설계구조를 갖춘 밸브를 말한다.

- 화재안전인증밸브(fire safe tested design valve): 실제 화재안전시험(fire safe test)에 합격한 설계구조의 밸브를 말한다.
- 돌출방지 스템(blow out proof stem): 스템이 내부압력으로 인하여 몸체 외부로 빠져나오는 것을 방지하는 구조로 anti-blow stem이라고도 한다.
- 정전기 방지(anti-static device): 밸브 내부에서 시트와 볼, 패킹과 스템, 유체와 금속 마찰에 의해 발생된 정전기로 인하여 화재의 위험성을 방지하기 위한 것으로 발생된 정전기는 밸브와 접지라인을 통하여 접지시킨다. 직류 12 V에서 10 Ω을 초과해서는 안 되며, 최소 5번 이상 시험하여 반드시 수압 검사 이후 완전히 건조하고 나서 실시한다. 2 inch 이하는 스템과 몸체 한 곳에, 그 이상 사이즈는 볼과 스템, 2개소에 설치한다.

- 잠금장치(locking device): 밸브의 열림 또는 닫힘 상태를 확실하게 유지시켜 오조작을 방지하기 위한 장치이다. 위험성이 높은 가스라인이나 이에 준하는 안전지역에 설치한다. CSO(Care Seal Open), CSC(Care Seal Close), pad lock 등으로 표현.
- 과압방지장치(over pressure relief device): 몸체 내의 공동부에 구성된 밀실 속에 투입된 유체가 격리된 상태에서 밸브의 외부온도에 의하여 격리된 유체가 체적 팽창하여 공동부의 압력이 설계온도 이상으로 상승하는 것을 과압이라 한다. 이러한 과압을 방지하기 위하여 볼에 압력도피구멍(balance hole)을 설치하거나 self-relieving seat의 적용, 과압방지밸브(relief valve)의 적용 등이 고려되어야 한다. 특히, 천연가스배관에 많이 사용되는 DPE 시트 구조에서는 과압방지밸브의 적용은 필수이다(1/2 inch 이상 밸브 부착).
- 과압방지시트(cavity self-relieving seat): 양 시트 사이, 즉 밸브 공동부(cavity) 내에 압력이 이상승압 등으로 지정된 압력 이상으로 높아질 때 시트 구조에 의해 압력이 낮은 쪽으로 해소(relief)될 수 있도록 설계된 시트를 말한다. 일반적으로 방출압력(relief pressure)은 사용압력(working pressure)의 1.2배 또는 몸통 내압시험압력(shell test pressure)의 0.8배를 적용한다.
- 볼의 압력도피구멍(pressure balance hole): 밸브가 완전 열림 시에는 유로는 일직선상으로 통과되지만, 양 시트 사이와 볼 바깥면의 몸체 공동부는 차단된 밀실을 형성하게 된다. 밸브를 완전히 열어서 사용하는 경우에는 이 밀실 속의 압력이 외부온도에 의해 이상승압이 발생하게 된다. 이것을 방지하기 위하여 볼의 홈부(스템 연결부)에 구멍을 만들어 유로와 내부의 압력이 동일하게 해준다.

(7) 볼밸브의 배관 연결방법(end/flange)

- RF(Raised Face): 가장 일반적인 플랜지 형태로 주강, 스테인리스밸브에 적용한다. 대개 600 LB까지 사용한다.
- FF(Flat Face): 저압밸브에 사용되는 플랜지로 황동, 주철밸브 등에 사용한다. 150 LB 미만에 사용한다.
- RTJ(Ring Tight Joint): 고압용 밸브에 주로 사용되는 플랜지로, 주로 900 LB 이상에 사용한다.

- BW(Butt Welding): 용접용으로 기밀을 요하는 곳에 사용한다. 특히 플랜지를 사용한 방식으로는 견딜 수 없는 고압에 적용한다. 수력, 화력, 원자력 등 전 부문에서 사용한다.
- SW(Socket Welding): 용도는 BW와 같으나 주로 단조밸브와 같은 소형 사이즈에 사용한다(2.5 inch 이하).
- SCR'D(screwed): 나사식 밸브와 같은 소형 배관에 적합하다(2.5 inch 이하).
- 그 외 large/small groove, large/small male, fermale, large/small toungue 등이 있다. ASME B16.5의 상세치수 참조 요망.

(8) 볼밸브의 구동

볼밸브의 구동은 볼밸브의 조작이 회전방식인 관계로 사용구동기의 구동형태가 회전형이며, 직선형 구동기를 적용하기 위해서는 항시 직선운동을 회전운동으로 변환하는 장치가 필요하며, 대표적으로 스카치 요크와 랙 앤 피니언이 있다. 사용되는 구동기는 다음과 같다.

- 수동레버(manual lever operation)
- 기어박스(manual gear operation)
- 체인 휠 부착형 기어박스(manual gear with chain wheel operation)
- 공압구동기(pneumatic actuator operation)
- 전기구동기(electric actuator operation)

등이 있으며 구동기를 장착하지 않고 현장에서 구동기를 장착하도록 한 bare type이 있다.

(9) 조작 방식에 따른 분류

- 다중회전방식(multi turn): 핸들을 이용하거나 기타 방식으로 여러 번 회전하여 밸브를 개폐하는 방식으로, 주로 기어박스를 이용한 방식이다.
- 쿼터턴(quarter turn) 방식: 90° 회전하거나 이보다 작은 각도 범위로 회전하는 방식으로 공압구동기를 사용하는 경우 스카치 요크나 랙 앤 피니언이 대표적이다.

(10) 저온용 밸브와 초저온 밸브

- 저온용 밸브: 일반적으로 사용온도가 −30～−46℃까지의 밸브를 말한다. 이것은 대표적으로 LPG, 암모니아, 프레온 등의 유체에 사용하며, 몸체 재질은 주로 A352-LCB, LCC 및 스테인리스강 재질을 사용한다.
- 중저온용 밸브: 사용온도가 −47～−101℃까지 중저온용 밸브라고 할 수 있으며, 에틸렌, 에탄, 프레온 등의 유체에 사용한다. 몸체 재질로는 LC1(−59℃), LC2(−73℃), LC3(−101℃) 및 스테인리스강 재질을 사용한다.
- 초저온용(cryogenic) 밸브: 사용온도가 −101～−196℃까지의 밸브를 말하며, LNG, 산소, 아르곤, 질소, 일산화탄소 등의 유체에 사용한다(참고: 초저온 밸브 표준서: BS 6364). 기본적으로 각 재질에 규정된 저온충격시험(impact test)을 실시하여야 하며 초저온밸브는 심랭처리(sub-zero)를 실시하여야 한다.

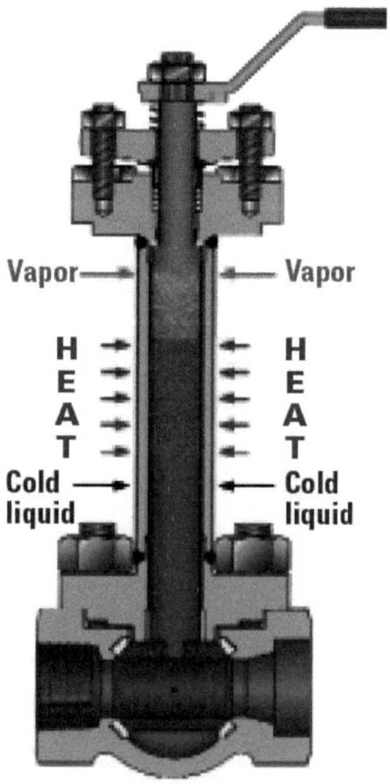

Figure 2.69 Cryogenic ball valves (Courtesy of Velan Inc. Catalog "Ball Valves", p. 30)

2.6.4 볼밸브의 시트 재질

볼밸브의 시트 재질 선정은 밸브의 사용조건(유체특성, 온도, 압력)에 따라 적합한 재질을 선정해야 한다. 일반적으로 가장 많이 사용하는 것은 Dupon社의 상품명:

Teflon®, PTFE와 RTFE(Reinforced PTFE, 강화테프론)가 있으며 테프론은 내식성, 내화학성 및 윤활성은 좋으나 열팽창률이 높고 열전도율이 낮아 고온에 취약하다. BS5351(ISO17292), API 608의 온도에 따른 허용압력을 참조한다.

적용기준

- PTFE: 일반적인 실링 재질로 가장 널리 사용되며, 화학부문에 특히 우수한 내부식성을 갖는다. 적용온도는 −40∼400°F로 낮은 마찰계수를 가지며, 저압용에서 가장 많이 선택된다.
- PTFE+glass fiber: 유리섬유강화 PTFE로 PTFE보다 압력수용능력이 강화된 재질이다. 적용온도는 −20∼450°F이며 중온 스팀 적용에 적합하다.
- Virgin TFE(PTFE): PTFE와 동일하며, 순수 PTFE로 PTFE의 첨가물이 제품을 오염시킬 것이 우려되는 경우에 사용된다. PTFE와 같이 화학부문에서 유기, 무기, 용제 등에 뛰어난 내부식성을 가지며, 의약, 식료부문에 대해 널리 적용된다.
- PTFE+carbon: 탄소 첨가 PTFE로 적용온도는 −20∼500°F이며, 탄소를 첨가하여 뛰어난 내마모성과 낮은 마찰계수값을 갖는다. 고온에서도 뛰어난 내구성을 가져 고온의 스팀과 열유체 적용에 뛰어난 재질이다.
- UHMW-polyethylene(초고분자량 폴리에틸렌): ultra high molecula weight polyethylene, 저준위 방사성 사용에 이상적이며, 연마재질에 대해 뛰어난 내마모성을 갖는다.
- 기타: PCTFE(초저온에 적합), devlon, delin, celazole, nylon 등이 있다.
- 금속(metal): 가장 큰 장점은 고온과 거친 유체에 사용할 수 있는 점이다. 사용범위가 광범위하고 사용 내구성이 길다. 중간 개도하여 사용할 수 있다. 일반적으로 제조사에서는 제작 시에 선택사양으로 볼에 표면경도를 높이기 위해 스텔라이트 하드페이싱(stellite hard-faced)을 하기도 하고, 크롬경화처리(chrome carbide)나 기타 표면경화처리(tungsten carbide, nickel boron, chrome oxide, titanium dioxide)를 하며, 다른 것에 비해 가격이 고가이다(figure 2.70).

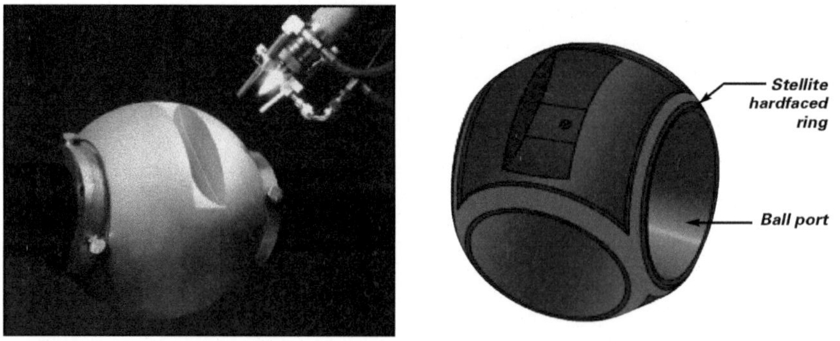

Figure 2.70 Hard-facing process of the ball (Courtesy of Velan Inc. Catalog "Metal Seated Ball Valves", p. 24)

2.6.5 볼밸브의 패킹, 개스킷 재질

일반적으로 패킹은 회전운동과 왕복운동부의 밀봉에 사용되며 볼밸브에서는 샤프트 실(shaft seal), 즉 스터핑 박스(stuffing box)에 적용한다. 개스킷은 정지 부분의 밀봉에 사용되며, 몸체 실에 적용한다.

- PTFE, RTFE: 일반적인 용도로 패킹 및 개스킷으로 사용한다.
- graphite, graphite+O-ring, graphite+carbon fiber: 화재안전용, VOC용, 고온고압용으로 사용한다.
- PCTFE: 초저온용 패킹 및 개스킷으로 사용한다.
- spiral wound gasket(graphite+304, 316), graphite: 화재안전용과 고온고압용 개스킷으로 주로 사용한다.

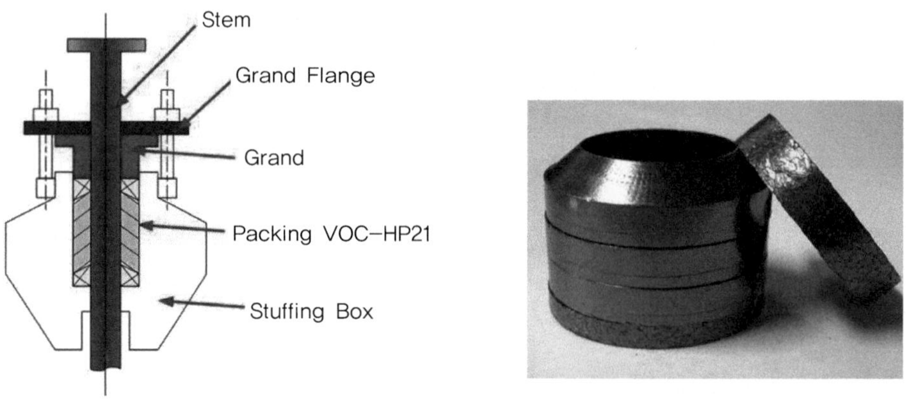

Figure 2.71 VOC graphite packing (Courtesy of KUKIL INNTOT Co., Ltd. Provided by KUKIL INNTOT Co., Ltd.)

VOC packing: 오늘날 국제적으로 대두되는 심각한 환경오염으로 지구온난화 및 오존발생과 악취발생에 주원인이 되고 있는 휘발성 유기화합물(Volatile Organic Compound; VOC)의 누설(fugitive emission)을 억제하기 위해 밸브의 누설허용량을 100 ppm 미만으로 규정하고 있으며, 여기에 가장 많이 사용되는 것이 그라파이트(graphite) 패킹이다.

2.7 플러그밸브(plug valves)

플러그밸브는 구조가 간단하고 조작의 간편성으로 밸브의 발명 이래 현재까지 가장 널리 쓰이는 밸브 중의 하나이다. 플러그밸브라는 명칭은 밸브 구조가 테이퍼진 원통 모양의 플러그에 원형 또는 사각형의 구멍을 내고 이 플러그를 90° 회전함에 따라 유체의 흐름을 차단 또는 조절하는 데에서 유래하였으며, 매우 광범위하게 사용되고 있는 밸브이다.

플러그밸브는 밸브 크기에 거의 제한을 받지 않고 생산이 가능하다. 즉, 크기로 보아 1/2 inch부터 30 inch까지 다양한 재질로 제작되고 있으며, 구조상 12 inch를 초과하는 대형 플러그밸브의 플러그 구동상 윤활이 요구되고 있는 게 특징이다. 압력 등급기준으로서 상온 상태하의 압력으로는 175～1500 psig(12～103 bar)까지 제작 가능하다. 그러나 밸브의 트림 구조상 실링이 반드시 필요하므로 고온에서의 사용은 통상 400°F 이하여야 한다.

플러그밸브는 기본적으로 다음 두 가지 방식으로 제작된다.

① 윤활형식(lubricated type)

② 비윤활형식(non lubricated type)

또한 플러그밸브의 테이퍼 모양에 따라 플러그의 조립 및 보수를 밸브 상단에서 하는 경우 테이퍼가 아래쪽으로 된 하향경사형 플러그밸브와 반대로 플러그밸브 하부에서 조립/보수를 하도록 설계된 상향경사형 플러그밸브가 있다. 그러나 중소형의 대부분은 하향경사형 플러그밸브이다.

Figure 2.72 Lubricated plug valve (Courtesy of R&M energy system)

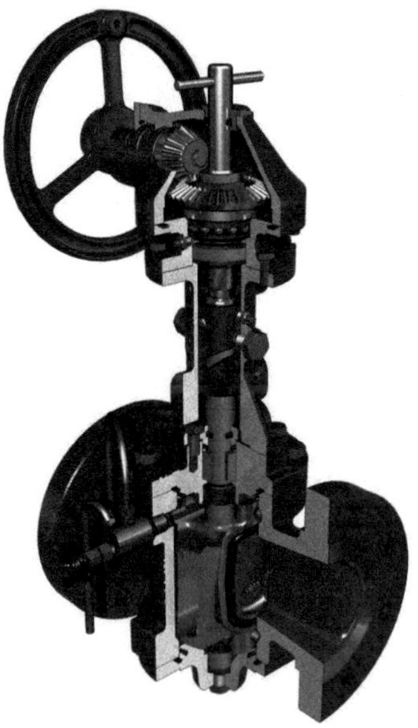

Figure 2.73 Non lubricated plug valve (Courtesy of Cooper Cameron valves)

실런트는 대부분 엘라스토머(elastomer)로 튜브형 또는 스틱형으로 제작되며 약 400°F까지는 안전하게 사용할 수 있다. 이와 반대로 비윤활형식은 매끄럽게 가공된 플러그와 밸브 몸체 사이의 마찰을 엘라스토머 라이너(liner) 또는 실(seal) 재료로서 자체적으로 해결하는 구조로서, 밸브의 크기가 12 inch까지 제한된다. 밸브가 12 inch가 넘는 대형의 플러그밸브는 윤활형식의 구조를 가져야 한다.

플러그 밸브의 몸체 형식은 다양한 설계형식을 갖고 있다. 즉, 밸브 외관에 따라 다음과 같이 구분한다.

- short pattern
- regular pattern
- venturi pattern
- multiport pattern: 2-way, 3-way, 4-way, 5-way

접속단 형식도 다른 밸브와 같이 다양한 형식을 갖고 있다. 단, 플러그밸브를 용접 설치할 때는 볼밸브와 마찬가지로 플러그를 제거한 후에 용접하는 것이 바람직하다.

플러그밸브의 설계상 주요 관점

플러그밸브에 있어서 설계상 주요 관점은 볼밸브와 마찬가지로 시팅 및 스템의 실링 문제이다. 이러한 시팅 구조로 인하여 밸브 개폐에는 많은 토크가 소요되어 통상적으로 4 inch 이상의 플러그밸브는 기어변속의 도움을 받는 구동기(geared actuator)가 필요하다.

탄성이 좋은 엘라스토머(resilient material)는 소형의 비윤활형 플러그밸브에서 슬리브라이너(sleeve liner)로서 TFE(350), FEP(300)가 널리 사용되고 실 및 와셔 재료로서 TFE, TEFLON(400) 및 VITON(400)이 쓰인다. 스템 실링은 플러그밸브의 형식에 따라 O-Ring Seal, 가압형 실런트 체임버(pressure packed sealant chamber), 금속/TFE 조합 다이어프램(combination metal/TFE diaphragm) 등이 많이 쓰인다.

플러그밸브의 응용

일반의 플러그밸브는 양방향의 유체흐름을 허용하지만, 3-way, 4-way, 5-way 플러그밸브는 제작사가 흐름 방향을 지정한다.

플러그 밸브는 공기, 가스, 기름은 물론 기름 혼합물과 같은 액체 슬러리(liquid slurries)까지도 완전한 기밀(bubble tight)을 유지하며 개폐조작이 가능한 밸브로서 매우 다양하게 사용된다.

특히 플러그밸브는 슬러리의 입자가 쌓이지 않는 구조이기 때문에 불순물이 개재된 액체계통에 널리 쓰인다. 이는 플러그의 개폐동작 자체가 쌓인 불순물을 자동적으로 제거하기 때문이다.

플러그밸브는 원칙적으로 유량조절용으로는 부적합하지만 플러그의 유로 통과 부분의 형상을 개선하여 유량조절이 가능하도록 한 플러그밸브도 있다. 그러나 통상의 플러그밸브도 유량조절의 정밀도가 그다지 중요하지 않을 경우에는 적용 가능하다. 단지 윤활형식의 플러그밸브는 절대로 유량조절용으로 사용해서는 안 된다. 왜냐하면 플러그 포트 근처의 실런트가 유로에 노출될 수 있으며, 아울러 노출된 실런트가 유체에 의하여 소실되어 실런트의 기능을 상실하게 되기 때문이다.

2.8 다이어프램밸브(diaphragm valves)

다이어프램밸브는 탄력성이 있고 유연한 멤브레인 다이어프램을 만들고 이를 밸브 몸체의 유로를 수직의 선형운동으로 차단하여 유체의 흐름을 제어하는 밸브로서, 밸브의 주요 트림 재료로서 다이어프램을 채용하여 다이어프램밸브라고 부른다.

다이어프램밸브는 기본적으로 세 가지 구성요소로 구성되어 있는데, 밸브 몸체, 다이어프램 및 밸브 보닛으로 구성된다. 이 밸브는 구조가 매우 간단하고 밸브 몸체 및 트림부의 금속부를 유체로부터 완전히 격리시킬 수 있어 부식성 액체를 많이 취급하는 화학공장(chemical plant)에 많이 쓰인다. 그러나 트림을 구성하는 다이어프램이 구조 및 재질상의 제한 때문에 고온고압 계통에의 적용은 곤란하며 운전 중의 제반 피로와 다이어프램 재질의 열화에 따른 강도 저하로 주기적인 다이어프램 교체가 요구되는 밸브이다. 아울러 다이어프램밸브는 밸브의 구성형식에 구애받지 않으므로 Y-형, T13형, ANGLE형 및 공기압 작동식의 다이어프램 액추에이터를 장착할 수 있다.

이러한 밸브형식의 다양성과 아울러 PTFE(non-elastic fluoropolymer) 등으로 밸브 내부를 초청정 상태로 유지할 수 있어 반도체공장용 순수 가스 및 물 라인, 제약회사 등의 고순도 유체관리가 필요한 프로세서에 핵심적인 밸브로 사용된다.

다이어프램밸브는 일반적으로 1/2 inch에서 12 inch까지 생산된다.

다이어프램밸브의 몸체 형식

다이어프램밸브는 유로 흐름을 양방향으로 할 수 있으며 다음의 기본적인 두 가지 형식으로 제작된다.

- 웨어형(weir-type): 밸브 몸체 하부에 웨어를 만들어 다이어프램의 운동량을 적게 하고 아울러 다이어프램의 구조적 건전성을 높인 것으로 밸브가 비교적 콤팩트하다. 따라서 다이어프램밸브의 대부분은 웨어형이고 특히 2 inch가 넘는 밸브는 거의 모두가 웨어형을 채택하고 있다.

Figure 2.74 Weir diaphragm valve (Courtesy of ITT Corporation. All rights reserved.)

- 관통형(straight-through-flow or straigtway): 밸브 몸체의 유로부가 어떠한 간섭이 없는 관통형으로서 밸브에서의 압력 손실을 국소화한 구조이나 밸브 개폐에 필요한 다이어프램의 운동량이 많고 따라서 밸브의 보닛이 웨어형에 비하여 커지므로 상대적으로 2 inch 이하의 소형에 사용된다. 밸브의 건전성이 떨어지므로 제한된 규모로 사용(제작)된다. 밸브 몸체의 모양은 T형과 앵글형이 있으며 접속단 형식 또한 다른 밸브와 마찬가지로 다양한 접속단 형식을 갖고 있다.

Figure 2.75 Straightway diaphragm valve (Courtesy of ITT Corporation. All rights reserved.)

설계상 주요 관점

다이어프램밸브에 있어서 가장 중요한 구성요소는 다이어프램이다. 다이어프램은 밸브 트림의 핵심으로서 내부 누설이 없는 완벽한 유로차단(bubble tight shutoff)과 다이어프램의 파손이 없는, 즉 외부 누설이 없는 구조 및 재질이어야 한다. 특히, 여타 밸브와는 달리 다이어프램의 재질은 매우 중요한 것으로서 밸브의 건전한 운전을 위하여 수명기간 동안 충분한 신뢰를 가져야 한다.

다이어프램밸브의 몸체는 PVC 등과 같은 합성수지로부터 고가의 티타늄까지 매우 다양한 재질을 응용할 수 있으며, 특히 밸브 내부를 라이닝하기가 그 어떤 밸브보다도 용이한 것을 특징으로 한다.

Diaphragm Materials

WEIR DIAPHRAGMS

Grade	Material (FDA Compliant)	Size	Temperature	Durometer
Grade B	Black Butyl (FDA Compliant)	1/2-12"	-20 to 250°F (-29 to 121°C)	A 65-75
Grade W1	White Butyl (FDA Compliant)	1/2-6"	0 to 225°F (-18 to 107°C)	A 65-75
Grade 17	EPDM (FDA Compliant)	1/2-4"	-30 to 300°F (-34 to 149°C)	A 65-75
Grade M	EPDM	1/2-12"	-30 to 300°F (-34 to 149°C)	A 60-70
Grade A	Soft Natural Rubber (FDA Compliant)	1/2-4"	-20 to 160°F (-29 to 71°C)	Faceside A 45-55 Backside A 60-70
Grade C	Hypalon® CSM	1/2-12"	0 to 225°F (-18 to 107°C)	A 65-75
Grade S	Natural Rubber	1/2-10"	-30 to 180°F (-34 to 82°C)	A 65-75
Grade T	Neoprene®	1/2-12"	-20 to 200°F (-29 to 93°C)	A 65-75
Grade DP	Buna N® NBR (FDA Compliant) Direct Loaded Valve only	1/2-3"	10 to 180°F (-12 to 82°C)	A 67-77
Grade P	Buna N® NBR (FDA Compliant)	1/2-12"	-10 to 180°F (-12 to 82°C)	A 67-77
Grade R2	PTFE (FDA Compliant)	1/2-10"	-30 to 350°F (-34 to 177°C)	N/A
Grade TM	Modified PTFE (FDA Compliant)	1/2-6"	-30 to 350°F (-34 to 177°C)	N/A
Grade V	Viton® FKM	1/2-6"	-20 to 325°F (-29 to 163°C)	A 70-80

STRAIGHTWAY DIAPHRAGMS

Grade	Material	Size	Temperature	Durometer
Grade SB	Black Butyl (FDA Compliant)	1/2-4"	0 to 200°F (-18 to 93°C)	A65-75
Grade SC	Hypalon® CSM	1/2-4"	0 to 180°F (-18 to 82°C)	A65-75
Grade SE	EPDM (FDA Compliant)	1/2-12"	-20 to 225°F (-29 to 107°C)	A64-72
Grade SP*	Buna N® NBR (FDA Compliant)	1/2-6"	10 to 180°F (-12 to 82°C)	A67-77
Grade SS	Natural Rubber	1/2-12"	-20 to 180°F (-29 to 82°C)	A65-75
Grade ST	Neoprene®	1/2-12"	-10 to 180°F (-23 to 82°C)	A65-75

*2.5" not available

Figure 2.76 Diaphragm materials (Courtesy of ITT Corporation. All rights reserved.)

다이어프램밸브의 응용

다이어프램밸브는 배관계통에서 스톱밸브로 사용되거나 유량조절밸브로 사용된다. 또한 밸브 몸체의 구성재료의 선택이 자유롭기 때문에 반도체산업에서 쓰이는 순수(pure water)에서부터 찐득찐득한 오염액체, 불순물을 다량 포함하고 있는 부식성 액체의 수송용 밸브는 물론 가스 수송용 밸브에까지 선택의 폭이 넓다. 그러나 사실 이 밸브는 상대적으로 좋은 유체제어 특성을 가질 수 있어 적절한 재질의 다이어프램을 사용할 경우에는 유량제어용 밸브로도 사용할 수 있다. 그러나 다이어프램의 재질상 사용 가능한 압력은 다른 밸브들에 비하여 매우 낮다. 이는 고온 운전 시뿐만 아니라 저온 운전 시에도 배관계통의 압력이 200 psia를 넘을 때에는 필히 밸브제작사와 협의하여 밸브를 선정하고 가능하면 운전상 유의사항도 자문해야 한다.

Chapter 3 유체흐름(Fluid Flow)

밸브에서 다루는 매체는 유체로, 흔히 물, 공기, 가스를 생각할 수 있으며, 물과 얼음이 혼합된 슬러리(slurry)나 꿀(honey), 접착제(glue)류와 같이 점성이 높은 것도 유체로 생각할 수 있다. 우리가 유체로 취급하는 것 중에는 흔히 고체로 취급되지만 제분과 같이 분체와 같은 것이라도 배관을 통해 이송할 수 있는 것은 유체로 취급할 수 있으며, 일정 크기의 고체 알갱이나 덩어리, 파쇄된 종이 등도 기체와 같이 혼합된 상태로 배관을 통해 이송할 수 있으므로 거시적인 관점에서는 유체로 취급할 수 있다.

Figure 3.1 Fluids

유체의 정의

유체는 액체나 기체로 일반적으로는 정지 상태에서 접선력과 전단력을 견디지 못하고 이러한 힘을 받으면 모양이 연속적으로 변하는 물질로 정의할 수 있으며, 스스로 모양을 유지할 수 없어 이를 담을 수 있는 용기의 모양대로 형상을 갖는 것을 말한다. 액체와 기체의 구분은 액체의 경우 용기의 형상대로 모양을 가지며, Figure 3.2와 같이 경계면(free surface)을 가지며, 기체는 액체와는 달리 밀도 차에

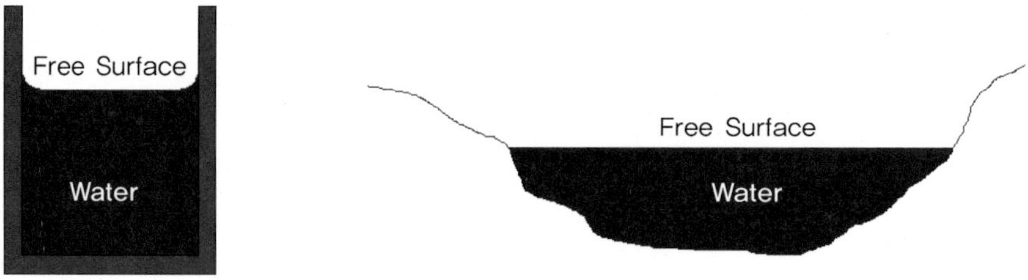

Figure 3.2 Liquids

의한 경계면이 없어 밀폐된 용기가 아니면 모양을 갖출 수가 없다.

유체는 전단응력하에서 유체의 다른 부분에 대한 한 부분의 위치가 계속해서 비가역적으로 변화하는 것이 유체의 독특한 성질인 흐름이다. 이와는 대조적으로 고체 내의 전단력은 탄성의 한계를 넘어서면 뒤틀림과 변형이 남게 된다. 고체는 유동성이 없으며 탄성한계 내에서는 원래의 모양으로 돌아온다. 압축된 유체 역시 원래 모양으로 돌아오지만 압축 상태가 유지될 때 유체와 용기 사이에 작용하는 유체 내의 힘은 전단력이 아니다. 유체는 유압이라고 하는 외압을 나타내는데 이것은 항상 용기의 표면에 대해 수직하게 작용한다.

이상유체라고 하는 가장 단순한 모형은 열을 전도시키지 않으며 관의 벽에 의해 끌리지 않고 한 부분이 다른 곳으로 흐를 때 내부저항을 받지 않는 것이다. 따라서 이상유체는 비록 흐르더라도 접선력을 견딜 수 없게 된다. 이러한 유체는 점성이 없기 때문에 흔히 비점성 유체라 한다. 실제 유체 중에서 일부는 점성과 열전도가 이상유체와 유사하다. 점성, 즉 내부저항을 고려해야 하는 유체는 점성유체라고 하며, 전단율이 변해도 점성이 일정하고 시간에 따라 변화하지 않는 경우에는 구분하여 뉴턴 유체(newtonian fluid)라고 한다. 비뉴턴 유체(non-newtonian fluid)의 점성은 전단율이 변함에 따라 혹은 전단율이 일정해도 시간에 따라 변화한다. 마지막 범주에 속하는 것 중 계속해서 저어줄수록 점성이 더 작아지는 유체를 요변성 유체라고 한다. 쉽게 흐르지는 않지만 잘 칠해지는 인쇄용 잉크와 페인트는 요변성 유체이다. 일반적으로 물, 용액, 간단한 유기 용매, 기체 등이 뉴턴 유체로 분류되며 진한 젤, 페인트, 에멀션, 현탁액, 그리스는 보통 비뉴턴 유체이다.

대표적인 뉴턴 유체와 비뉴턴 유체는 다음과 같다.

뉴턴 유체	비뉴턴 유체
물(water/sea water)	저온의 천연오일
중수	드릴링 머드
대부분의 오일류	젤/에멀션/현탁액
가솔린/등유	페인트/바니시/래커
알코올	페이스트/접착제
아세톤	그리스
벤젠	슬러리
에탄/부탄/프로판	프린터 잉크
암모니아/냉매	폴리머용액/고분자 액체
액체금속	요구르트/아이스크림

3.1 유량특성(flow characteristics)

밸브가 처음으로 열리기 시작하면, 유체가 밸브를 통해 흐르기 시작한다. 유량조절요소가 열림으로써 더 많은 움직임을 보이면 더 많은 유량이 흐르도록 하며, 밸브가 완전히 열리게 되면 최대의 유량으로 흐르게 된다. 밸브가 완전히 열린 상태에서 밸브를 통과하는 유량은 밸브가 설치되어 있는 전 배관라인의 흐름 저항에 따라 정해지게 되고 밸브는 이 전 배관라인 저항의 한 부분을 차지한다. 결과적으로 밸브를 통한 유체흐름에 대한 두 개의 명확한 관점이 있는데, 첫 번째는 밸브가 부분적으로 열렸을 때 밸브를 통해 흐르는 유량에 작용하는 유량조절요소의 위치가 미치는 영향이고, 두 번째는 밸브가 완전히 열린 상태에서의 밸브의 유체흐름에 대한 저항이다.

밸브의 유량특성은 유량조절요소의 위치와 밸브를 통과하는 유량과의 관계를 의미한다. 유량조절요소가 이동경로에 따라 움직이면 유체가 흐르는 단면적과 단면의 형상이 변화되면서 이에 따라 유량이 변화하게 된다. 따라서 유량특성은 밸브의 형상과 유형보다 구체적으로는 밸브조절요소의 유형과 형성된 단면에 의해 결정된다.

정확한 밸브의 유량특성은 밸브 전 후단의 압력 강하를 일정하게 유지한 상태에서 유량시험을 통해 얻을 수 있다. 유량시험의 결과를 Figure 3.3에서 볼 수 있는

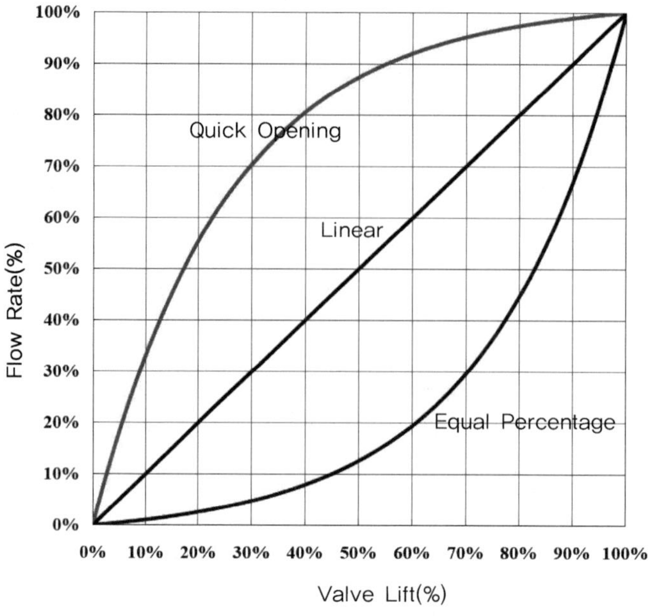

Figure 3.3 Flow characteristics

것과 같이 유량조절요소의 위치에 대해 유량을 각각 최대값에 대한 백분율로 위치에 대한 유량곡선을 표시할 수 있다. Figure 3.3에 3개의 유량특성을 예시하였다. 선형(linear), 퀵오픈(quick opening), EQ%(equal percentage)는 유량특성의 대표적인 유형으로 현재까지 밸브가 가질 수 있는 유량특성은 이 3개의 특성 가운데 하나이거나 이와 유사한 것들인데 부분적으로 수정된 유형은 modified linear, modified EQ%라 한다. 퀵오픈 유량특성은 유량조절요소가 열리기 시작하는 위치에서 급격한 유량 증가를 보이는 특성을 가지며, 밸브가 완전히 열리는 위치로 갈수록 유량 변화가 작은 것이 특징이다. 선형 유량특성은 유량조절 위치에 대해 유량이 밸브가 완전히 열리는 위치까지 정비례하는 유량특성을 갖는다. EQ%에서는 유량조절 위치에서의 증가율에 대한 유량의 변화율이 일정하다. 달리 설명하면 유량이 변화하기 시작하는 위치에서의 유량에 비례한다고 설명할 수 있다.

이 EQ% 유량특성을 설명하기 위해서 Figure 3.3에 나타낸 대표적인 EQ% 유량특성을 고려하여 보자.

EQ% 유량특성을 나타낸 곡선을 보면, 유량조절요소의 40% 열림에서 60% 열림으로 20% 증가에 따른 유량 변화는 유량 9%에서 20%로 증가하여 거의 110% 증가한다. 이번에는 유량조절요소의 60% 열림에서 80% 열림으로 같은 위치의

20% 증가에 따른 유량의 변화를 보면 유량 20%에서 유량 45%로 증가하여 또한 110%로 증가한다.

소위 설치유량특성이라고 하는 배관라인상의 밸브가 나타내는 유량특성은 고유의 특성과는 달리 무언가 이탈된 모습을 보여주는데, 이는 배관시스템에서 흐름과 그 밖의 것이 변화함에 따라 밸브를 통과하는 압력강하(또는 밸브 전·후단의 차압)가 달라지기 때문이다. 일반적으로 밸브가 완전 열림(full open) 위치에 가까울수록 밸브의 흐름제어요소의 위치가 유량(율)에 미치는 유량제어 효과는 작아진다.

선형유량특성을 갖는 밸브와 EQ% 유량특성을 갖는 밸브는 소위 스로틀링(throttling)이라고 하는 유량을 조절 제어하는 데 가장 선호되고 있다. 이들 특성으로 전 행정에 대해, 적어도 유량제어요소 행정의 전 범위의 대부분은 유량제어요소의 위치별로 정확한 유량을 예측할 수 있기 때문이다. 밸브별로 갖는 유량특성을 보면, 유량제어 조건으로 사용되는 밸브에서 글로브밸브는 일반적으로 선형특성을 가지며, 대칭형 버터플라이밸브(lined butterfly valve)는 EQ% 특성을 가지고, 편심형 버터플라이밸브(high-performance butterfly valve)와 다이어프램밸브는 EQ%와 선형(linear) 사이의 특성을 갖는다. 퀵오픈(quick opening) 유량특성은 게이트밸브와 볼밸브와 같이 기본적 기능이 차단용인 밸브에서 찾을 수 있다.

3.2 밸브의 유체저항(valve flow resistance)

밸브의 유체흐름에 대한 저항은 배관라인에 작용하는 전체 저항의 한 부분이며, 밸브의 유체저항은 밸브의 종류와 유형에 따라 다르다. 여기서 각 밸브의 종류별로 어느 정도 저항이 작용하고 있는지 비교해 보자.

배관시스템에서 유체흐름의 에너지 손실은 다음 영향에 의한다.

- 배관마찰저항(pipe friction): 배관 내면의 표면거칠기와 배관의 지름, 유체특성에 따른 함수
- 방향의 변화(changes in direction): 엘보, U-연결관, T-이음관에 의한 유체흐름 방향의 변경
- 흐름단면적의 변화(changes in pipe cross-section): 리듀서(reducers), 확관 이

음 등에 의한 단면적의 변화

- 장애물(obstruction): 밸브, 스트레이너, 기타 장애물에 의한 저항

에너지 손실은 유체의 압력강하로 나타난다. 유체의 압력은 일반적으로 단위면적당 작용하는 힘으로 표현하거나 수두로 표현한다. 수두는 압력의 다른 단위로 표현할 수 있으며, 압력과 수두의 관계는 베르누이 수식에 의해 다음의 수식으로 표현할 수 있다.

(1) 에너지 손실: 수두(loss of energy: head)

$$h = \frac{p}{\rho} \quad \text{(metric)} \tag{3.1}$$

여기서, h: 수두(head, m)

p: 압력(pressure, Pa, N/m^2)

ρ: 유체의 밀도(fluid weight density, kg/m^3)

$$h = \frac{144p}{\rho} \quad \text{(U.S.)} \tag{3.2}$$

여기서, h: 수두(head, ft)

p: 압력(pressure, psi, lbf/in^2)

ρ: 유체의 밀도(fluid weight density, lb/ft^3)

배관설계 엔지니어는 흔히 압력을 수두로 표현하는데, 배관시스템을 통해 위치에너지의 변화와 일치하여 해석하기가 편리하기 때문이다. 수두의 개념을 도입하여 배관마찰에 의한 유체압력의 강하를 다음의 수식으로 표현할 수 있다.

(2) 배관마찰(pipe friction)

$$h_L = f\left(\frac{L}{d}\right)\frac{V^2}{2g} \tag{3.3}$$

여기서, f: 마찰계수(friction factor, dimensionless)

L: 배관길이(length of pipe, ft, m)

d: 배관지름(pipe diameter, ft, m)

V: 유체속도(fluid velocity, ft/s, m/s)

g: 중력가속도(gravitational constant, 32.2 ft/s^2, 9.8 m/s^2)

마찰계수는 파이프 내면의 표면거칠기와 배관지름, 유체의 속도, 밀도, 점성의 함수이다. 이러한 이들 변수들의 관계를 그래프로 나타낸 것이 Moody 선도로 Figure 3.4와 같다. 이 그래프는 특정한 경우의 마찰계수를 알기 위해 사용된다.

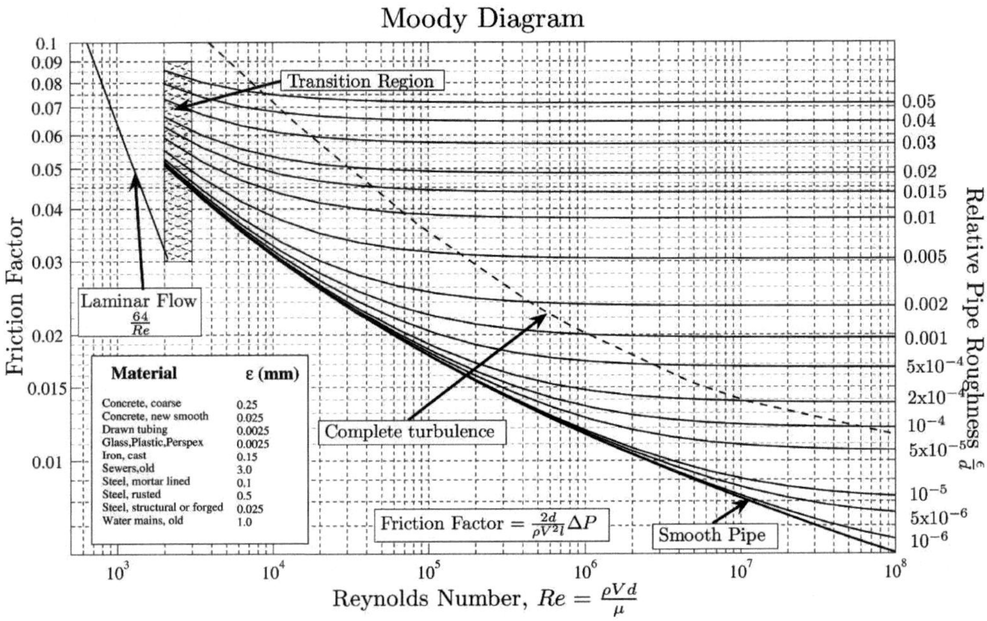

Figure 3.4 Pipe Friction(Moody diagram, Wikipedia, S Beck and R Collins, University of Sheffield)

식 (3.3)은 (물이나 오일 같은) 비압축성 유체와 (스팀이나 가스와 같은) 압축성 유체 모두에 유용하다. 비압축성 유체의 밀도는 변화하는 것이기 때문에 입구 압력에 비해 40% 이상 감소하면 유체의 밀도를 보정하여 일치하게 하는 보다 복잡한 수식이 요구된다. 또한 밸브, 장애물, 흐름 방향 변화와 파이프 지름의 변화로 인한 압력의 강하를 수두로 표현하면 다음과 같이 쓸 수 있다.

$$h_L = K\frac{V^2}{2g} \tag{3.4}$$

여기서, K는 무차원의 저항계수이다. 밸브 저항계수는 밸브의 기하학적 형상의 함수이므로 어떠한 흐름의 모든 조건에서 일정한 상수이다. 저항계수는 기하학적으로 회피할 수 없는 것으로 밸브의 크기에 따라 값이 달라진다. 하지만 이러한 변화가 밸브의 유형과 설계에 따른 변화에 비해 작기 때문에 저항계수는 모든 크기에 대해 일정하다고 고려할 수 있다.

수식 (3.3)과 (3.4)에 의해 K를 다음과 같이 표현할 수 있다.

$$K = f\left(\frac{L}{d}\right) \tag{3.5}$$

또는

$$L = \frac{Kd}{f} \tag{3.6}$$

결론적으로 말하면, 적정한 마찰계수를 사용함으로써 식 (3.6)은 저항계수가 산정된 어떠한 밸브에 동등한 값을 갖는 적정한 지름의 직선파이프 길이를 계산하는데 사용할 수 있다.

3.3 유량계수(flow coefficient)

유량계수 C_v라는 단어로 유량특성을 표현함으로써 일부 밸브의 유형에서 편리성이 입증되었으며, 특히 유량제어 분야에서 사용되고 있다. 그러면 유량계수 C_v란 무엇이고 어떻게 정의하는지 알아보자.

(1) 유량계수 C_v - 액체, 스팀과 가스에 대한 공식

유량계수 C_v는 밸브 고유의 유량성능을 나타내는 무차원의 상수값으로 밸브의 크기별로, 밸브의 유형별로, 각 제조사별로 밸브의 유량성능을 나타내는 값이다. 유량계수는 일반적으로 실험적으로 산정한다. 이러한 유량계수는 밸브의 고유한 값으로 같은 크기, 같은 유형의 밸브라 하더라도 제조사별로 밸브의 몸체를 포함한 트림의 구조, 치수의 차이와 시트 단면적의 차이로 각기 다른 값을 가질 수 있다. 따라서 이러한 유량계수의 차이는 각 밸브 제조사별 유량성능의 비교가 가능하며, 특히 밸브 유형별 유량계수의 차이는 밸브를 선정하는 중요한 비교 요소가 된다.

유량계수를 나타내는 수식은 각 유체 또는 가스에 따라 다르며, 특정 유체에 대해 적합한 수식을 사용해야 한다. 올바른 적용 유량계수값을 선정해야 제조사의 카탈로그에서 적정한 적용 밸브를 선정할 수 있다.

(2) 유량계수 C_v - 액체에 대한 공식

유량계수의 정의는 압력 차이가 1 lb/in^2(psi)에서 밸브가 분당 1갤론의 60°F의 물을 통과시킬 수 있는 유량성능계수이다. 이를 부피의 수식(flow expressed by volume)으로 표현하면 다음과 같다.

$$C_v = Q\sqrt{\frac{\delta}{\Delta p}} = Q\sqrt{\frac{(\rho/\rho_0)}{\Delta p}} = q\frac{1}{\sqrt{\Delta p}} \tag{3.7}$$

여기서, Q: 유량(water flow, US gallons per minute)

δ: 비중(specific gravity, deimensionless, 1 for water)

Δp: 압력의 차(pressure drop, psi)

(3) 유량팩터(flow factor) K_v - SI 단위계의 유량성능을 나타내는 계수

유량팩터 또한 일반적으로 사용되는 유량성능을 나타내는 계수로, 유량계수 C_v가 영국단위계인 것에 대해 SI 단위계로 표현된다. 압력 차이가 1 kg/cm^2(1 bar)에서 밸브가 시간당 20°C의 물을 1 m^3 통과시킬 수 있는 유량성능으로 정의된다.

유량계수와 유량팩터의 환산은 다음과 같다.

- Converting between Flow Coefficient C_v and Flow Factor K_v

$$C_v = 1.17K_v \tag{3.8}$$

$$K_v = 0.856\,C_v \tag{3.9}$$

유량계수를 나타내는 식 (3.7) 다음의 수식으로 달리 표현할 수 있다.

$$Q = C_v\sqrt{\frac{\Delta p}{\delta}} \tag{3.10}$$

여기서, Q: 유량(water flow, US gallons per minute)

δ: 비중(specific gravity, deimensionless, 1 for water)

Δp: 압력의 차(pressure drop, psi)

유량은 배관의 단면적과 유체속도에 비례하며, 다음 식으로 나타낼 수 있다.

$$Q = AV \tag{3.11}$$

앞에서의 저항계수에 관한 식으로부터 다음과 같이 유도할 수 있다.

$$C_V = \frac{29.9d^2}{\sqrt{K}} \tag{3.12a}$$

여기서, d: 배관의 지름(inch)

$$C_V = \frac{4300d^2}{\sqrt{K}} \tag{3.12b}$$

여기서, d: 배관의 지름(ft)

(4) 저항계수(resistance coefficient)

$$K = \left(\frac{29.9d^2}{C_V}\right)^2 \tag{3.13a}$$

여기서, d: 배관의 지름(inch)

$$K = \left(\frac{4300d^2}{C_V}\right)^2 \tag{3.13b}$$

여기서, d: 배관의 지름(ft)

상기 수식으로부터 저항계수가 클수록 유량계수는 작아짐을 알 수 있다. 대부분의 밸브제조사들은 실험을 통해 저항계수를 산정하며, 카탈로그에 결과를 제공하고 있다. 이러한 결과값은 앞에서 서술한 바와 같이 동등한 배관길이나 유량계수로 나타내며, 배관설계자들은 배관시스템에서 가장 적합한 크기를 선정하거나 특정한 적용처에 적정한 밸브를 선택함에 있어 고려해야 할 유량이나 압력의 강하를 알 수 있다. 식 (3.5), (3.6), (3.12), (3.13)들을 이용하여 각 제조사별로 다른 형태로 표현되고 있는 밸브의 특성들은 비교 가능한 하나의 형태로 변환할 수 있다.

전형적인 밸브의 저항계수와 이와 동등한 배관길이, 유량계수는 Table 3.1, 3.2, 3.3과 같다. 이들 데이터는 밸브가 완전개도(full open 100%) 조건일 때의 값임을 명심하라.

Table 3.1 Resistance coefficient K

Type	Gate	Globe	Swing Check	Ball*	Butterfly**
K	0.2	10	1.4	0.1	1.3

* full port.

** concentric disc and seat.

Table 3.2 Equivalent feet of pipe*

Size/Type (inches)	Gate	Globe	Swing Check	Ball	Butterfly
1	0.6	30	4.2	0.3	–
2	1.2	60	8.4	0.6	7.8
4	2.4	120	16.8	1.2	15.6
8	4.8	240	33.6	2.4	31.2

* Based on $f = 0.028$(turbulent flow) and Schedule 40 pipe.

Table 3.3 Flow coefficient C_v

Size/Type (inches)	Gate	Globe	Swing Check	Ball	Butterfly
1	34	10	22	90	–
2	260	35	95	500	190
4	1,150	180	410	2,500	835
8	4,850	810	1,750	9,500	3,800

Chapter 4 구동기 및 제어기기 (Actuators and Control Devices)

4.1 서론: 구동기의 종류와 특성

밸브는 별도의 언급이 없는 한 통상적으로 밸브의 스템이나 요크너트에 핸드휠이 부착되어 공급되거나 회전형 밸브의 경우에는 밸브 샤프트에 레버핸들이 부착되어 공급된다. 이러한 단순한 장치가 적절하지 않은 경우가 있으며 다음의 경우에 해당한다.

- 밸브를 여닫는 데 매우 큰 힘이 필요할 때. 이러한 경우는 밸브의 크기가 크거나 유체의 압력이 매우 높아 작동하는 데 큰 힘이 필요한 경우이다.
- 밸브를 여닫는 데 요구되는 시간보다 장시간이 필요한 경우
- 밸브를 자동적으로 운전하는 경우를 포함해서 원격 운전해야 하는 경우

이러한 경우에서 첫 번째의 경우에는 기어박스를 부착하여 밸브를 조작하는 데 필요한 레버 작동력이나 토크를 경감하여 수동의 힘으로 조작할 수 있을 것이다. 하지만 기어박스를 이용하여 밸브를 여닫는 데 걸리는 시간은 증가하게 된다. 밸브를 요구하는 시간 안에 작동하려면 공압이나 유압, 전기구동기가 필요하다.

4.2 기어박스(gear operators)

밸브를 수동으로 조작하는 힘을 경감시킬 필요가 있을 때 사용되며, 스퍼기어, 베벨기어, 웜기어의 기어박스가 있다.

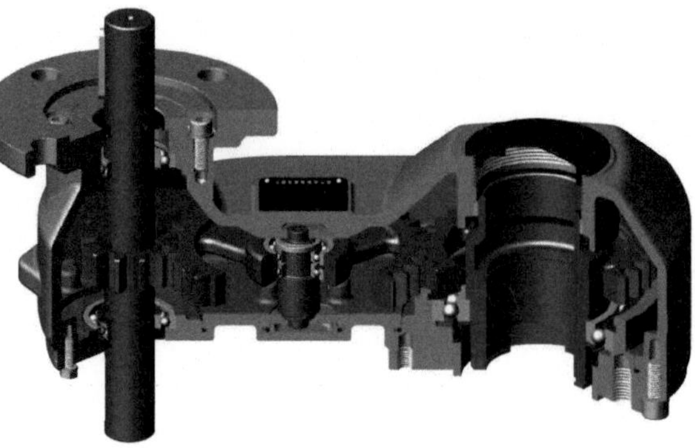

스퍼기어박스(spur gear operator)

베벨기어박스(bevel gear operator)

웜기어박스(worm gear operator)

Figure 4.1 Gear operator (Courtesy of AUMA. All rights reserved.)

4.3 공압구동기(pneumatic actuators)

공압구동기는 자체적으로 운동 방향이 직선운동을 하는 것과 회전운동을 하는 것에 따라 직선형(linear type) 구동기와 회전형(rotary type) 구동기로 나누어지며, 대부분의 공압구동기는 직선운동을 하는 것이 일반적이어서 회전형 밸브에 적용하는 데는 직선운동을 회전운동으로 바꾸어주는 기구적인 형태에 따라 여러 형태로 나누어지기도 한다. 이러한 운동의 방향변환기구들은 다음과 같이 크게는 두 가지로 대별되며, 각 제조사별로 특이한 구동변환형태를 갖는다.

- 스카치 요크(scotch yoke)
- 랙 앤 피니언(rack and pinion)
- 상기 두 가지에 해당하지 않는 특수한 형태의 구동기

운동 방향의 변환을 제외하면 직선운동의 공압구동기는 다이어프램을 사용하는 방식과 실린더 내에 피스톤운동으로 구동되는 실린더 구동기로 나눌 수 있다.

4.4 직선형 구동기

(1) 다이어프램 구동기(diaphragm actuators)

다이어프램 구동기는 다이어프램을 사용하여 공압력을 구동에너지로 변환하는 장치이다. 반대측으로 공압을 작용하면, 다이어프램이 젖혀져 사용이 불가능하므로 단방향으로만 사용되며, 다른 구동기에 비해 가격 경쟁력이 뛰어나 행정거리가 작은 컨트롤밸브에 다양하게 적용되고 있다. 공압을 가압하였을 때 스템이 돌출(extension)되는 형태를 다이렉트 액팅(direct acting)이라 하며, 스템이 구동기 안으로 들어오는 유형을 리버스 액팅(reverse acting) 타입이라 한다. 다음의 그림은 이를 잘 나타내고 있다.

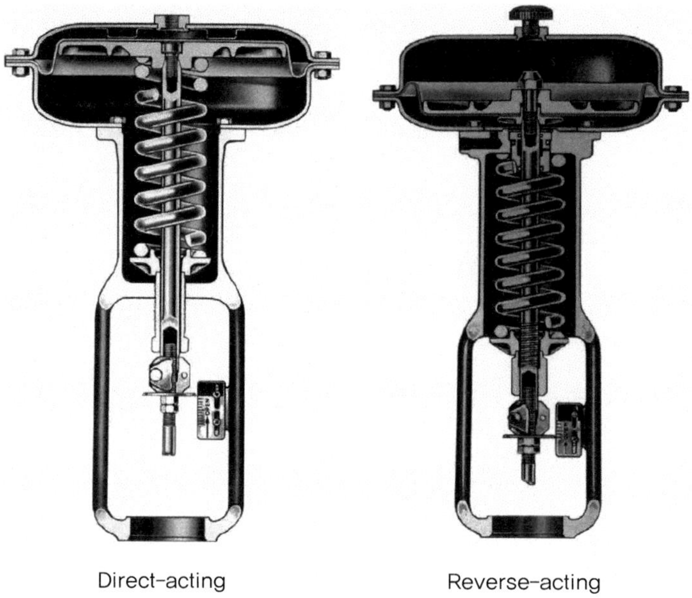

Figure 4.2 Diaphragm actuators (Courtesy of Emerson, Fisher)

이러한 다이어프램 구동기의 구성은 Figure 4.3과 같다. 그 주요 구성은 다이어프램, 다이어프램 케이싱, 다이어프램에 작용하는 공압을 지지하는 다이어프램 플레이트, 공압력 상실 시 복원력, 즉 fail safe 기능을 하는 구동력을 제공하는 스프링과 밸브와 구동기를 연결하여 지지하는 요크, 다이어프램에 작용하는 공압력과

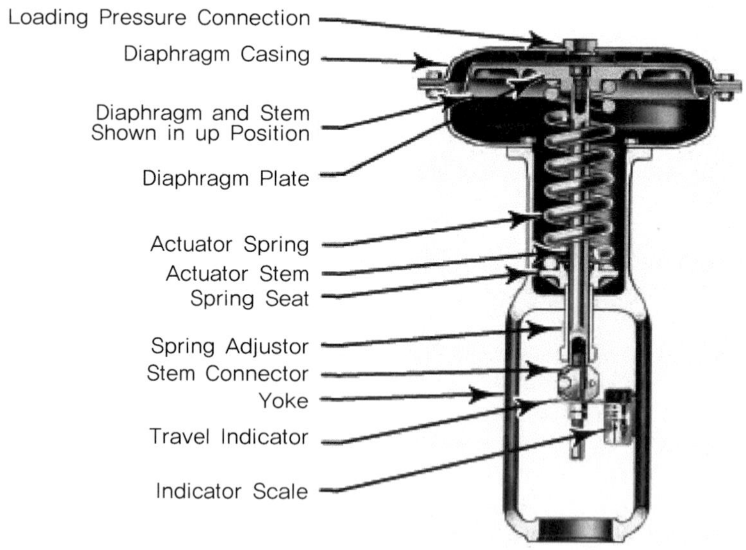

Figure 4.3 Structure of diaphragm actuators (Courtesy of Emerson, Fisher)

스프링의 구동력을 밸브의 유량제어요소에 전달하는 스템과 이러한 스템과 밸브 스템을 연결하여 체결하는 스템 커넥터로 구성된다.

(2) 실린더 구동기(piston actuators)

실린더 구동기는 다이어프램 구동기와 함께 밸브의 구동기로서 가장 많이 사용되는 구동기로, 다이어프램 구동기와 비교하여 행정거리가 길고 높은 공기압력의 사용이 가능하여 상대적으로 콤팩트한 구조로 설계 가능하다. 무엇보다도 양방향 구동이 가능하며, 작동에 대한 저항인 강성(stiffness)이 상대적으로 크다는 장점이 있다. 주로 게이트밸브와 컨트롤밸브, 보조구동의 체크밸브 등에 적용된다.

피스톤 구동기는 필요에 따라서는 주문제작이 가능할 정도로 대규모의 양산설비 없이도 공작기계의 가공만으로도 제작이 가능하며, 매우 다양한 형태와 크기의 제작이 가능하다.

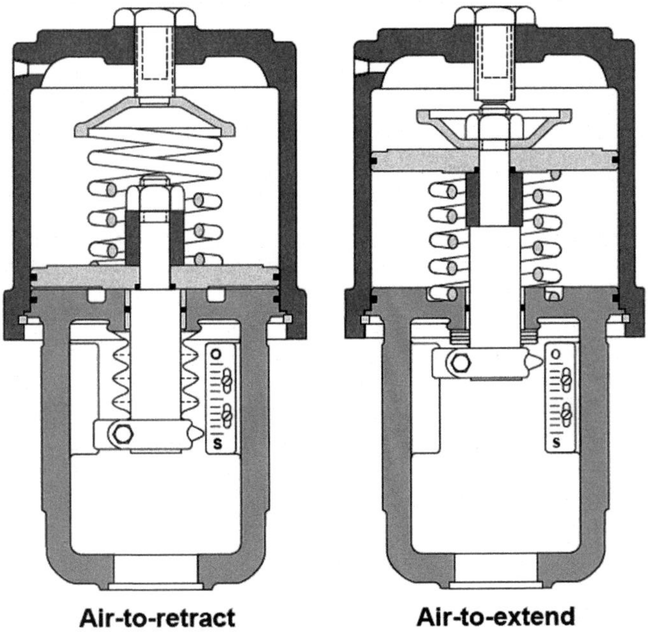

Figure 4.4 Piston actuators (Courtesy of Flowserve, VALTEC)

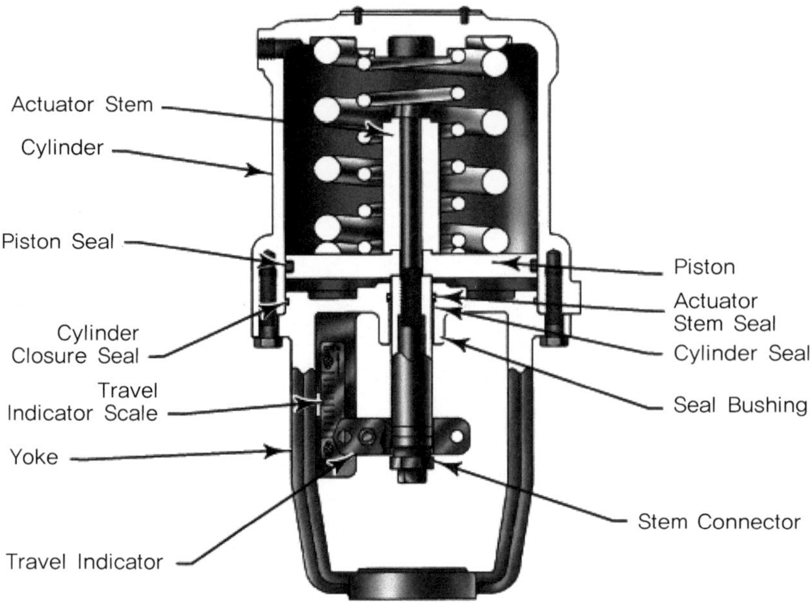

Figure 4.5 Structure of piston actuators (Courtesy of Emerson, Fisher)

4.5 회전형 구동기(rotary actuator)

회전형 구동기는 밸브의 열고 닫음의 운동 방향이 회전인 경우에 적용되며, 구동기 자체가 에너지 소스에 의해 회전운동을 하여 직선운동을 회전운동으로 전환하는 기구가 필요 없는 유형과, 직선운동을 회전운동으로 전환하는 기구가 구동기에 내장된 유형이 있다. 후자의 경우 대부분 직선운동기구는 실린더 또는 피스톤 유형의 구동기가 대부분이다.

(1) 랙 앤 피니언(rack and pinion)

랙 앤 피니언 구동기는 랙과 피니언으로 구성되며, 직선운동을 회전운동으로, 즉 다시 말해서 실린더의 스러스트(thrust)를 토크(torque)로 바꾸는 기구가 하나의 몸체 안에 랙과 피니언으로 구성되어 다른 구동기에 비해 콤팩트하다는 장점이 있다. 랙 앤 피니언 구동기에서 출력토크는 직선형의 출력을 갖는 특징이 있다. 예를 들어 스프링을 양방향 구동기로 사용하는 경우 밸브의 열림 0%에서 열림 100%까지의 스트로크에 대해 일정한 토크 출력을 갖는다. 스프링을 장착하여 공압공급

라인에 이상이 발생하더라도 밸브가 안전한 열림 또는 닫힘 위치로 가도록 하는 안전기능을 부여할 수 있으며, 스트로크에 대해 직선적인 변화로 출력값을 갖는다.

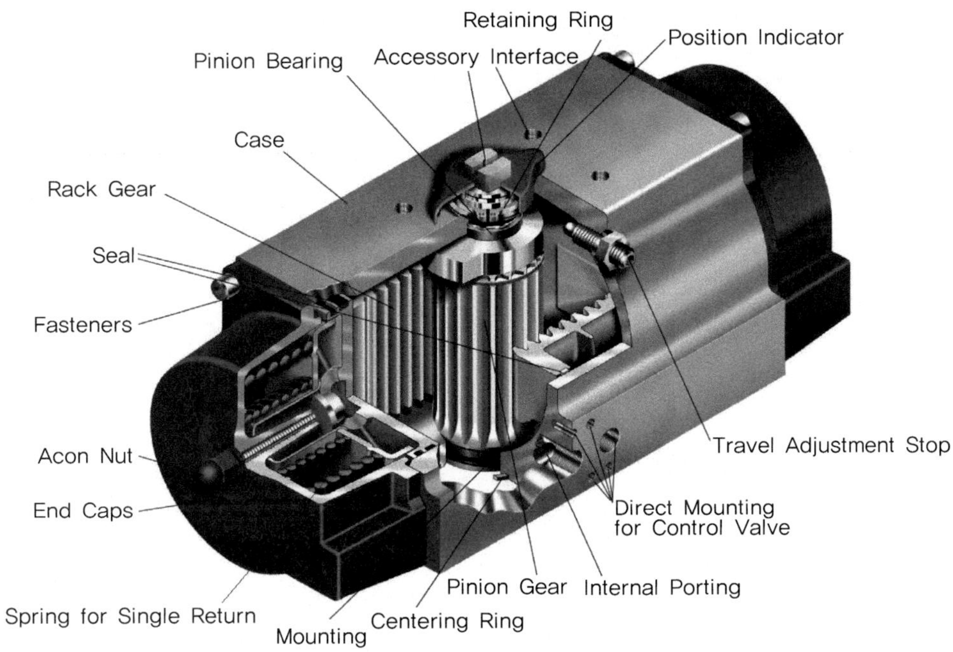

Figure 4.6 Rack and pinion actuators (Courtesy of Emerson, Bettis)

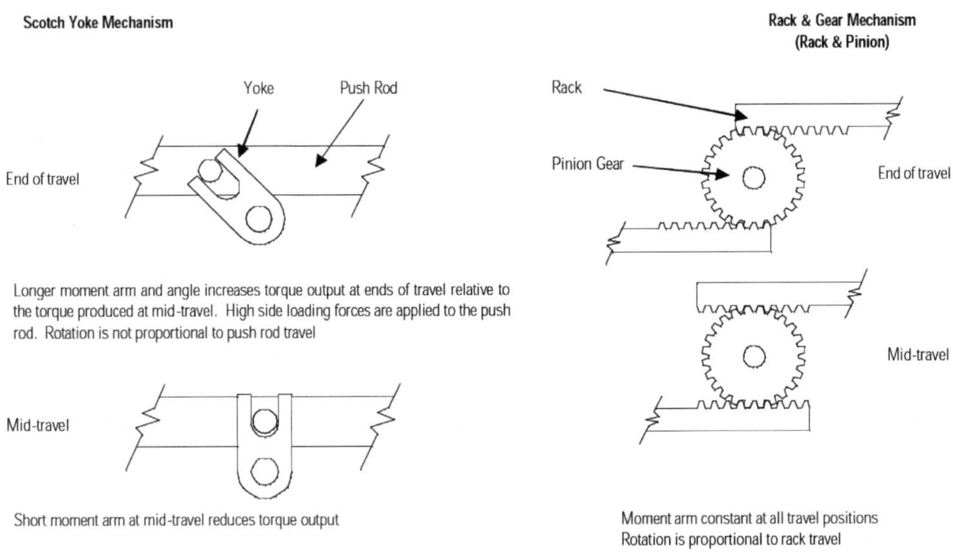

Figure 4.7 Rack and pinion vs. Scotch yoke actuators (Courtesy of QTRCO)

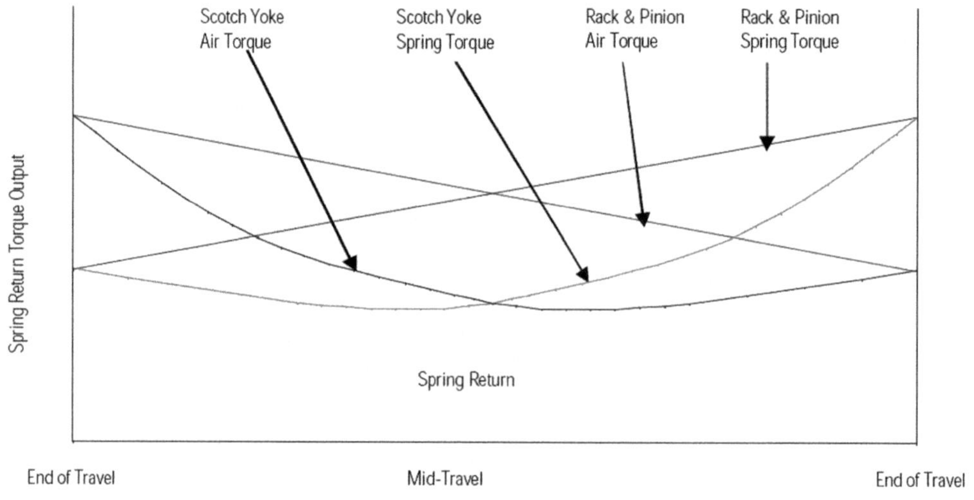

Figure 4.8 Output Torque-Rack and Pinion vs. Scotch Yoke Actuators (Courtesy of QTRCO)

(2) 스카치 요크(scotch yoke)

실린더의 직선운동을 회전운동으로 전환하는 기구의 형태가 스카치 요크이며, 랙 앤 피니언이 콤팩트한 구조로 가능한 반면, 스카치 요크는 그에 비해 크기가 크다. 회전각도별로 양단에서 토크 출력이 가장 커서 시팅토크가 큰 버터플라이밸브에 주로 적용된다.

(3) 랙 앤 피니언과 스카치 요크 구동기 선정기준

랙 앤 피니언과 스카치 요크방식의 구동기 출력토크에 대한 장단점은 서로 다른 의견이 있다. 그 중 하나는 스카치 요크방식의 출력토크는 양단에서 유용토크(avaliable torque)가 스카치 요크방식에 비해 크기 때문에 밸브의 시팅토크(seating torque)가 큰 밸브에 적용이 유리한 점이다. 또다른 주장은 랙 앤 피니언 방식이 스카치 요크방식의 토크에 비해 크다는 점이다. 두 방식에 대한 비교 우위는 같은 구동기의 용량으로 어느 방식이 더 큰 출력을 보이는지 비교 실험을 하면 알 수 있으나, 같은 구동기의 용량이라도 각 제조사별로 설계형식에 차이가 있을 수 있으며, 구동기의 효율면에서도 차이가 있을 수 있다. 또한 같은 용량이라도 두 방식 간 구동기의 크기에 차이가 있으며, 중요한 것은 회전형 구동기로서 각도별 유용토크의 출력 형태가 다르다는 것이다.

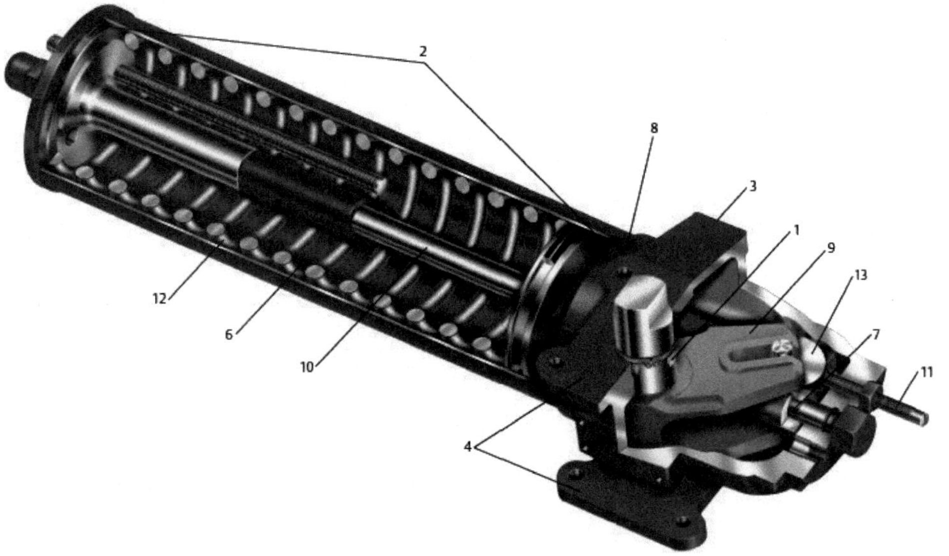

Figure 4.9 Scotch Yoke Actuators (Courtesy of Emerson, Bettis)

밸브가 요구하는 출력(요구토크; required torque)을 구동기의 출력(유용토크; avaliable torque)이 만족하는가를 검토하는 것이 올바른 방법이다. 특히 각도별, 다시 말해 밸브의 개도별 요구토크보다도 구동기의 유용토크가 커야 하며, 안전한 범위 내에서 만족해야 한다.

Figure 4.10은 fail to open 또는 fail to close 기능의 밸브에 일반적으로 적용되는 스프링 적용 구동기(공압 상실 시 밸브를 안전한 위치로 정위치하는)에 대한 랙 앤 피니언과 스카치 요크방식의 유용토크 출력형태를 비교한 것이다.

스프링이 없는 경우에는 랙 앤 피니언 방식은 각도별로 일정한 토크 출력을 가지며, 스카치 요크의 경우 중앙에서 대칭구조를 갖는 토크 출력을 갖는다.

스프링 장착 구동기에서는 Figure 4.10과 같은 출력유형을 갖는데, 랙 앤 피니언 방식은 점선으로 표시한 것이 스프링에 의한 토크 출력이고, 실선으로 표시한 것이 공압구동에 의해 스프링의 힘을 극복하고 나타나는 토크 출력이다. 랙 앤 피니언 방식은 선형의 출력 토크를 갖는다. 만일 fail to close의 안전기능을 갖는 밸브에 적용한다면 스프링 토크에 의해 닫혀져야 하며, 따라서 시팅 요구토크(seating required torque)가 구동기의 0°에서의 스프링 유용토크보다 작고 안전한 범위 내에 있는지 확인하여야 한다.

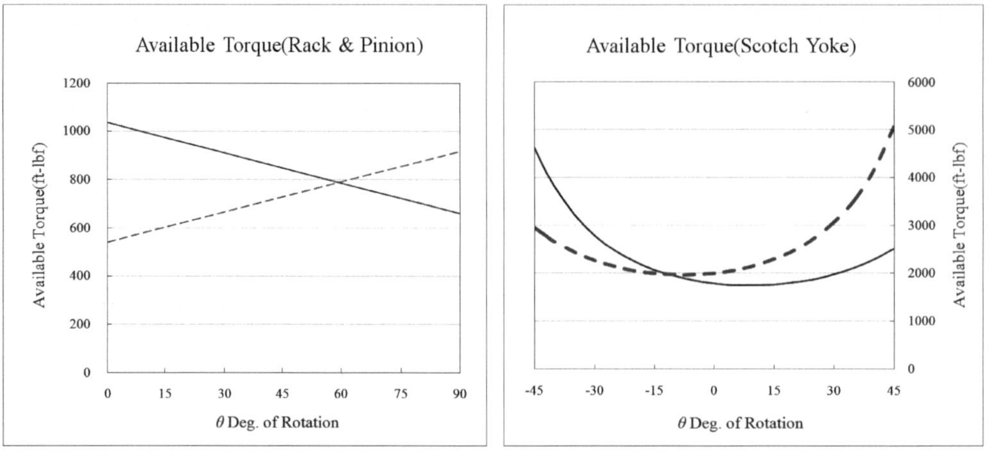

Figure 4.10 Output Torque-Rack and Pinion vs. Scotch Yoke Actuators

(시팅 요구토크는 다른 구간에서의 요구토크에 비해 크기 때문에 시팅 토크는 스프링에 의한 유용토크가 가장 큰 곳에 맞추어지도록 구동기를 설치할 수 있다면 이상적이나, 스프링은 변형이 클수록 스프링의 힘이 증가하는 것으로 역설적으로 스프링의 힘이 가장 작은 위치, 즉 프리로드(pre-load) 상태에 가장 큰 요구토크 또는 요구 스러스트를 맞추어야 한다).

스카치 요크방식의 회전형 구동기는 직선운동을 회전운동으로 바꾸어주는 기구학적 특성(Figure 4.7)으로 중앙부위에서 토크가 가장 작은 형태로 출력되기 때문에 Figure 4.10과 같은 토크 출력형태를 갖는다. 따라서 요구토크가 양단의 출력토크보다 작도록 선정해야 하며, 중간 부위에서도 이를 충족해야 한다.

구동기 선정과 사이징에 있어 가장 중요한 것은 밸브의 요구특성을 만족하도록 구동기를 선정하고 사이징해야 한다는 것이며, 공압구동기 선정에 있어 밸브의 요구스러스트와 요구토크 특성에 맞는 구동기를 선정하는 것이고, fail to open 또는 fail to close는 공압구동기 사이징에서는 스프링의 능력(유용스러스트 또는 유용토크)이 밸브의 요구특성, 즉 요구스러스트나 요구토크를 만족해야 한다는 것이다. 공압 구동기의 공압은 일정 범위에서 조정이 가능하며, 따라서 공압에 의한 유용스러스트나 유용토크는 조정이 가능하다. 하지만 스프링을 교체하지 않는 한 스프링에 의한 유용스러스트나 유용토크는 변하지 않는다.

4.6 전기구동기(electric actuator), 모터구동기(Motor Operated Actuators)

전기 모터구동기는 주로 게이트밸브, 버터플라이밸브에 사용되며, 급속한 여닫음에는 잘 적용되지 않고 또한 컨트롤밸브에도 거의 적용되지는 않는다. 게이트밸브는 다른 밸브에 비해 행정거리가 길기 때문에 공압구동기를 채택한 경우 밸브의 전체 높이가 커지게 되는 단점이 있어 이러한 모터구동기(MOA)는 이를 해소하는 장점이 있을 뿐만 아니라 공압구동기에서 반드시 필요한 공압공급라인이 필요하지 않은 장점이 있다. 이러한 사항은 버터플라이밸브가 회전하는 운동이 필요한 것을 제외하면 동일하다. 특히 밸브의 크기가 커지면 기어박스로 구동하는 것에 한계가 있기 때문이다.

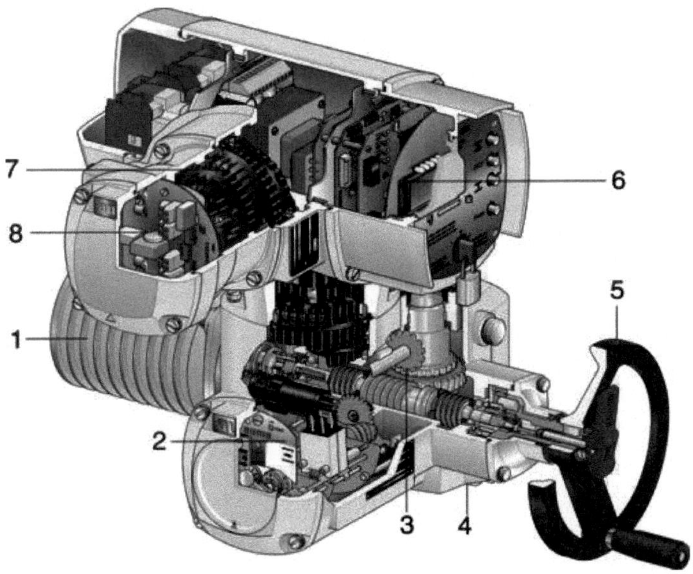

Figure 4.11 Motor Actuators (Courtesy of AUMA. All rights reserved.)

4.7 복합매체 구동기(system media operated)

복합매체구동기는 앞에서 설명한 구동기로는 밸브의 작동 요구사항을 만족하지 못하는 경우에 주로 사용된다. 대표적으로는 전기모터를 구동하여 유압을 발생시켜 유압구동기로 밸브에 요구하는 구동력을 제공하는 전동유압구동기(electro-hydraulic actuator)가 있다. Figure 4.12와 같이 상단부에 있는 가압질소탱크를 이용하여 일시에 방출함으로써 작동매체인 유압실린더의 피스톤을 가압하여 구동기를 급속도로 안전기능을 수행하도록 하는 긴급차단밸브에 이용될 수 있으며, 아주 빠른 작동과 큰 힘을 요구하는 곳에 적용된다.

Figure 4.12 Gas/Hydraulic Actuated Valves (Courtesy of Flowserve, Edward Valves)

4.8 구동기의 선택

구동기는 밸브에 구동력을 주는 기구이기 때문에 밸브에 가장 의존하는 것일 수밖에 없다. 우선 밸브의 구동 형태가 회전운동에 의한 작동인지 직선운동에 의한 것인지에 따라 결정되며, 구동기는 밸브의 사용압력이나 크기에 따라 요구되는 구동력이나 토크가 있기 때문에 이를 만족하고 어느 정도는 안전여유도를 갖는 것이 좋다. 또한 밸브에 요구되는 작동시간이나 행정거리에 따라 각 구동기의 장단점이 있기 때문에 적용처에 가장 적합한 구동기를 선정해야 한다.

다음과 같이 구동기의 특징을 요약하면 다음과 같다.

ATTRIBUTE	PNEUMATIC PISTON	SPRING DIAPHRAGM	ELECTRIC MOV	ELECTRO-HYDRAULIC	SYSTEM MEDIA OPERATED
Service Type	Throttling, On-Off	Throttling, On-Off	Low Duty Throttling, On-Off	Throttling, On-Off	On-Off
Thrust Capability	Medium to High	Small to Medium	Very High	Medium to Very High	Very High
Thrust to Weight Ratio	Medium	Low	High	High	High
Economy for built in Thrust Output Margin	Medium	Low	High	High	Very High
Overall Dimensional Envelope	Medium	Large	Compact	Large	Compact
Stiffness	Medium to High	Low to Medium	Very High	High to Very High	Very High
Fail Safe	Spring or Volume Tank	Spring supplemented by Volume Tank if necessary	Standby Power Source required	Accumulator	As available system media
Cleanliness of Power Source	Medium	Medium	N/A	Very High	Medium
Stroking Speed	Fast with accessories	Fast with accessories	Slow	Very Fast	Very Fast
Purchase Cost	Low to Moderate	Low	High	Very High	Very High
Construction Complexity	Simple	Simple	High	Very High	High
Cost for Maintenance	Low	Medium	High	Very High	Moderate
Required Technical Expertise for Maintenance	Low	Low	High	Specialized	Specialized
Supplier Choice	Medium	Very Large	Small	Small	Small

(1) 구동기의 안전성 평가(evaluation of the actuators)

구동기의 안전성 평가는 구동기의 선택과 사이징을 통해 채택된 구동기가 안전 범위 내에서 올바르게 작동하는지를 평가하여 안전성을 점검하는 과정으로, 밸브의 작동에 요구되는 스러스트 또는 토크를 구동기가 불확실성을 고려하여 안전한가를 평가한다.

Figure 4.13은 밸브의 요구 스러스트와 구동기의 출력을 비교한 것으로, 점선으로 표시한 것이 밸브의 요구 스러스트이고, 실선은 유용 스러스트로 구동기가 밸브의 요구사항을 잘 만족하고 있다.

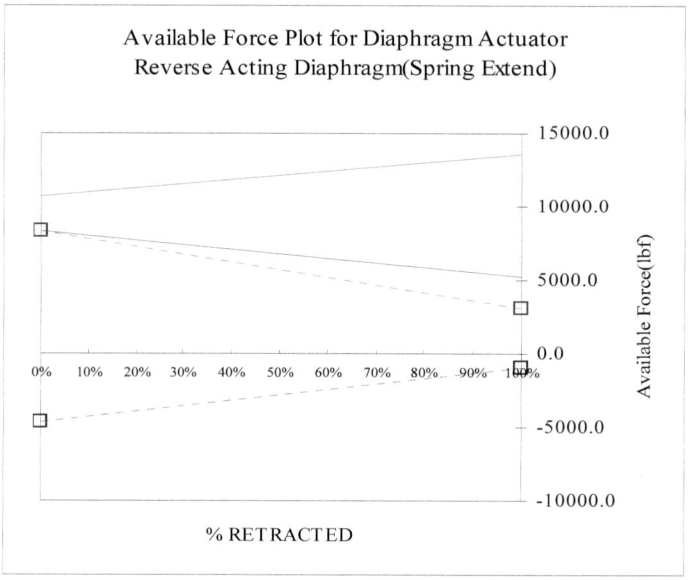

Figure 4.13 Required thrust and available thrust of the linear actuator

Figure 4.14는 직선형 다이어프램 구동기를 암(arm)과 레버를 이용하여 회전형으로 적용한 구동기로, 버터플라이밸브에 적용한 경우의 요구 토크와 구동기 토크를 비교한 그림이다. Figure 4.15는 공압구동기의 공압 설정치와 구동기의 허용강도 내에서 설정되었는가를 평가하기 위한 것이다.

Figure 4.16은 공압구동기의 안전영역과 비안전영역을 나타내며, 지나치게 보수적(conservative)으로 해석하거나 비보수적(non-conservative)으로 해석하는 경우에는 영역의 경계가 잘못 설정되므로 주의를 요한다. 실제적인 예로서 다이어프램 구동기의 유용 스러스트를 계산할 때 다이어프램의 유효단면적을 실제 유효단면적보다 크게 해석하게 되면 공압력에 의한 유용 스러스트가 실제보다 크게 평가되어 밸브의 구동력이 요구되는 구동력보다 작아 작동이 안 되는 경우가 발생할 가능성이 커지게 된다. 또한 이 그림은 공압 설정값이 밸브를 원활히 구동하도록 설정되었는가와 구동기의 허용강도 내에서 설정되었는가를 평가하기 위한 것이다.

구동기를 평가할 때 너무 보수적으로 해석하게 되면 공압설정값을 실제로 높게 조정하게 되며, 구동기의 구동력이 실제 필요한 것보다 매우 커져 구동기와 밸브에 심각한 손상이 발생할 가능성이 높아진다.

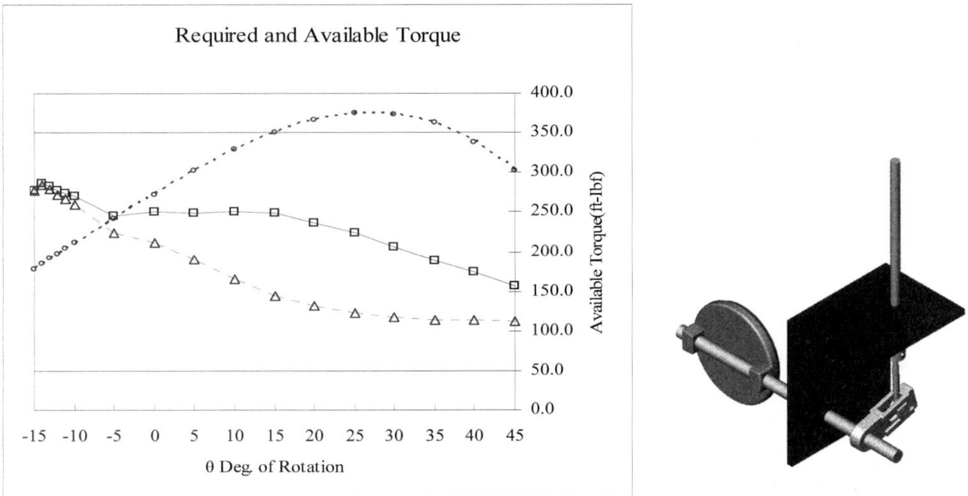

Figure 4.14 Required torque and available torque of the rotary diaphragm actuator

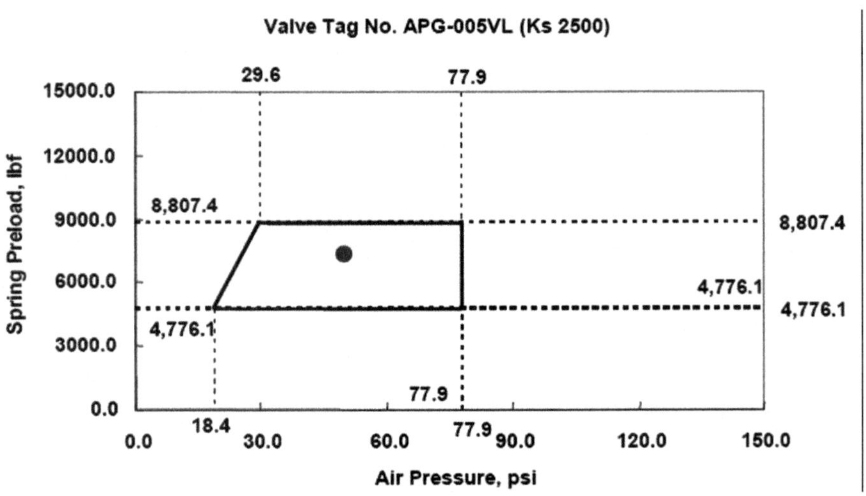

Figure 4.15 Setting point and safety area of the actuators

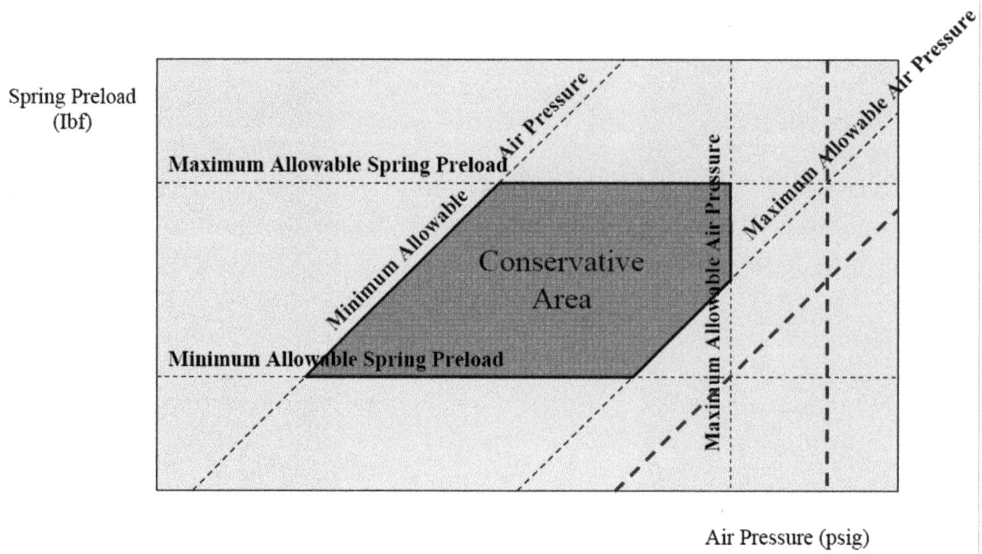

Figure 4.16 Safety area and non-safety area of the actuators

4.9 포지셔너(positioner)

공압으로 작동되는 밸브들은 프로세스 컨트롤러로부터 입력신호를 밸브행정 출력신호로 바꾸어주는 포지셔너에 의해 작동된다. 이러한 기구는 다음 세 가지로 분류할 수 있다.

1. 공압포지셔너(pneumatic positioners): 포지셔너의 입력신호가 공압력(보통 3~15 psig)이며, 포지셔너는 이를 요구되는 밸브 제어요소 위치의 출력신호로 바꾸어주고 공압구동기에 필요한 압력을 주어 밸브의 제어요소가 올바른 위치로 이동하도록 한다.
2. 아날로그 I/P 포지셔너(analog I/P positioner): 이 포지셔너는 위의 공압포지셔너와 같은 기능을 수행하며, 입력신호가 전기적인 전류신호(통상 4~20 mA)를 사용한다. 일명 전기-공압포지셔너(electro-pneumatic positioner)라고도 한다.
3. 디지털 컨트롤러(digital controller): 위에서 기술한 아날로그 I/P 포지셔너만큼이나 동일한 기능을 가지지만 전기적인 신호변환이 디지털이라는 점이 다르다. 이러한 디지털제품은 다음 세 가지 중 하나이며, 일명 스마트 포지셔너

(smart positioner)가 이에 해당한다.

- 비통신 디지털(digital non-communicating): 전류신호(4~20 mA)가 포지셔너에 입력되고 전자적인 신호로 출력을 제어한다.
- HART: 이것은 비통신 디지털과 동일하지만 아날로그 신호로 사용되는 같은 신호선에 쌍방향 디지털 통신이 가능하다.
- 필드버스(field-bus): 이 타입은 디지털을 기반으로 하는 신호와 기계적인 구성기기와 결합된 디지털의 전자회로를 사용하여 밸브의 위치를 수신한다. 아날로그 신호를 모든 디지털 제어신호로 대체한 것이다. 더 설명하자면 같은 신호선으로 쌍방향 디지털 통신이 가능하며, 필드버스 기술은 유저에게 향상된 제어구성을 할 수 있도록 하며, 생산성 향상과 배선의 감소를 가져다줄 수 있다.

공압포지셔너와 트랜듀서 두 개의 장치를 조합하여 사용하는 대신에 아날로그 I/P 포지셔너나 디지털 컨트롤러를 하나 사용하는 것이 설치비용을 절감하는 효과가 있다.

디지털과 아날로그 I/P의 메모리영역 사이의 실질적인 차이는 장치의 기억장소에 소프트웨어적인 명령들을 기억시키는 능력의 차이이다. 디지털 컨트롤러가 장착되어야만 밸브를 자동적으로 환경설정을 하고 셋업하는 것이 가능하다. 가장 중요한 것은 프로세스(공정), 밸브와 진단을 위한 양방향 통신이 가능하다는 것이다.

사용자는 다음과 같은 이유로 디지털 밸브 컨트롤러를 구입한다.

- 설치와 보정을 포함한 회로구성 비용을 절감한다.
- 성능 유지를 위한 진단에 이용이 가능하다.
- 향상된 프로세스 제어 정밀도로 유체흐름의 가변성을 줄여준다.

디지털 컨트롤러는 두 가지 관점에서 특히 매력적이다.

- 자동적인 보정과 환경설정. 통상적인 제로 세팅과 범위를 설정하는 것에 비하여 상당히 시간적으로 절약된다.
- 밸브진단. 분산제어시스템(DCS; Distributed Control System), PC 소프트웨어 도구, 휴대용 통신장비를 통하여 사용자는 배관상에서 밸브의 상태를 진단할 수 있다.

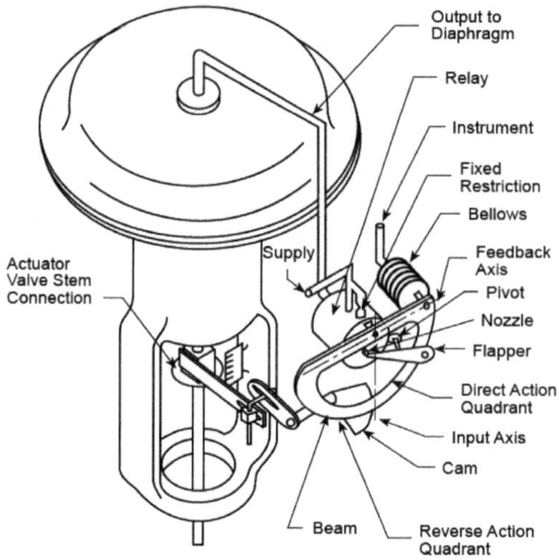

Figure 4.17 Positioner Schematic for Diaphragm Actuator (Courtesy of Emerson, Fisher)

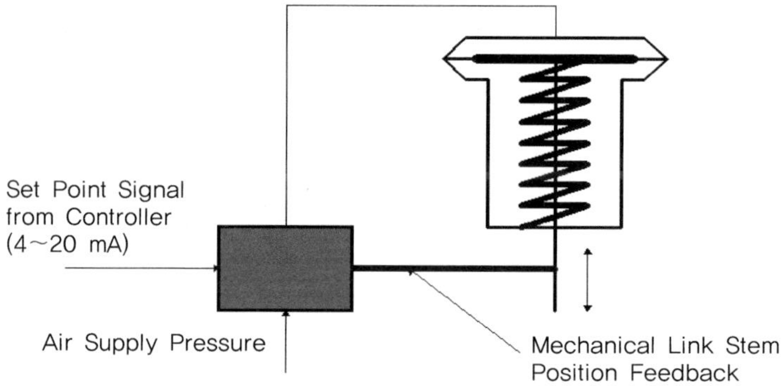

Figure 4.18 Positioner Function for Control Valves (Courtesy of Emerson, Fisher)

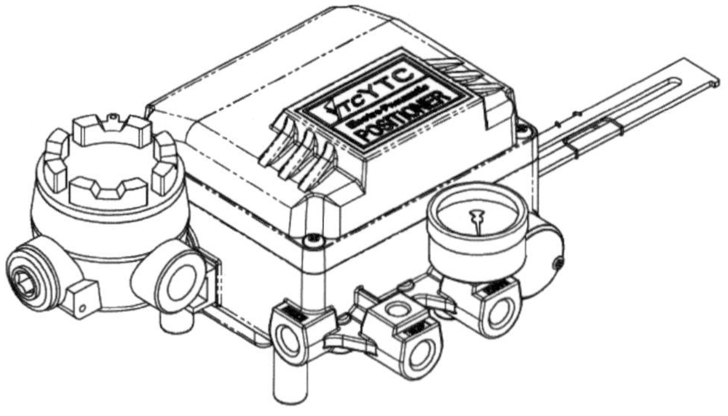

Figure 4.19 Electro-Pneumatic Positioner (Courtesy of Young Tech Co., Ltd.)

포지셔너는 변위량이나 위치의 균형으로 작동되는 유형과 힘의 균형으로 작동되는 것으로 나눌 수 있다.

- deflection(or position) balance positioner
- force balance positioner

input signal이 공압이면 공압포지셔너이며, 4~20 mA 제어신호인 경우 전기-공압포지셔너이다.

일반적인 포지셔너인 전기-공압포지셔너의 작동원리는 Figure 4.20과 같으며, 이에 대한 설명은 다음과 같다.

(1) 작동원리

밸브를 열기 위해서 입력압력을 증가시키면 ① 토크 모터에서 힘이 발생하여 ② 플래퍼를 노즐 반대 방향으로 밀어낸다. ③ 노즐과 ② 플래퍼 사이의 간격이 벌어지면서 ④ 파일럿 내부에서 ⑤ 스풀 상부에 차 있던 공압을 배출시킨다. 그 영향으로 ⑤ 스풀이 위로 상승한다. 그러면서 ⑦ 시트를 막고 있던 ⑧ 포펫을 밀어내며 공급공압이 ⑦ 시트를 통해서 ⑩ 액추에이터로 들어간다. ⑪ 액추에이터 내부의 압력이 증가하며 ⑫ 액추에이터 스템이 내려가기 시작하여 ⑬ 피드백 레버를

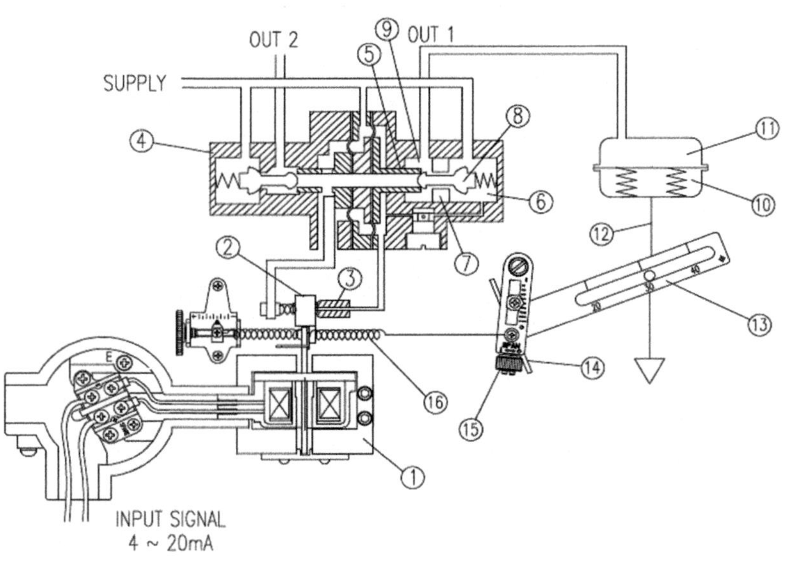

Figure 4.20 Schematic Electro-Pneumatic Positioner
(Courtesy of Young Tech Co., Ltd.)

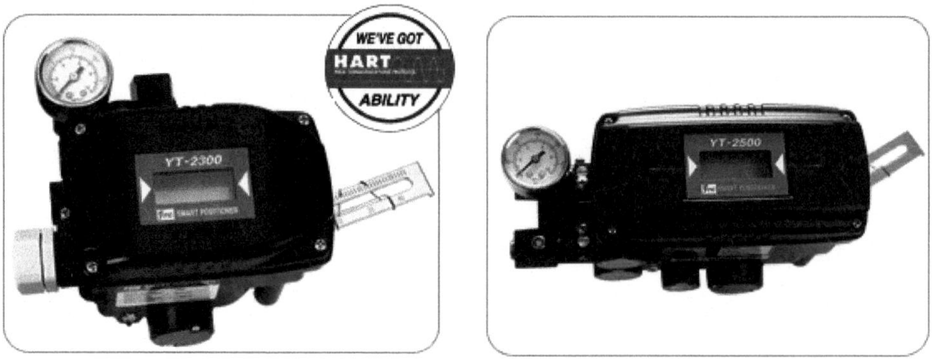

Figure 4.21 Smart Positioner HART (Courtesy of Young Tech Co., Ltd.)

통해서 ⑫ 액추에이터 스템의 운동을 ⑭ 캠에서 전달받는다. 이 운동이 ⑮ 스판 레버로 전해지며 ⑮ 스판 스프링을 당긴다. ⑮ 스판 스프링이 ① 토크모터의 힘과 균형을 이루며 ② 플래퍼를 원래 위치로 움직여 ③ 노즐과의 간격을 줄인다. ③ 노즐을 통해 외부로 배출되는 공기량이 감소하며 ⑤ 스풀 상부의 압력이 다시 증가한다. ⑤ 스풀이 원래 위치로 내려오며 ⑧ 포펫을 내려 ⑦ 시트를 막아 supply로부터 ⑩ 액추에이터로의 공기유입이 정지된다. ⑩ 액추에이터의 운동이 정지하며 포지셔너가 정상상태로 돌아오게 된다.

(2) 제어시스템(control system)

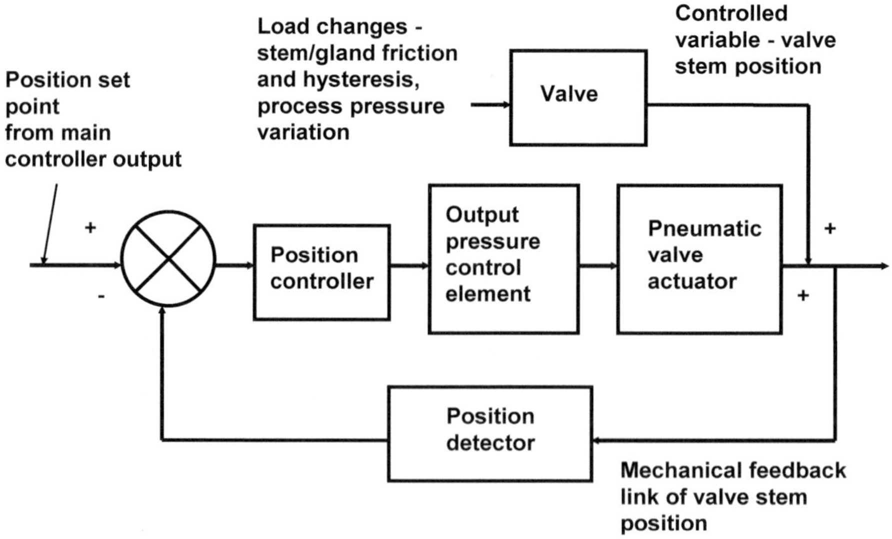

Figure 4.22 Block-diagram of the control valve

Chapter 5 밸브 재질(Valve Materials)

5.1 밸브 재질

청동밸브 또는 스틸밸브(탄소강밸브)라고 하는 것은 밸브 용기(shell)의 구성품 재질이 무엇인지를 말한다. 유체의 압력을 유지해야 하는 이들 부품들로 밸브의 용기는 구성된다. 이들 구성부품들은 압력유지부품으로 불리기도 한다. 이것의 대표적인 것이 몸체(body)이다. 보닛, 커버, 또는 캡과의 결합방법에 볼팅이 사용된다면 볼팅류 등 이들 구성부품들과 함께 압력 유지가 이들 구성부품들의 주요 기능이기 때문에 용기 재질을 선정하는 데 있어 강도가 가장 중요한 고려사항이다. 밸브가 라인에 설치되지 않는다 하더라도 이들 구성부품들은 밸브를 통과하는 유체에 의한 부식과 침식에 충분히 견뎌야 한다. 용기의 볼팅류는 개스킷이나 실(seal)에 의해 유체와 접촉하지는 않기 때문에 대기조건에서의 강도와 내부식성이 이들 선정의 주요 고려사항이다.

용기 안에서 유체와 직접 접촉하고 있는 밸브의 구성부품들은 소위 밸브트림으로 취급된다. 트림부품들은 밸브의 종류와 설계에 따라 다를 수 있지만 대표적으로 스템, 유량조절요소와 시트 등이다. 이들 부품들의 기능은 밸브의 작동을 수행하는 것이며 적정한 강도가 필요하고 유체로부터의 침식과 부식에 대한 저항성과 마모의 저항성 등이 중요사항이다. 많은 경우에 있어 밸브의 용기를 만드는 데 사용되는 재질들은 트림재질로 사용되는 것에 요구되는 특성과 같지는 않다. 이러한 주된 이유는 시트 링과 백시트(backseat) 등이 전체적인 가공에 의해 제공되기보다는 나사로 체결되거나 박음으로 또는 용접 등으로 체결되는 분리된 부품이기 때문이다. 또다른 이유로는 대부분 트림 재질이 용기의 재질보다 값비싼 재질로 구성되기 때문이기도 하다. 이러한 이유로 해서 큰 밸브에서 웨지와 같은 디스크 등은 용기의 재질과 같은 재질이 사용되는 것은 일반적이긴 하나 중요 시팅 표면의 재질은 그러하지 않다.

같은 밸브에서 각기 다른 트림부품에 다른 재질을 사용하는 것이 일반적인 사항이다. 표면을 구성함에 있어 잡힘(seizing)이나 쓸림(galling)의 가능성을 낮추기 위해 각기 다른 금속 경도와 재질을 사용하는 것이 시팅 표면에 관한 한 사실이다. 다른 재질을 사용하는 가장 명확한 사례는 볼밸브나 버터플라이밸브에서 비금속 재질을 시팅으로 사용하는 것이다.

밸브 구성품의 세 번째는 용기 안에 위치하며 압력을 유지하기보다는 유체의 외부 누설을 막는 기능을 가진 부품에 관한 것이다. 이러한 부품이 개스킷과 패킹이다. 개스킷은 볼티드 보닛 밸브의 보닛과 몸체 사이와 같이 용기 사이에 정적인 실(seal; 누설방지)을 형성한다. 이러한 것들은 유체의 압력을 유지하도록 강도를 가져야 함은 물론, 확실한 실링을 보장하도록 충분히 변형 가능하게 부드러워야 하며, 사용조건이 고온인 경우 그 온도에서도 견뎌야 하며, 시간이 경과해도 그 상태를 유지해야 한다. 패킹은 용기와 밸브의 스템 또는 샤프트와의 실을 형성한다. 정상적인 조건에서 밸브가 작동하지 않을 때 실은 정적인 상태이지만 밸브가 작동할 때는 패킹은 운동역학적으로 기능해야 한다. 패킹 체임버(소위 스터핑 박스라고 하는)와 스템 또는 샤프트와의 면에 대해 확실한 실을 구성하고 이를 위한 변형이 충분하도록 압축 가능해야 한다. 패킹은 내부식성이어야 하고 온도에 대한 내구성을 가져야 한다. 또한 고유의 낮은 마찰계수값을 가져야 하고 스템 또는 샤프트가 용이하게 운동하도록 윤활제를 유지하여야 한다.

밸브를 구입하기 위한 사양에서 구매자는 보통 요구되는 밸브의 종류를 생산하는 생산자로부터 이러한 것이 가능한 용기와 트림 재질을 선택한다. 이러한 재질들은 표준화되어 있으며 대부분의 생산자들 또한 이러한 표준화된 재질들을 선택한다. 밸브산업에서 대부분 사용되는 밸브용기와 트림의 재질들에 대해 본 장에서 순차적으로 다룰 것이다. 볼팅, 개스킷, 그리고 패킹의 재질들은 생산자의 설계, 용기와 트림의 재질에 따라서 볼팅의 경우 밸브 규격에 맞추어 선택된다. 일반적으로 밸브 구매자는 이들 부품에 대한 재질을 선정하거나 사양을 필요로 하지 않으나 본 장에서 이에 대한 정보를 참고로 제공한다.

5.2 용기 재질(shell materials)

용기 재질은 3개의 큰 모둠, 청동, 주철, (탄소)강으로 분류할 수 있다. 강으로 분류되는 것은 스테인리스강을 포함한다. 밸브는 또한 좀더 색다른 합금들, 즉 인코넬(Inconels®)이나 하스텔로이(Hastelloys®)와 같은 재질들로 만들어지기도 한다. 하지만 위에서 크게 나눈 재질들과 같이 흔하게 사용되는 것은 아니며 특별주문에 의한 주문생산으로 이루어진다. 이러한 3개 모둠의 재질들은 각각 아래와 같은 경우에 고려된다.

강재질의 용기가 주물, 단조, 가공된 판재나 바의 형태를 가질 수 있으나 청동과 주철 용기의 부품은 항상 주물이다. 강재질의 밸브는 2 inch 이하인 경우에 대부분 단조로 만들어지며, 2 inch 이상인 경우에는 흔히 주조로 만들어지며 주조가 아니면 단조이다. 2 inch 밸브는 주조이거나 단조이다. 버터플라이밸브와 같은 탄소강 밸브는 대부분 판재로 제작된다.

(1) 청동

청동은 구리합금으로 기본적으로 주석이 첨가된 합금이다. 또한 납과 주석이 요구하는 특성에 맞추어 다양한 비율로 첨가된다.

다음은 가장 많이 사용되는 청동재질이다.

- 캐스트 스팀 또는 밸브청동: ASTM B61
  고장력 인성의 합금. 청동밸브에서의 고압등급의 주조 용기에 사용된다. 공기, 물, 스팀과 오일은 물론 솔벤트, 유기냉매와 이 밖에 많은 액체와 가스에 온도 550°F까지 적용된다.
- 캐스트 콤퍼지션 청동: ASTM B62
  일명 온스메탈이라고 하며 또는 85-5-5-5라고도 한다. 이 합금은 청동밸브에서 저압에 사용된다. 이것은 저가로 공기, 스팀, 오일, 가스 등 온도 450°F까지 광범위하게 사용된다.

(2) 주철

주철은 탄소함유량이 2%에서 6.67% 정도이며, 실리콘과 망간이 첨가된 합금이다. 니켈과 같은 첨가물이 주철의 특별한 형태로 첨가되기도 한다. 주철은 탄소강에 비해 대기조건에서 내부식성을 갖는다. 밸브제작에 가장 많이 사용되는 주철은 다음과 같다.

- 회주철(Gray Iron): ASTM A126, Class B
  이것은 기본적인 주철로 주조가 쉽고 가공성이 좋으며 압력유지성이 좋다. 물, 스팀, 오일, 비부식성 가스는 물론 일부 묽은 산성물질에 사용되기도 하는 등, 폭넓게 사용되며 사용온도 범위는 0~450°F이다.
- 3% 니켈 회주철: ASTM A126, Class B modified
  회주철에 3%의 니켈을 첨가하여 미세 결정립구조를 갖도록 향상된 것으로 높은 내부식성을 가지며, 내마모성을 갖는다. 석유화학과 제지산업에 폭넓게 적용된다.
- 오스테나이트 회주철(Austenitic Gray Iron): ASTM A436, Type 2
  Ni-Resist라고 하기도 하며 니켈의 함유량이 높아(20% nickel) 부식성 물질, 알칼리, 암모니아용액, 식료품 생산, 플라스틱과 이와 유사한 적용처에 부식 환경조건에서 사용되는 밸브 용기의 재질로 폭넓게 사용된다.
- 구상흑연주철(ductile iron): ASTM A395
  아주 독특한 주철로 nodular iron이라 불리기도 하며, 마그네슘이 첨가되어 다른 주철에서 볼 수 있는 박편의 형태가 아니고 마디나 구의 형태로 탄소가 형성된 금속구조를 갖는다. 이러한 금속구조를 갖게 되어 탄소강과 유사한 강도를 가지며, 회주철에서 얻을 수 있는 것에 비해 근본적으로 높은 인성과 강성을 갖는다. 대기 부식 저항성은 회주철에 비해 더 높으며 대부분의 경우에 있어 탄소강보다 더 높다. 이것은 −20°F 이하 온도에서도 사용할 수 있다.

(3) 강(스틸)

강은 탄소함유량이 2% 이내의 합금으로 소량의 망간, 실리콘 등이 첨가된 것이다. 다른 첨가물로는 몰리브덴, 크롬, 니켈 등이 내부식성과 높은 가공경화성, 요구특성 강도를 내기 위해 첨가된다. 다음은 가장 일반적으로 밸브제작에 사용되는 것들이다.

- 탄소강, ASTM A216 Grade WCB(castings), ASTM A105(forgings), and ASTM A517 Grade 70(plate)

밸브 용기의 부품에 사용되는 가장 기본적인 강이며, 강도와 인성은 충격, 진동, 배관변형, 화재 및 냉동재해에 대해 높은 저항성을 보장한다. 이것은 포화증기와 과열증기에 적용되며, 열수 및 냉각수, 고온저온의 비부식성 오일, 가스, 공기, 그 밖에 유체들에 적용이 가능하다. 탄소강은 아주 힘을 많이 받는 부위가 아니면 별도의 열처리 없이 바로 용접이 가능하다. 사용온도 제한 범위는 최소 −20°F에서 최대 800°F까지 계속 사용조건으로 가능하다.

- 저온용 탄소강: ASTM A352 Grade LCB(castings) and ASTM A350 Grade LF2(forgings)
  이 탄소강은 평범한 탄소강과 동일한 조성과 적용을 가지나 저온에서 동일한 물리적 특성을 갖도록 열처리한 것이다. −50°F까지 사용이 권장되며, 650°F를 넘기지 않는다.
- $1\frac{1}{4}$% Chromium-$\frac{1}{2}$% Molybdenum Alloy Steel: ASTM A217 Grade WC6 (castings) and ASTM A182 Grade F11(forgings)
  탄소강에 크롬과 몰리브덴을 첨가하여 고온에서의 강도를 향상시키고 탄화와 계속적인 가열과 압력 때문에 물체에 생기는 영구적인 변형(creep)이 일어나지 않도록 한 것이다. 1,000°F 이상에서 작동하는 밸브에 추천되며 바로 용접이 가능하다.
- $2\frac{1}{4}$% Chromium-1% Molybdenum Alloy Steel: ASTM A217 Grade WC9 (castings) and ASTM A182 Grade F22(forgings)
  이 합금은 $1\frac{1}{4}$% Chromium-$\frac{1}{2}$% Molybdenum Alloy Steel보다 탄화와 계속적인 가열과 압력 때문에 물체에 생기는 영구적인 변형(creep)에 더 높은 저항성을 가지며, 더 높은 강도를 갖는다. 이것 또한 1,000°F 이상에서 작동하는 밸브에 추천된다. 용접이 가능하나 예열이 필요하고 용접 후 열처리가 필요하다.
- 5% Chromium Alloy Steel: ASTM A217 Grade C5(castings) and ASTM A182 Grade F5(forgings)
  이 합금은 1,100°F 이상의 스팀, 물, 오일, 가스의 가혹조건에서 사용할 수 있다. 뛰어난 크립강도(creep strength)를 가지며 침식, 부식, 탄화와 스케일링에 저항성이 있다. 이것은 특히 황함유 비정제 오일에 대한 내부식성으로 기름 정제 사용에 적합하다. 열처리를 하면 용접이 가능하다.

- 9% Chromium Alloy Steel: ASTM A217 Grade C12(castings) and ASTM A182 Grade F9(forgings)
  이 합금은 뛰어난 강도를 가지며 내부식성이 향상된 재질이다. 클립, 침식과 스케일링에 뛰어난 저항성을 가지며, 1,050°F까지 사용된다. 용접 전에 예열이 필요하고 용접 후 열처리가 필요하다.
- 9% Chromium Alloy Steel-1% Molybdenum Alloy Steel, 0.2% Vanadium plus columbium and nitrogen: ASTM A217 Grade C12A(castings) and ASTM A182 Grade F91(forgings)
  상기 9% Chromium Alloy Steel과 거의 같은 특성을 가지며 단조의 경우 F9에 비해 항복강도와 경도가 높다.
- 18-8 Austenitic Stainless Steel: ASTM A351 Grade CF-8(castings) and ASTM A 182 Grade F304(forgings)
  18% Chromium, 8% Nickel 스테인리스강은 산화물과 매우 부식성이 강한 유체에 적용한다. 극단적인 부식성을 갖는 오일과 액체의 산화물질에 적용하며 특히 질산 적용에 적합하다. 1,000°F 이상과 −150°F 이하에서도 빈번하게 사용된다. 열처리 없이 용접이 가능하다.
- 18-8-3M Austenitic Stainless Steel: ASTM A351 Grade CF-8M(castings) and ASTM A182 Grade F316(forgings)
  18% Chromium, 8% Nickel 스테인리스강에 3% 몰리브덴 첨가로 고온, 저온에서 오일, 묽은 염산과 다른 산, 염수 등과 같은 유체에 대해 내부식성을 갖는다. 용접이 가능하다.
- Alloy 20, ASTM A351 Grade CN-7M(castings): ASTM B462 UNS N08020 (forgings), and ASTM B473 UNS N08020(wrought)
  이 20% 크롬, 29% 니켈합금은 묽은 유황산에서 농도가 짙은 것에 이르기까지 폭넓게 뛰어난 저항성(내부식성)을 갖는다. 이는 또한 묽은 염화수소산(염산)에 좋은 저항성을 가지며 고옥탄가의 가솔린, 솔벤트와 같은 다른 유체에 확장하여 사용된다. 용접이 가능하다.

주) 상세 재질은 Appendix 4. Valve Shell Materials ASTM Specification을 참조하라.

(4) 볼트

보닛과 캡볼트 재료는 밸브제조사가 밸브 기준을 만족하고 다른 용기 재질과 적합한 것으로 선정한다. 다음은 밸브에 사용되는 대표적인 볼트 재질들이다.

- 가공용 황동봉: ASTM B16
  상용 황동으로 알려져 있으며, 청동밸브의 너트를 만드는 데 사용된다.
- 탄소강 볼트 및 스터드, 60,000 psi의 인장강도: ASTM A307
  Grade A는 청동밸브에 사용되며, Grade B는 경도와 인장강도를 관리하여 주철밸브에 사용된다. 500°F의 최대온도 제한에 맞으면 강밸브에 적용되기도 한다.
- 탄소강과 합금강 너트: ASTM A563 Grade A
  이들 너트는 주철밸브와 탄소강밸브에서 A307 볼트와 스터드와 함께 사용된다.
- 고온용 볼팅 재질 합금강과 스테인리스강: ASTM A193 Grade B7
  온도 1,000°F에 적용 가능한 크롬-몰리브덴강이며, 탄소강 밸브에서 사용되는 볼트와 스터드의 규격기준 재질이다. 다른 등급으로는 B16M, B8M이 있으며, B8M은 합금강과 스테인리스강 밸브에 사용되며, 흔하지 않은 온도와 부식조건에서 적합하다.
- 고온고압용 탄소강과 합금강 너트: ASTM A194
  Grade 2H는 B7 스터드, 볼트와 함께 사용되는 기준규격 등급의 너트이다. 다른 등급으로는 3M, 8M이 있으며, 8M은 동등 재질의 볼트와 스터드에 사용된다.

Table 5.1 대표적인 볼트와 너트의 조합 및 사용온도

Bolt Material	Nut Material	Temperature Range
ASTM A193 Grade B7	ASTM A194 Grade 2H	−20°F(−30°C) ~ +1000°F(+538°C)
ASTM A320 Grade L7	ASTM A194 Grade 4	−150°F(−101°C) ~ +1000°F(+538°C)
ASTM A193 Grade B16	ASTM A194 Grade 2H	−20°F(−30°C) ~ +1100°F(+538°C)
ASTM A193 Grade B8	ASTM A194 Grade 8F	−450°F(−268°C) ~ +1500°F(+801°C)
ASTM A193 Grade B8 CL2	ASTM A194 Grade 8F	−450°F(−268°C) ~ +1000°F(+538°C)

ASTM for Alloy Steel Stud and Bolt, Nut

American Society for Testing and Materials (ASTM), Alloy Steel Stud Materials Specifications:
ASTM A193 Grade B7- Chromium-Molybdenum Steel, High Temperature Service
ASTM A193 Grade B7M- Reduced tensile strength, hardness controlled to 235 Brinell max.
ASTM A193 Grade B16- Chromium-Molybdenum, vanadium Steel
ASTM A320 Grade L7- Designed for low temperature applications
ASTM A320 Grade L7M- Reduced tensile strength, hardness controlled to 235 Brinell max.
ASTM A193 Grade B8- Chromium-Nickel austenitic steel- 304 Stainless
ASTM A193 Grade B8M- Chromium-Nickel Molybdenum austenitic steel- 316 Stainless

American Society for Testing and Materials (ASTM), Alloy Steel Bolt Materials Specifications:
ASTM A193 Grade B7- Chromium-Molybdenum Steel, High Temperature Service
ASTM A193 Grade B7M- Reduced tensile strength, hardness controlled to 235 Brinell max.
ASTM A193 Grade B16- Chromium-Molybdenum, vanadium Steel
ASTM A320 Grade L7- Designed for low temperature applications
ASTM A320 Grade L7M- Reduced tensile strength, hardness controlled to 235 Brinell max.
ASTM A193 Grade B8- Chromium-Nickel austenitic steel- 304 Stainless
ASTM A193 Grade B8M- Chromium-Nickel Molybdenum austenitic steel- 316 Stainless

American Society for Testing and Materials (ASTM), Alloy & Carbon Steel Nut Materials Specifications:
ASTM A194 Grade A- Low Carbon, Non-Heat Treat, Heavy Pattern
ASTM A194 Grade C- Recommended use with A325 Structural Bolts, Lock Nut Spec.
ASTM A194 Grade GT- Automation Flange Lock Nut, C1022-1045 Steel
Grade 2- Low Carbon, Non- Heat Treat, Finished Pattern
ASTM A194 Grade 2H- Recommended use with A325 Structural Bolts, High Pressure & High Temp.
ASTM A194 Grade 2HM-
Grade 5-
ASTM A194 Grade DH- Recommended use with A490 Type 1 Structural Bolts
ASTM A194 Grade DH3- Recommended use with A490 Type 3 Structural Bolts
Grade 8-
ASTM A194 Grade F- Large Flange Nut, AISI 1008-1035 carbon steel
ASTM A194 Grade 4-
ASTM A194 Grade L7-
ASTM A194 Grade L7M-
Stainless Steel-
ASTM A194 Grade 8- 300 Series Stainless Steel, Heavy Pattern
ASTM A194 Grade 8M- 316 Series Stainless Steel, Heavy Pattern

5.3 트림 재질(trim materials)

트림 재질은 금속과 비금속으로 크게 두 개의 모둠으로 나누어진다. 금속 모둠은 구리합금, 스테인리스강과 일부 독특한 엔지니어링합금 등이며, 비금속 모둠으로는 플라스틱과 고무 등 탄성중합체 등이 있다.

트림 재질에 관한 일부 보편화된 사실로 청동밸브는 일반적으로 황동과 청동 재질의 트림으로 만들어지고, 주철밸브는 대개 청동트림[소위 IBBM(Iron Body, Bronze Mounted)으로 부르는 철몸체, 청동 장착]이 적용되거나 철트림(전철, All-Iron)이다. 탄소강과 합금강 밸브는 청동과 스테인리스강 등의 매우 다양한 재질의 트림이 적용된다. 스테인리스강의 밸브에 대한 트림의 재질은 일반적으로 용기의 재질과 같은 재질이 사용된다.

(1) 금속 재질

용기 재질로 사용되는 재질들은 해당 서술내용을 참조하라.

- 가공용 황동봉: ASTM B16
  상용 황동으로 알려져 있으며, 이 금속은 주철과 주강밸브의 스템과 청동 볼밸브의 볼과 스템에 사용된다.
- 캐스트 스팀 청동: ASTM B61
  이 청동은 주철밸브에서 웨지, 디스크와 시트링으로 사용된다.
- 캐스트 콤퍼지션 청동: ASTM B62
  이 청동은 주철밸브와 주강밸브에서 디스크와 시트링으로 사용된다.
- 알루미늄 청동: ASTM B148
  알루미늄 10%, 철 5% 합금으로 중간 정도의 내부식 조건에서 다양하게 적용된다. 이것은 구상흑연주철과 탄소강 버터플라이밸브의 디스크에 사용된다.
- 정련 구리-실리콘 청동: ASTM B371
  이 특별한 구리-아연-실리콘 청동은 기준규격 청동밸브 스템 재질이다. 뛰어난 내부식성과 고강도, 훌륭한 내마모성을 갖는다.
- 주물용 구리-니켈 청동: ASTM 8584 C97600
  이 20% 니켈합금은 완화된 내부식성을 가지면서도 고강도로 뛰어난 비쓸림(non-galling) 재질이다. 이것은 청동밸브의 시팅면에 적용 가능한 경도를 가지고 있다.

- 냉간 인발 탄소강봉: ASTM A108, Grade 1018
  이 저탄소함유강은 전철밸브(all-iron valve)의 스템에 사용하기 충분한 강도를 갖는다. 녹 방지를 위해 화학 처리하거나 도금한다.
- 오스테나이트 회주철: ASTM A436 Type 2
  이 니켈합금 주철은 3% 니켈 회주철 밸브의 웨지와 디스크로 사용된다.
- 13% 크롬 마르텐사이트 스테인리스강(CR13): ASTM A217 Grade CA15 (cast), ASTM A182 Grade F6a(forged), ASTM A276 Type 410(wrought), and American Welding Society AWS A5.9, ER410(weld rod)
  이 스테인리스강은 가혹한 부식조건이 요구되지 않는 곳에 폭넓게 사용되는 뛰어난 밸브 트림 재질이다. 이것은 오일, 오일증기와 완화된 부식조건에서 온도조건 1,000°F까지 추천된다. 쓸림(galling)이 일어나지 않도록 표면 간에 경도차(50 Brinell)를 주는 몸체나 웨지의 시팅 표면과 같이 서로 다른 것에 견디어야 하는 곳에 사용된다. 이것은 강밸브 게이트, 글로브와 체크밸브에서 스템, 웨지, 시트에 사용된다. 탄소강 버터플라이밸브와 구상흑연주철밸브의 샤프트로, 플러그밸브의 스템으로 사용된다.
- 18-8 오스테나이트 스테인리스강: ASTM A352 Grade CF-8(cast), ASTM A182 Grade F304(forged), ASTM A276 Type 304(wrought), and AWS A5.9 ER308(weld rod)
  이 스테인리스강은 탄소강의 게이트, 글로브와 체크밸브의 스템, 웨지, 디스크 및 시트로 사용되며, 강재 버터플라이밸브의 디스크, 플러그밸브의 스템으로 사용된다.
- 18-8-3M 오스테나이트 스테인리스강: ASTM A351 Grade CF-8M(cast), ASTM A182 Grade F316(forged), ASTM A276 Type 316(wrought), and AWS A5.9 ER 316(weld rod)
  이 스테인리스강은 탄소강의 게이트, 글로브와 체크밸브의 스템, 웨지, 디스크 및 몸체 시팅면으로 사용되며, 버터플라이밸브의 디스크, 샤프트와 시팅면으로, 볼밸브의 볼, 스템과 시트링으로 사용된다. 3% 니켈 회주철밸브의 스템과 시트 링으로 사용되며, 오스테나이트 회주철밸브의 모든 트림 재질로 사용된다.

- 17-4PH 시효경화 스테인리스강과 열저항강봉: ASTM A564 Type 630
  이 17% 크롬, 4% 니켈 석출경화형 마르텐사이트 스테인리스강은 고온에서 내부식성과 강도를 유지한다. 이것은 버터플라이밸브와 볼밸브의 샤프트로, 볼밸브의 시트링으로, 고온에서 강도가 요구되는 강재의 게이트로, 글로브밸브의 스템으로 사용된다. 특히 발전계통의 에너지효율화에 따라 고온고압으로 운전되는 글로브밸브에서 침식과 부식에 대해 가장 뛰어난 강성의 재료로 알려져 있다. 해당 요구조건에 맞추어 해당 경도가 나오도록 열처리해야 한다.
- Monel® Nickel-Copper Alloy: ASTM A494 Grade M-25S(cast), ASTM B564 UNS N04400(forged), and ASTM B164 UNS N04400(wrought)
  이 65% 니켈, 30% 구리합금은 많은 종류의 산(酸)들과 부식성의 소다, 알칼리, 식품, 또는 유기물질, 브라인, 염수와 소금용액으로부터의 뛰어난 내부식성을 가지고 있다. 특히, 불화수소산과 염소 사용 환경에 적합하다. 모넬은 강재의 게이트, 글로브와 체크밸브에서 스템, 웨지, 디스크와 몸체 시팅면에 사용되고, 버터플라이밸브의 디스크와 샤프트에, 볼밸브의 볼과 샤프트에 사용된다.
- Alloy 20: ASTM A351 Grade CN-7M(cast) and ASTM B473 UNS N08020 (wrought)
  이 합금은 게이트, 글로브와 체크밸브의 스템, 웨지, 디스크, 몸체 시트에 사용되고, 버터플라이밸브의 디스크와 샤프트에, 볼밸브의 볼과 샤프트에 사용된다.
- Hastelloy C®: ASTM A494 Grade CW-12MW(cast) and ASTM B574 UNS N10276(wrought)
  이 니켈베이스 16% 크롬, 16% 몰리브덴합금은 고온에서 비정상적으로 산을 포함한 가혹조건에 사용된다. 강산화제에 대한 내부식성을 가지며, 고온강도를 가지고 있다. 게이트, 글로브, 체크밸브의 스템, 웨지, 디스크와 몸체 시트로 사용된다.
- CoCr-A Hardfacing: AWS A5.13 ERCoCr-A(weld rod)
  이 코발트베이스 30% 크롬, 5% 텅스텐합금은 Stellite®6로 상표 등록된 재질을 포함한다. 이 합금은 1,500°F에 이르는 가혹한 온도조건과 고압에서도 경도와 내부식성, 내마모성을 유지한다. 적층 표면경화재질로서의 경도는 400에서 450의 경도 범위로 측정된다. 이것은 게이트, 글로브, 체크밸브의 시팅면, 금속시트의 볼밸브의 시트링에 여러 층으로 용접하여 사용된다.

대부분의 주강 게이트, 글로브와 체크밸브의 생산업체들은 금속 트림 재질의 각기 다른 조합을 취하고 있으며, 이러한 조합의 예는 Table 5.2와 같다.

Table 5.2 Combinations of metal trim materials

Trim*	Wedge/Disc**	Seat(s)	Stem
1	CR 13	CR 13	CR 13
5	Hardfaced	Hardfaced	CR 13
8	CR 13	Hardfaced	CR 13
9	Monel	Monel	Monel
10	18-8-3M	18-8-3M	18-8-3M
12	18-8-3M	Hardfaced	18-8-3M
13	Alloy 20	Alloy 20	Alloy 20
N/A	Bronze	Bronze	Bronze

*From American Petroleum Institute Standard API 600, Table 3.
**Solid or facing.

트림번호 1은 1,000°F에 이르는 온도에서 오일과 오일 증기 사용조건에 추천된다. 이것은 또한 850°F에 이르는 온도에서의 스팀, 물, 공기, 가스 사용조건에 사용된다. 이 트림은 같은 사용조건에 밸브산업표준이 된 트림번호 8로 일반적으로 대체되어 왔다. 트림번호 5는 1,000°F에 이르는 온도에서 오일과 오일 증기 사용조건에 추천된다. 이것은 특히 1,200°F에 이르는 고압증기와 물 사용조건에 적합하다. 트림번호 9는 450°F에 이르는 조건에서 알칼리, 해수, 염수, 유기물질, 비산화용액과 많은 에어프리 산들을 다루는 데 폭넓은 적용 범위를 갖는다. 트림번호 10과 12는 부식성의 오일 사용조건과 초, 염화수소와 인산 사용조건에 850°F에 이르는 온도 사용조건에 추천된다. 트림번호 13은 모든 농축 황산과 묽은 염산에 추천된다. 청동 트림은 450°F까지의 온도조건으로 염수와 청수에 기본적으로 사용된다.

(2) 비금속 트림 재질

비금속 트림 재질은 플라스틱류와 엘라스토머, 두 개의 유형으로 분류된다. 플라스틱류는 15,000 psi에 해당하는 탄성분자-구조강성 등급을 갖는 유기 폴리머 재질(거대한 유기분자로 구성)이다. 이러한 재질은 고강성 밀도로 뛰어난 단열, 절연 특성을 가지며, 산과 알칼리, 솔벤트에 대한 저항성이 좋다. 플라스틱류는 열가소성이거나 열경화성이다. 열가소성 종류는 열에 의해 본래의 조건으로 연화될 수 있으나 열경화성은 그렇지 않다. 플라스틱은 일반적으로 금속에 비해 온도에 더 민감하다. 강화플라스틱은 물리적 특성을 바꾸기 위해 유리섬유와 같은 섬유재질을 첨가하여 만들어진다.

엘라스토머 또한 유기 폴리머 열경화 재질이지만 가황경화처리한 자연고무와 유사한 특성을 갖는다. 이러한 종류는 본래 길이의 적어도 두 배 정도는 늘릴 수 있는 신축성을 가지며, 자유롭게 놓으면 본래의 길이로 신속하게 수축된다.

다음의 비금속재질들은 밸브 트림의 소재로 가장 일반적으로 사용되는 것들이다.

- Buna-N은 니트릴고무, NBR로 알려진 엘라스토머로 부타디엔과 아크릴로니트릴의 공중합체이다. 이들의 재질은 마모와 찢어짐과 압축에 대한 뛰어난 저항성을 갖는다. 이것은 공기, 물과 알코올에 대해 일반 목적의 재질로서 좋은 적용성을 갖는 재질이다. 이것은 미네랄 오일, 가솔린과 부탄과 천연가스 사용조건에 추천된다. Buna-N은 농축 산, 솔벤트, 강한 산화약품에는 권장되지 않는다. 사용온도 범위는 −20～180°F이다. 이 재질은 다이어프램밸브의 다이어프램과 버터플라이밸브의 라이너에 사용된다.
- EPT는 엘라스토머로 EPDM, EP, EPR rubber, Nordel@, 에틸렌 프로필렌으로 알려져 있다. 에틸렌과 프로필렌의 중합체이며 제3의 고분자화합물을 구성하는 단량체이다. 매우 좋은 복원력과 마모저항을 갖는다. 공기, 청수, 염수, 알코올, 황화수소, 아황산가스에 사용이 권장된다. EPT는 미네랄 오일, 가솔린, 가스, 솔벤트에는 사용하지 않는다. 사용온도 범위는 −40～300°F이다. 버터플라이밸브의 라이너와 시트에, 다이어프램밸브의 다이어프램에 사용된다.
- Hypalon®은 열가소성 플라스틱으로 CSM으로 알려져 있으며, 클로로 술폰산염 폴리틸렌 복합체이다. 뛰어난 찢어짐과 마모 저항성을 가지나 압력세트

저항은 부족하다. Hypalon®은 산, 알카리, 알코올, 산화유체, 물같이 옅은 염수에 사용된다. 이것은 물, 솔벤트, 미네랄 오일 또는 가솔린에는 적합하지 않다. 사용온도 범위는 0~225°F이다. 버터플라이밸브의 라이너, 다이어프램밸브의 다이어프램에 사용된다.

- 천연고무는 뛰어난 찢어짐과 마모 저항성을 갖는다. 청수와 염수, 묽은 산과 알칼리와 일부 황산염 용액에 추천된다. 사용온도 범위는 −60~160°F이다. 버터플라이밸브의 라이닝, 다이어프램밸브의 라이닝과 다이어프램에 사용된다.
- 네오프렌은 클로로프렌 고무로 알려진 엘라스토머이며, 클로로프렌과 클로로부타디엔의 폴리머이다. 뛰어난 마모 저항과 압력세트 저항을 가지며, 매우 훌륭한 복원력을 가지고 있다. 카본을 첨가하면 찢김 저항을 높일 수 있다. 네오프렌은 공기, 물, 알코올, 프레온, 천연가스에 추천된다. 사용온도 범위는 −40~200°F이다. 버터플라이밸브의 라이닝, 다이어프램밸브의 라이닝과 다이어프램에 사용된다.
- PEEK는 폴리에테르(고내열성 특수수지)-에테르케톤으로 알려진 것으로 방향족 폴리케톤이다. 고온에 가장 적합하며 스팀 사용의 경우 475 psi에 이르는 사용조건을 갖는다. 유황산과 같은 강산화산과 고농도의 염기에 사용하는 것은 부적합하다. 사용온도 범위는 0~550°F이다. 볼밸브와 버터플라이밸브의 시트로 사용된다.
- 테프론(Teflon®)은 열가소성으로 테트라플로로틸렌(TFE), 순수 TFE와 PTFE (poly-TFE)로 알려져 있다. 탄소와 플루오린의 폴리머이다. 부드러우나 강한 마모 저항을 가지며 매우 낮은 마찰계수를 갖는다. 테프론은 공기, 물, 브라인, 산, 알칼리, 솔벤트, 미네랄 오일, 가솔린과 125 psig 포화증기에 사용될 수 있다. 플루오르 가스, 프레온, 고농도의 유황산 또는 고압증기에는 부적합하다. 사용온도 범위는 −100~400°F이다. 테프론에 유리섬유를 첨가하여 강화된 또는 채워진 것이 RTFE이다. 테프론은 거의 모든 화학적 저항 특성을 가지고 있으며, 사용온도 범위는 거의 500°F에 이르며, 마모 저항을 개선하면 150 psig에 이르는 포화증기 사용조건에 적용이 가능하다. 테프론과 강화테프론은 볼밸브의 시트, 버터플라이밸브의 라이너와 시트, 다이어프램밸브의 다이어프램, 플러그밸브의 슬리브에 사용된다.

- Tefzel®은 열가소성으로 ETFE로 알려져 있으며, 에틸렌과 테트라플로로틸렌의 합성폴리머이다. 강성이 있으며, 특히 감마방사선에 저항성이 있다. 강산과 약산 그리고 가스에 대해 추천되며, 392°F의 솔벤트에 대해서는 알려진 게 없다. 이것은 버터플라이밸브의 시트와 다이어프램밸브의 라이닝으로 사용된다.
- 바이톤(Viton®)은 Fluorel®, FKM, 플로로카본으로 알려져 있다. 하이드로카본을 함유한 플로린 폴리머이다. 이것은 훌륭한 마모와 찢김 저항과 복원성을 갖는다. 일부에 국한하여 압축세트에 약한 것으로 알려져 있으나, 대개는 좋은 압축세트를 갖는 것으로 알려져 있다. 물, 산, 솔벤트, 미네랄 오일과 가솔린에 사용이 권장된다. 암모니아와 스팀에 사용하는 것은 부적합하다. 버터플라이밸브의 시트와 라이너, 다이어프램밸브의 다이어프램으로 사용된다.

구매자의 비금속 재질의 적정한 사양 선택에 도움을 주기 위해서 대부분의 생산자들은 적용 정보를(소위 재질 선택 또는 화학적 저항을 보여주는 것) 제공하고 있는데, 특정 부식 매개체에 대한 여러 플라스틱과 엘라스토머에 대한 적용 비교를 보여주는 정보이다.

(3) 개스킷과 패킹(gaskets and packing)

▶ 개스킷

밸브 제작에 사용되는 일반적 유형의 개스킷은 플랫, 스파이럴운드(spiral-wound)와 링 조인트 개스킷이다. 플랫 개스킷은 저압밸브에 사용되며, 비금속재질이나 금속재질이 사용된다. 스파이럴운드 개스킷은 미리 성형된 금속 밴드와 비금속 충전재를 여러 층으로 복합 성형한 것이다. 링 조인트는 금속으로 가공한 개스킷이다.

비금속 플랫 개스킷은 다음 세 가지 유형 중 시트 형태의 재료를 잘라서 사용한다.

- 섬유, 충전재와 엘라스토머 결합제의 혼합물로 구성되는 압축 시트이다. 과거에는 석면이 섬유재질의 기본이었으나 석면의 위해성(발암물질)을 인식함에 따라 인조 유리섬유(fiber glass), 아라미드(aramid, 합성 방향족 폴리아미드), 카본을 사용하고 있다. 인조섬유 개스킷은 석면 개스킷의 모든 요구 특성들

을 만족하지는 않는다.

- 테프론과 강화테프론 단일 시트. 테프론 개스킷은 저온에 사용되며, 부식이 심한 곳에 사용한다.
- 유연 그라파이트포일 윤활시트는 천연편상의 그라파이트로부터 만들어진다. 강성을 보강하기 위해 보강 금속재질이 들어간다. 이러한 개스킷은 높은 온도에 사용되며 내부식성이 좋다.

금속 플랫 개스킷은 완만한 주름이 있는 표면을 갖기도 한다. 이러한 개스킷은 보통 철이나 무른 철로 제작되며 스테인리스강도 사용된다.

가장 많이 사용되는 개스킷은 금속과 충전재의 복합물인 스파이럴운드 개스킷으로, 내부식이 필요한 seal이 요구되는 곳에 사용된다. 카본을 포함한 금속으로는 스테인리스강인 모넬, 하스텔로이 등이 있다. 충전재로는 석면, TFE, 플렉시블 그라파이트가 있으며, 그라파이트 충전재와 316SS의 조합이 가장 일반적이다. 이러한 개스킷은 전형적으로 탄소강이 센터링으로 생산된다.

링 조인트는 타원 또는 팔각형태의 단면을 갖는다. 이것들은 밸브 용기의 재질과 동등한 금속재질로 만들어진다. 탄소강, 탄소 저함유 합금강(e.g., 5% Cr-1% Mo), 스테인리스강(e.g., 304, 410). 링은 보통 그것이 사용되는 플랜지의 그것보다는 무른 것이 사용된다.

▶ 패킹

밸브 스템과 샤프트에 대해 사용되는 기본적인 패킹 재질과 구조는 일반적으로 다음과 같다.

- 브레이디드(braided): 가느다란 실(yarn)의 형태를 꼬아 감은 것으로, 겹쳐지게 꼬아서 같은 방향으로 꼬거나 열십자로 번갈아 가며 꼬아서 대각의 표면이 되도록 패킹 내부에 소위 이너브레이드(interbraid) 편조된다. 브레이디드의 초기 정형은 코어(핵)에 압출하거나, 비틀거나 감아서 만들어진다. 과거에는 석면이 섬유소 재질이었으나 오늘날에는 카본 섬유와 인조 실이 거의 대부분이다. 인코넬 와이어가 강성을 높이기 위해 섬유소로 꼬아져서 들어간다. 편상의 그라파이트 또는 몰리브덴 이황화물이 윤활제로 첨가되며, 아연과 같은 희생 금속이 부식억제제로 첨가된다.

- 몰디드 플라스틱(molded plastic): 사출 링의 플라스틱 고체, 전형적으로 TFE, 저온용 고부식 적용으로 사용된다. 다양한 단면형상으로 예를 들어 사각, 셰브론 형태로 사출할 수 있다.
- 금형 그라파이트(Die-formed, flexible graphite): 플렉시블 그라파이트 포일은 가늘고 긴 주름으로 슬릿된 것이 감겨 있는 형태이다. 가늘고 긴 것이 감기고, 금형에서 고밀도로 압축되어 링 형태로 만들어진다. 부식억제제로 적당한 첨가물이 들어간다. 몰디드 플라스틱과 마찬가지로 다양한 단면형상으로 성형된다. 브레이디드 패킹을 상하부 패킹으로 사용하는 경우 와이퍼로서 작용하고, 패킹이 삐어져 나오는 것을 막는다. 이러한 패킹의 조합 사용방법은 가스와 증기 누설에 대해 매우 효과적이다.

Chapter 6 크기, 압력등급, 수용압력평가

6.1 밸브 크기(valve sizes)

밸브의 크기는 밸브가 연결되어야 하는 배관의 크기로 정의된다. 즉 2 inch 밸브는 2 inch 배관에 연결되는 연결형식(end)을 가지며, 8 inch 밸브는 8 inch 배관에 연결되는 연결형식을 갖는다. 물론 밸브 연결형식(valve end)과 배관 연결형식(pipe end)은 일치해야 한다.

밸브는 배관규격에 맞추어 제작된다. 하지만 일반적인 배관 규격이 아닌 3½, 22, 26, 28 inch와 30 inch보다 큰 크기의 밸브를 카탈로그에서 보는 일은 흔한 일이 아니지만 생산업체나 공급자 재고에는 있다. 이러한 것은 특별사양으로 주문생산에 의해 이루어진다. 다른 크기의 밸브, 즉 1/8, 3/8, 1¼과 5 inch 밸브는 생산업체의 카탈로그에 등재되어 있으나 항상 재고로 가지고 있는 것은 아니다.

밸브의 종류, 재질, 압력등급에 따라서 공급 가능한 밸브의 크기는 한계가 있다. 밸브의 종류별 공급 가능한 밸브의 크기는 해당 밸브에 대한 기술자료를 참고하기 바라며, 해당 제조사별로 공급 가능한 크기가 있으므로 업체에 문의하는 것도 하나의 방법이다. 일반적으로 많이 사용하는 재질별 공급 가능한 밸브의 크기는 다음과 같다.

- 청동(bronze) 1/8 ~ 3 inch
- 주철(cast iron) 2 ~ 30 inch
- 단조강(forged steel) 기본적으로 1/4 ~ 3 inch
  일부 고압용 게이트, 글로브와 체크밸브는 단조품으로 24 inch까지 만들어진다.

- 주강(cast steel) 2 ~ 30 inch
- 조립(fabricated steel) 어떠한 크기도 가능하나 이러한 밸브는 대개 가격적인 측면에서 주강밸브보다 큰 크기로 제작된다.

주철(ductile iron), Alloy 20, Monel® 등과 같이 일반적이지 않은 밸브 재질의 경우에는 전 범위에 걸쳐 등재된 밸브 크기는 거의 없으며, 특히 큰 크기의 경우 더욱 그러하다. 또한 압력등급은 가능한 밸브의 크기를 제한한다. 일반적으로 압력등급이 높을수록 공급 가능한 밸브의 크기는 작아진다. 이러한 이유는 밸브의 크기가 커질수록 같은 압력하에서 더 큰 부하가 작용하기 때문이다.

밸브 크기에 대한 또다른 관점이 있는데 배관 라인에 설치되는 공간인 그것의 길이이다. 그 길이는 종단(end-to-end*)으로 표현하고 밸브의 연결형식이 플랜지인 경우는 면간(face-to-face*)이라 한다. 밸브 크기에 따라 종단 또는 면간 거리는 밸브의 종류, 설계, 압력등급별로 다르다. 배관설계의 용이성을 위하여 밸브 길이의 규격이 정해졌으며, 미국기계학회 규격 ASME B16.10에 밸브 연결형식이 맞대기 용접(butt-weld)과 플랜지(flanged)인 밸브의 설계와 종류에 대해 종단과 면간에 대해 규정되어 있다.

밸브 높이 또한 고려 대상이다. 높이는 기본적으로 밸브의 종류에 따라 정해진다. 스템이 이동하는 게이트, 글로브, 다이어프램밸브 등은 스템이 없는 체크밸브, 쿼터턴 버터플라이밸브, 볼밸브와 보닛이 없는 플러그밸브에 비해 높다. 또한 긴 행정거리를 갖는 게이트밸브는 같은 크기의 글로브밸브나 다이어프램밸브에 비해 더 높은 크기를 갖는다. 밸브 높이에 대한 치수 규정은 없으나 그에 대한 정보는 밸브제조업체의 카탈로그에서 손쉽게 찾아볼 수 있다. 이러한 정보는 밸브와 인접한 배관과 장비 간의 간섭이 일어나지 않도록 배관 계통을 설계함에 있어 중요한

---

* face-to-face와 end-to-end의 차이는?
국내 밸브업계에서는 단순히 면간이라 하며, 명확한 구분 없이 사용하나 어떤 경우에 face-to-face와 end-to-end를 사용하는지는 ASME B16.10에 정의되어 있다. 여기서는 의미를 분명히 하기 위해 face-to-face는 면간(거리)이라 하고 end-to-end는 종단(거리)이라고 한다.
ANSI B16.10의 정의에 따르면 flat을 포함한 FLANG는 대개 face-to-face 면간(거리)이라 하고 female, ring joint, groove의 경우 end-to-end 종단(거리)이라 하며, butt welding end의 경우 end-to-end 종단(거리)이라 한다.

정보가 된다.

6.2 밸브 압력등급(valve classes)

대부분의 밸브는 압력등급별로 생산된다. 이러한 압력등급은 밸브가 수용할 수 있는 압력을 나타낸다고 볼 수 있다. 압력등급이 높을수록 압력 수용능력은 크다. 청동밸브는 압력등급 125, 150, 200과 300으로 만들어지고, 주철밸브는 압력등급 125, 150과 250으로 만들어지며, 주강 또는 단조강밸브는 압력등급 150, 300, 400, 600, 800, 900, 1500, 2500과 4500으로 생산된다. 주강이나 단조강밸브에서 압력등급 400을 쉽게 볼 수 있는 것은 아니며, 압력등급 800은 단조강밸브에서나 볼 수 있다.

압력등급은 대부분 파운드로 표시한다. 즉 압력등급 600밸브는 600파운드 밸브라 부른다. 이것은 오해의 소지가 있는데, 압력등급 600의 밸브는 어떤 조건에서는 600 psi보다 더 큰 내부 압력을 수용할 수 있으며, 다른 조건에서는 600 psi 이하의 수용능력을 갖기 때문이다.

압력등급에 따라 다른 밸브 유형의 설계가 사용될 수 있다. 압력등급이 높은 경우에 bolted-bonnet이 아닌 pressure-seal 설계가 사용될 수 있다. 하지만 압력등급의 가장 중요한 차이는 밸브 몸체(valve shell)의 살 두께(wall thickness)이다. 예를 들어 ASME B16.34에서 압력등급 4 inch 밸브는 압력등급 150에서 0.25 inch의 살두께를 요구하고 있는 반면, 압력등급 300에서는 0.31 inch, 압력등급 1500은 살두께 0.75 inch를 필요로 한다.

6.3 수용압력평가(valve ratings)

금속의 허용응력은 금속의 온도가 증가할수록 감소한다. 따라서 밸브의 압력수용능력은 밸브 몸체 재질의 압력-온도에 따라 평가되어야 한다(밸브 몸체; shell은 밸브를 통과하는 유체의 온도와 같은 온도를 갖는다고 가정한다).

ASME B16.34에서 탄소강에 대한 압력-온도에 따른 수용압력은 Table 6.1과 같다. 이러한 표는 밸브 몸체의 재질이 주강, 단조강과 성형탄소강인 경우에 규격이 요구하는 최소 살두께를 나타낸다. Table 6.1은 밸브 몸체의 온도가 높을수록 압력수용능력이 저하됨을 보여준다. 탄소강의 수용가능압력은 대기환경온도(−20°F to 100°F)에서는 '표시압력등급'보다 더 큰 값을 가지며, 온도가 올라감에 따라 표시압력등급 이하로 낮아진다. 일례로 압력등급 150의 탄소강밸브는 주변환경온도에서 285 psi에서 사용될 수 있지만 800°F에서는 80 psi 정도밖에 되지 않는다. 결론적으로 배관시스템 내 유체의 압력이 150 psi이고 온도가 600°F인 곳이라면 압력등급이 150인 밸브는 사용될 수 없다. 600°F에서 이 밸브의 사용가능 압력은 140 psi이기 때문이다. 이러한 배관시스템에 사용가능한 밸브는 600°F에서 550 psi인 압력등급 300인 밸브여야 한다. 또다른 예로 750°F에서 800 psi로 스팀을 사용하는 밸브의 경우를 들어보자. Table 6.1을 참조하면 압력등급 600밸브가

Table 6.1 Pressure-temperature ratings of carbon steel

- Ratings for group 1.1 materials

A 105 (a)	A 515 Gr. 70 (a)	A 675 Gr. 70	A 672 Gr. B70 (a)
A 216 Gr. WCB (1)	A 516 Gr. 70 (a)	A 696 Gr. O	A 672 Gr. C70 (a)
A 350 Gr. LF2 (d)	A 537 Cl. 1 (d)		

Notes: (a) Permissible, but not recommended for prolonged use above 800°F
(d) Not to be used over 650°F

- Standard class

Temperature (°F)	Working pressures by classes(psig)							
	150	300	400	600	900	1500	2500	4500
−20~100	285	740	990	1,480	2,220	3,705	6,170	11,110
200	260	675	900	1,350	2,025	3,375	5,625	10,120
300	230	655	875	1,315	1,970	3,280	5,470	9,845
400	200	635	845	1,270	1,900	3,170	5,280	9,505
500	170	600	800	1,200	1,795	2,995	4,990	8,980
600	140	550	730	1,095	1,640	2,735	4,560	8,210
650	125	535	715	1,075	1,610	2,585	4,475	8,055
700	110	535	710	1,065	1,600	2,665	4,440	7,990
750	95	505	670	1,010	1,510	2,520	4,200	7,560
800	80	410	550	825	1,235	2,060	3,430	6,170
850	65	270	355	535	805	1,340	2,230	4,010
900	50	170	230	345	515	860	1,430	2,570
950	35	105	140	205	310	515	860	1,545
1000	20	50	70	105	155	260	430	770

사용되어야 하는 것을 보인다. 750°F에서 압력등급 600밸브는 1,010 psi의 작동압력을 가지나 압력등급 400밸브는 670 psi의 작동압력밖에 갖지 못하기 때문이다.

합금강과 스테인리스강에 대한 것은 Table 6.1(b)와 유사한 표의 형태로 ASME B16.34에서 찾아볼 수 있다. 표에 표시되지 않은 압력등급 800밸브의 압력-온도 수용압력은 압력등급 600과 900의 보간으로 계산할 수 있다. 청동이나 주철판재 재질의 압력-온도표는 생산자규격학회의 밸브 및 피팅 산업규격(Manufacturers Standardization Society of the Valve and Fittings Industry Standards)인 MSS SP-70, MSS SP-71, MSS SP-80에서 찾아볼 수 있다. 또한 많은 생산업체의 카탈로그에서도 이러한 정보들을 제공하고 있다.

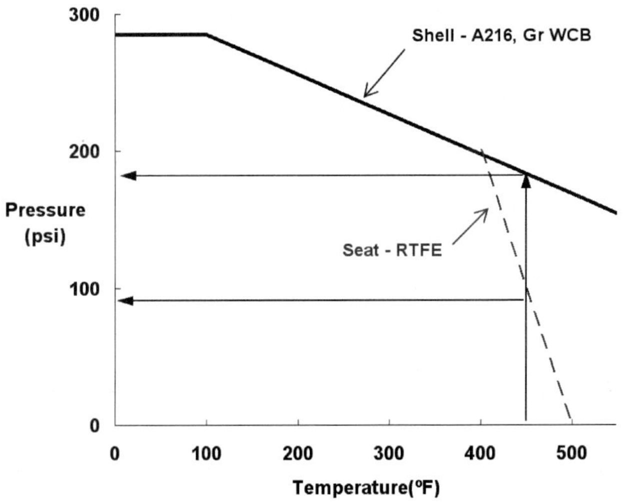

Figure 6.1 Pressure-temperature rating of a Class 150 Ball valve

볼밸브, 버터플라이밸브와 다이어프램밸브와 같이 비금속 시팅 부품을 갖는 밸브들은 금속 용기(shell) 재질에 관한 제한에 더하여 또다른 압력-온도에 관한 제한이 있다. 볼밸브와 버터플라이밸브는 시트는 닫힘 위치에서 작용하는 차압의 관점에서의 압력-온도 수용압력을 갖는다. 이것은 비금속 재질인 시트 링이 온도에 따라 압력에 의한 변형(량)이 다르기 때문이다. 시트 링에 대한 수용압력은 용기재질(shell materials)에 따른 압력등급을 나타내는 경우 표의 형태보다는 그래프의 형태로 표현하는 것이 일반적이다. 압력등급 150의 탄소강 볼밸브에 대한 수용압력을 생산업체에서 제공하는 카탈로그에서 볼 수 있는 것과 유사한 그래프로 표현한 것이 Figure 6.1과 같은 것이다.

Figure 6.1에서 굵은 실선으로 표시한 것은 용기재질의 수용압력을 나타내며, 이는 Table 6.1(b)의 데이터로부터 그래프로 표현한 것이다. 굵은 점선은 RTFE 시트재질에 대한 압력-온도에 따른 수용압력을 나타낸다. 온도 400°F까지는 시트 링의 수용가능압력은 용기재질의 그것과 동등하거나 그 이상인 것으로 보인다. 그러나 온도 400°F 이상부터는 그림에서 보는 바와 같다. 예를 들어 온도 450°F에서 용기재질에 대한 수용가능압력은 185 psi이지만 시트는 90 psi 정도만의 차압을 수용할 수 있다. 이것은 온도 450°F에서 닫힌 밸브는 밸브 몸체(용기)가 파손되거나 그러한 위험이 없이 185 psi까지는 가압할 수 있으나 온전히 유체를 차단하지는 못한다는 것을 의미한다. 누설 없이 이 밸브를 사용하려면 입구압력이 90 psi를 초과하지 않는 곳에서만 사용할 수 있을 것이다.

Figure 6.2는 비금속 시트 링의 재질별 압력-온도 수용가능압력을 나타낸 것으로 제조업체에서 제공하는 압력-온도 수용가능압력 그래프의 하나의 예이다. 어떤 재질을 사용하느냐에 따라 밸브의 크기에 따라 차이가 있으며, 생산업체의 제공 압력-온도 수용가능압력 그래프를 참조하면 해당 밸브의 온도에 따른 수용가능압력을 알 수 있다. 예시한 그래프에서 보는 바와 같이 PEEK재질이 동일한 온도 조건에서 다른 비금속 시트 링에 비해 높은 수용가능압력을 가지며(Figure 6.2), 밸브의 크기가 작을수록 높은 수용가능압력을 갖는다. 이러한 경향은 다이어프램밸브에서도 동일하며, Figure 6.3의 그림에서 이를 확인할 수 있다.

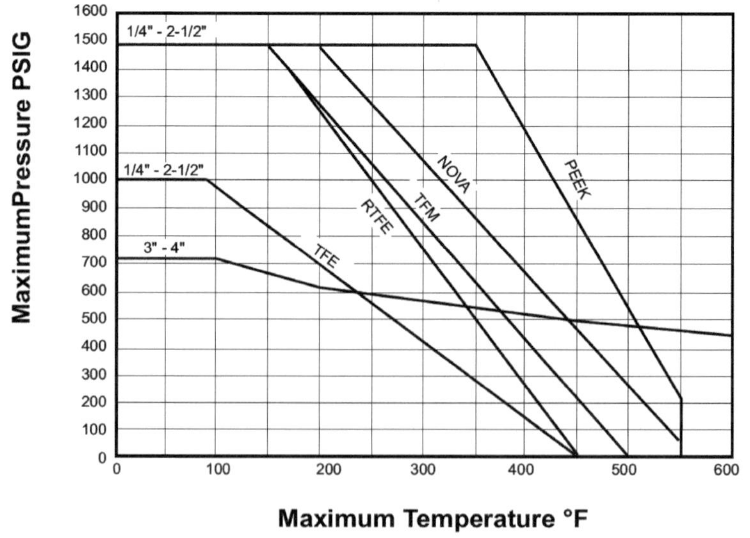

Figure 6.2 Pressure-temperature rating for nonmetallic seat ring materials

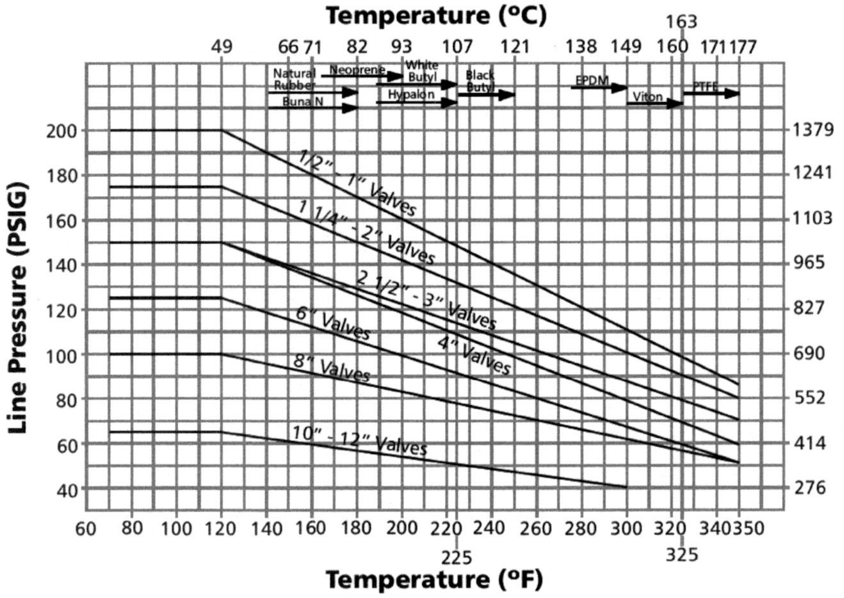

Figure 6.3 Pressure-temperature rating for a diaphragm valve (Courtesy of ITT Corporation. All rights reserved.)

다이어프램밸브에서 다이어프램에 대한 압력-온도 수용압력은 밸브의 압력-온도 수용압력과 같다. 다이어프램밸브 제조업체는 전형적으로 이러한 다이어프램과 밸브의 수용가능압력 데이터를 그래프 형태로 제공한다.

Figure 6.3에서 보는 바와 같이 온도 120°F까지는 일정한 수용압력을 가지며, 온도가 증가할수록 일정하게 감소하는 유사한 군을 가진 형태를 보여준다. 비금속 다이어프램 재질은 낮은 인장강도를 가지며 온도에 더 민감하기 때문에 높은 온도에서 허용압력은 더욱 낮아지고 금속용기에 비해 더 급감하는 감소율을 나타낸다. 밸브의 크기에 따라 다른 수용압력을 갖는 것은 밸브의 크기가 커질수록 이를 수용해야 하는 다이어프램의 부하는 커지기 때문이다. 각기 다른 다이어프램 재질에 대한 이러한 압력-온도 압력등급에 대한 규정은 없기 때문에 모든 재질들은 거의 같은 강도와 온도 특성을 갖는다고 가정해야 한다.

밸브의 압력-온도에 따른 수용압력을 평가하기 위해 Figure 6.3의 온도축을 기준으로 하여 요구되는 밸브의 온도에서의 압력축에서 허용작동압력을 읽는다. 그림에서 4 inch 밸브는 150°F에서 140 psi의 허용압력을 갖는다. 압력-온도 수용압력을 계산할 때 다이어프램 재질별로 최대 사용제한온도가 있음을 꼭 기억해야 한다. 일부 제작업체는 이러한 제한을 수직라인상에 Figure 6.3에서와 같이 표시한다. 일례로 EPDM의 경우 149°C(300°F)의 최대 사용제한온도를 가지며, 그 이상의 온도에서 설사 허용압력 이내라 하더라도 사용할 수는 없을 것이다.

다이어프램밸브에서는 다이어프램밸브의 파손이 다른 밸브에서의 밸브 용기 파손의 그것과 같지는 않다. 다이어프램의 파손은 밸브를 작동할 수 없거나 조절기능을 수행할 수 없는 것이기는 하지만 보닛은 밸브의 용기(shell)를 보전하기 때문에 주변으로 심하게 누설되지는 않는다.

6.4 밸브 표시사항(valve markings)

밸브 규격은 밸브 몸체, 명판에 또는 양쪽 다 포함하여 밸브에 대한 명확한 정보를 표시하도록 하고 있다. 표시해야 하는 정보는 제조자, 밸브용기의 재질, 크기, 압력등급을 포함한다. 밸브에 압력등급 정보를 표시하는 방법은 용기의 재질에 따라, 사용되는 곳에 따라 다르다. 합금강과 스테인리스강을 포함하는 (탄소)강으로 만들어지는 밸브 위에는 150, 300 등으로 단지 압력등급 숫자만 보인다. 청동이나 주철로 만든 밸브에는 보통 두 개의 수로 표시되는데 그 중 하나는 문자 S, SP 또는 SPW, for steam, steam pressure 또는 steam working pressure의 약자로 표시되는 것이다. 이러한 숫자는 압력등급을 나타내는 것이기도 하고 스팀에 사용되는 경우에 스팀의 온도가 용기재질에 대한 최대 허용온도를 초과하여 사용하지 않도록 하기 위해 최대 허용작동압력을 표시하는 것이다. 이 외에 표시되는 문자로는 WOG, designating Water, Oil, Gas의 약자가 있다. 이러한 숫자는 대기온도조건에서 허용작동압력을 뜻하며, 또한 Cold Working Pressure(CWP)로 표시되기도 한다. 문자 WOG 또는 CWP는 비금속 트림재질에 대한 것이 아니고 용기재질에 대해 허용되는 압력을 표시한 것이다. 높은 온도에서 사용되는 것을 전제로 하지 않은 밸브에 표시한다.

CWP Cold working pressure - the maximum allowable pressure under non-shock conditions at ambient temperature (−20～+100°F).

MSS SP-25 Standard Marking System for Valves, Fittings, Flanges and Unions

Chapter 7 밸브 사이징(Valve Sizing)

7.1 밸브 사이징이란?

7.1.1 올바른 밸브 사이징의 중요성

일반적으로 밸브 사이징(크기 선정)은 유체 유동의 기본적인 열유동역학법칙에 기초한다. 이러한 법칙의 적용은 밸브의 특정 기능의 적용 유형과 더불어 사용조건의 가혹 정도에 따라 결정된다. 단순한 차단밸브는 차단기능 외에 유량을 조절하는 기능이 필요하지 않기 때문에 중요 압력강하 없이 100% 유량흐름을 보일 것이다. 이에 반해 유량조절용 밸브는 특정 개도 위치에서 특정한 유량을 내보내고 특정 압력강하가 나타난다. 이러한 이유로 밸브의 크기 선정이라 함은 항상 유량조절용 밸브의 크기 선정이라 할 수 있다.

수동으로 작동하는 차단밸브는 대부분 완전 개도 흐름으로 사용된다. 밸브 내부의 흐름경로상에 유체흐름 단면적 또는 이를 결정하는 내부 부품이 작아, 밸브 입구의 파이프 유체흐름 단면적보다 작다면, 유량의 제한을 받게 될 것이다. 이러한 경우에는 밸브에서 주요 압력강하가 일어나고, 유체흐름량의 감소 원인이 될 것이고, 차단밸브의 주된 사용 목적이 상실된다. 밸브 입구의 관지름보다 더 큰 차단밸브를 설치한다면, 밸브가 크면 클수록 비싸기 때문에 설치비가 더 비싸지게 된다. 따라서 밸브 관지름을 통과하는 유량을 예측하는 것은 밸브 크기 선정을 의미한다. 유량조절용 밸브의 크기가 너무 작으면, 밸브를 통과하는 최대 유량은 제한받을 것이고 시스템의 기능을 저해하게 될 것이다. 유량조절용 밸브의 크기가 지나치게 크면, 더 큰 밸브를 설치하게 됨으로써 추가된 설치비용을 감내해야 한다. 또다른 주요 불이익은 완전 개도 유량은 밸브 중간 개도에서 이루어질 것이고,

이는 밸브 개도의 작은 변화에도 유량의 변화가 심해지기 때문에 유량 조절이 어렵다는 것이다. 더군다나 중간 개도 위치에서 유량을 제어하는 것이 용이하기 때문에 조절 요소가 시트 가까이에서 유량을 제어하는 것은 매우 어렵게 된다. 가장 이상적으로 유량조절용 밸브를 사용하는 것은 필요한 유량 특성과 최대 유량 출력이 완전 개도에서 이루어지도록 하는 것이다.

유량조절용 밸브는 사용자의 사용조건과 제조사의 크기선정 기준에 여러 안전성을 고려하기 때문에 밸브의 크기 선정이 작게(undersized) 되는 경우는 거의 없다. 대다수의 유량조절용 밸브는 여러 안전성을 고려하기 때문에 실제로 크게 선정(oversized)된다. 사용자는 사용처의 최대 사용조건(온도, 압력, 유량 등)을 평상적인 사용조건으로 제공하기 때문이다. 게다가 밸브 제조업체는 밸브의 크기를 선정함에 있어 별도의 안전성 요소들을 추가한다. 밸브 제조업체는 밸브의 크기를 선정함에 있어 밸브의 크기가 크게 선정되는 것을 우려하기보다는 작게 선정되는 것을 방지하기 위해 노력한다. 이러한 일련의 밸브 사이징 방법이 이상적인 것은 아니나 밸브 크기를 크게 선정하는 것이 아직까지는 유용하다.

7.1.2 수동밸브(manual valves)의 밸브 사이징 기준

수동 차단밸브의 기본 기능은 매우 단순한 것으로, 밸브 열림 위치에서는 최대 유량으로 유체를 통과시키고 닫힘 위치에서는 닫아주는 것이다. 따라서 밸브의 크기는 시스템 엔지니어에 의해 이미 크기가 결정된 접속 구경에 의해 결정된다. 수동밸브 제작자는 주어진 유량 성능이 가능한 최소, 최대 밸브 크기와 유량 요구값과의 상관관계를 나타내는 크기 선정차트를 대부분 제공하고 있다.

수동밸브의 밸브 사이징에서 중요한 선택의 기준은 최대 지름(full bore)으로 할 것인지 축소지름(reduced bore)으로 할 것인지 결정하는 것이다. 많은 경우에 있어서 밸브의 사용목적이 최대 유량으로 통과시키는 것인지, 어느 정도의 압력강하를 하려는 것인지에 따른다. 만약 밸브가 청소나 세정을 위해 피그가 배관 내부를 통과해야만 하는 곳에 적용 설치된 경우라면 피그가 파이프 안지름과 같은 크기의 것이 사용되어야 하므로 밸브는 최대 지름으로 선택되어야 한다. 소위 최대 지름 수동밸브라고 하는 밸브의 또다른 적용은 슬러리(slurries)에 설치되거나 혼입물질 또는 미립에 사용되는 것이다. 설치된 밸브가 축소 지름 밸브인 경우 이러한 미립자나 슬러리들은 좁아지는 부분에 정체되고 쌓이는 경향을 가지고 있다. 최대 지름

밸브는 이러한 좁아지는 구간이 없어 걸림 없이 이물질들을 통과시킨다. 축소 지름 밸브와 같이 제한요소가 있으면 유체의 속도가 높으면 높을수록 침식의 위험성이 증대되므로 최대 지름 수동밸브는 또한 유속이 높은 곳에 사용된다.

최대 최소 사용온도, 압력, 유속(량), (스팀의 경우) 비용적(specific volume) 등 여러 사용조건들이 올바른 밸브의 크기 선정을 위해서 필요하다. 극단적인 사용조건만이 아니라 일상의 평균적인 사용조건도 중요하다. 비용적은 보통 압력에 대해 부피를 나타내는 스팀 테이블(steam table)에 의해 사용자에게 제공된다. 대부분의 스팀 테이블은 절대압력(absolute pressure, psia) 기준으로 제공되며, 대기압(atmospheric pressure, psig; 14.7 psi or 1.03 bar) 기준으로 제공되지 않는다. 그에 반하여 게이지 압력(psig)은 대기압 기준으로 맞추어진 단위이다. psig와 동등한 metric 단위는 barg이다.

7.1.3 체크밸브(check valves)의 밸브 사이징 기준

체크밸브 사이징의 가장 중요한 기준은 체크밸브가 열려 있을 때 압력강하(pressure drop)와 최소유량이다. 역류가 있거나 펌프가 일정한 유체흐름을 유지하지 못할 때는 차압이 발생하지 않아 닫힘 밸브기구는 열리지 않고 밸브는 닫힘을 유지할 것이다. 체크밸브의 열림에 필요한 최소 차압은 1 psi(0.07 bar) 정도이다.

이러한 최소 차압은 닫힘 밸브기구가 열림 위치를 유지하는 데 필요한 압력이다. 만일 1 psi 이하로 압력이 떨어지면, 닫힘 밸브기구는 앞뒤로 떠오르며 소위 펄럭임(flutter)이라 부르는 현상을 보인다. 디스크가 시트 가까이로 움직이면 개도가 좁아지면서 압력이 재형성되고 디스크가 열림 방향으로 떠오르게 된다. 이러한 낮은 차압의 상황은 차압이 증가할 때까지 이러한 사이클을 계속 반복함으로써 체크밸브의 수명을 단축시키고 상대적인 움직임이 있는 부분(섭동부)의 마모를 증대시킨다. 최대 압력강하는 체크밸브의 사이즈에 따라 다르지만 거의 10 psi(0.7 bar) 정도이다. 높은 차압(압력강하)은 체크밸브 닫힘기구의 심한 침식의 원인이 된다.

체크밸브 제조사는 제조 밸브의 최소 열림(cracking) 압력을 제공한다. 최소 열림 압력이란 밸브를 여는 데 필요한 최소한의 압력이며, 체크밸브의 타입과 크기에 따르는 고유한 값이다. 이러한 값은 어디든 0.1~0.5 psi(0.01~0.03 bar)이다. 일반적으로 최소 열림 압력(cracking pressure)은 공정의 압력이 극단적으로 낮거나 압력강하가 1.0 psi보다 작지 않는 한 별다른 의미를 갖는 것은 아니다. 그러나 최소 열림 압력은 밸브가 수직라인에 설치되어 공정의 압력에 더하여 중력에 대해서도 열려야 하는 곳에서는 중요할 수 있다. 배관지름이 작을수록 큰 것에 비해 더 높은 값을 갖는다. 배관지름이 클수록 체크밸브의 구성품에 작용하는 힘을 더 크게 하기 때문이다.

체크밸브 사용처의 유량 범위가 폭넓지 않는 한, 밸브의 크기를 정하는 데 최소 유량을 기준으로 정하게 된다. 최소 유량 기준으로 정해진 밸브의 크기가 배관지름에 비해 동등하거나 크다면, 배관지름이 밸브 크기 선정에 사용된다. 예를 들어 제조사의 밸브 크기가 4 inch이고 배관지름은 3 inch인 경우 3 inch 체크밸브가 채택된다. 더 큰 밸브는 유량 측면에서 이점이 없으며 밸브가격은 비싸지고 보다 많은 설치 증대요인을 가져온다. 최소 유량으로 선정된 밸브의 크기가 배관지름보다 작다면 리듀서(reducer)가 설치되고 작은 크기로 선정된 밸브가 설치된다.

사용자는 체크밸브 설계 매개변수(parameter)들이 유량을 만족하고 있는지 확인해야 한다. 유량이 너무 많으면 빈번한 와류와 흐름으로 밸브의 손상을 가져오는 침식의 원인이 되는 압력강하가 발생할 것이다. 이에 반하여 유량이 충분하지 않으면 유량은 밸브 펄럭임의 원인이 된다. 유량은 그것이 중력이든 닫힘 기구의 무게이든 배관의 방향, 스프링의 힘이든 체크밸브의 닫힘 위치를 극복하기 충분해야 한다.

일반적으로 체크밸브의 최대 유속은 11 ft/s(3.4 m/s)이다. 더블디스크 체크밸브와 같은 일부 설계에서 3 ft/s(0.9 m/s)에서 작동되는 것도 있지만 최소 유속은 6~7 ft/s(1.8~2.1 m/s) 정도이다.

7.1.4 유량조절용 밸브(throttling valves)의 밸브 사이징 기준

유량조절용 밸브는 밸브 몸체의 크기, 유형, 공정의 조건과 일치하는 (또는 이에 견디는) 재질, 적정한 압력등급 선정, 올바른 유량특성을 나타내는 것과 같은 밸브를 통과하는 유체흐름을 산정하는 시스템적 방법을 요구한다. 유량조절용 밸브의 수용량을 산정하는 산업기준 규격은 ANSI/ISA Standard S 75.01로 비압축성 유체와 압축성 유체의 유량을 산정하는 필요한 수식을 서술하고 있다. 압축성은 액체와 기체 사이의 문제로 각 수식은 각각에 대해 공식화되어 있고, 이 장에서 다루고 있다.

밸브의 올바른 선택은 공정의 사용조건에 기초한다. 올바른 크기 선정을 위해서는 다음과 같은 사용조건들이 필요하다. 밸브 입구 압력, 최대 최소 온도, 작동 유체의 유형, 평균 유량, 최소 유량, 증기압, 배관 지름, 스케줄(배관 두께), 재질, 최대, 평균, 최소 차압조건, 유체의 비중, 임계압력.

7.2 밸브 사이징 용어

7.2.1 입구압력과 출구압력

공정 시스템에서 대부분의 밸브들은 유체를 통과시키는 것뿐만 아니라 어느 정도는 유체흐름을 제한하도록 설계된다. 밸브를 통과하여 특정 방향으로 흐르도록 하는 공정에서는 입·출구의 압력은 차이가 있어야 한다. 입·출구의 압력이 같다면 유체의 흐름이 없다는 말과 같기 때문이다. 이를 정의하면, 입구압력(upstream pressure)은 밸브의 유체흐름 입구(앞)에서 측정한 압력인 반면, 출구압력(downstream pressure)은 밸브의 유체흐름 출구(뒤)에서 측정한 압력이다.

7.2.2 압력강하(pressure drop): 압력의 차

입구압력과 출구압력의 차이를 압력강하 또는 압력의 차(차압)라고 한다. 압력강하는 유체가 밸브 입구에서 밸브 출구측으로 흐르도록 한다. 이론적으로 압력강하가 클수록 유량은 더 크다.

7.2.3 유량(flow capacity)

가장 일반적으로 적용되는 선정계수는 1.0 psi(0.07 bar)의 압력강하 조건에서 밸브를 통과하는 60°F(16°C)의 물의 양이 1 U.S. gallon(3.8 L)으로 정의되는 밸브 유량계수이다. 이러한 일반적인 수식은 여러 형태로 쓰여지나 다음의 두 가지 방법이 주로 쓰인다.

$$C_v = Q\sqrt{\frac{S_g}{\Delta P}}$$

$$C_v = Q/\sqrt{\frac{\Delta P}{S_g}}$$

여기서, C_v: 밸브에 요구되는 유량계수(required flow coefficient for the valve)

Q: 유량(flow rate, gal/min)

S_g: 유체의 비중(specific gravity of the fluid)

ΔP: 압력강하(pressure drop, psi)

올바르게 계산된 유량계수 C_v가 밸브의 개도에 따라 공정의 제어가 안정적으로 운전되는 것을 전제로 하여 밸브가 요구되는 유량을 만족하면 올바른 트림 크기(또는 밸브의 유량통과 면적)가 선정된 것임을 의미한다.

7.2.4 실제 압력강하(actual pressure drop)

압력강하의 또다른 용어, 실제 압력강하(ΔP)는 밸브 입구측 압력과 출구측 압력 사이의 차이로 정의된다. 초크 압력강하와 실제 압력강하를 비교하고 실제압력강하가 더 작을 때 실제 유량강하가 유량계수 선정 수식에 사용된다.

7.2.5 초크 압력강하(choked pressure drop)

유량계수 수식은 압력강하가 증가하면 유량이 비례적으로 증가한다는 전제하에 사용하는 것이다. 하지만 압력강하가 더 증가해도 밸브의 유량이 증가하지 않는 한계점이 존재한다.

Figure 7.1에서 나타난 것과 같이, 일정한 밸브 입구측 압력을 갖는 액체에서 유량 Q는 압력강하의 제곱근으로 비례하고 일정한 상수 C_v의 값을 갖는다. 밸브에 초크 현상이 시작되면 유량곡선은 선형적 관계에서 떨어지기 시작한다. 초크가 발생한 상태에서는 액체에서는 캐비테이션, 기체에서는 음속이 존재하도록 하는 원인이 되는 최대 한계조건에 도달하게 된다.

밸브의 유형에 따라 선형적 관계에서의 이탈은 각각 다른 영역에서 어떤 것은 점차적으로, 또 어떤 것은 급격하게 발생할 것이다. 예를 들면, 글로브 유형의 밸브들은 초크 현상 없이 높은 압력강하에서도 조절가능한 경향이 있는 반면에, 회전형(rotary) 밸브들은 낮은 압력강하에서도 캐비테이션 현상과 초크 현상이 발생하는 경향이 있다.

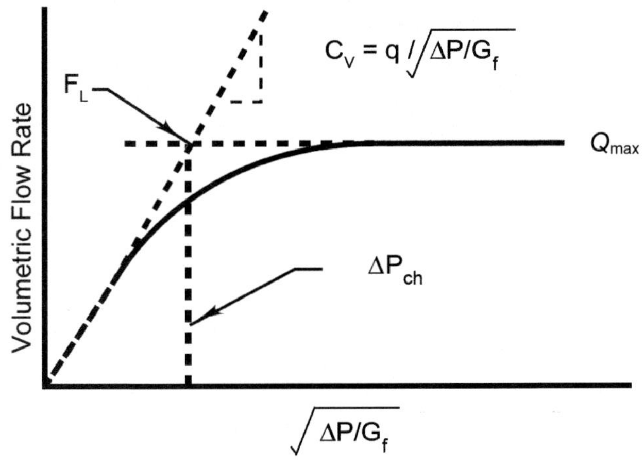

Figure 7.1 Maximum flow rate occurring due to choked conditions

이를 쉽게 설명하기 위해 초크 흐름이 발생하는 이론적인 지점을 나타내기 위해 초크 압력강하(choked pressure drop)란 용어를 사용하며, 일정한 값을 갖는 유량계수 C_v 직선과 최대 한계유량 $Q_{\max}$과의 교차점을 의미한다. 이 지점을 액체압력회복계수 F_L이라고 한다. ANSI/ISA 사이징 수식은 액체에서 초크 흐름이 발생하는 이론적인 지점($\Delta P_{\max}$)을 계산하는 데 있어 액체압력회복계수 F_L을 사용함으로써 공정에서 초크 현상이 발생하지 않도록 밸브를 사이징할 수 있도록 한다.

기체에서는 특정 밸브에 대해 초크 압력강하를 나타내기 위해 열압력강하비 x_T가 사용된다.

7.2.6 허용 압력강하(allowable pressure drop)

허용 압력강하 ΔP_a는 실제 압력강하와 초크 압력강하 중에서 작은 값으로 적정한 유량계수 C_v를 계산하는 데 사용된다. 액체에서 유량계수 C_v를 계산하는 경우 허용 압력강하를 사용할 때는 언제나 다음 사항들을 고려해야 한다. 첫째, 입구압력 P_1이 진공압에 너무 가깝지 않은가, 둘째, 출구압력 P_2가 진공압에 너무 가깝지 않은가, 셋째, 실제 압력강하가 입구압력 P_1과 비교하여 너무 크지 않은가 하는 것이다. 만일 위의 세 가지 조건 중에서 하나의 경우라도 사용자는 허용 압력강하를 계산해야 하며, 실제 압력강하와도 비교하여 작은 값을 사용해야 한다.

7.2.7 초기 캐비테이션과 진행 캐비테이션(incipient and advanced cavitation)

액체에 적용된 밸브의 가장 협소한 구간(vena contracta)을 유체가 통과할 때 속도는 증가하고 압력은 감소한다. 압력강하가 특정부의 유체에서 증기압보다 낮아지면 기포를 형성하기 시작한다. 유체는 용기의 더 넓은 영역이나 출구측으로 이동하고 어느 지점에 가면 압력은 회복된다. 이러한 압력은 증기압 이상으로 증가하고 기포는 붕괴되고 폭발한다. 이러한 기포가 형성되고 폭발하는 2단계의 과정을 캐비테이션이라고 하며, 금속 표면에 침식을 가져와 밸브 손상의 원인이 된다.

압력강하 관점에서 기포가 형성되기 시작하는 지점을 초기 캐비테이션(incipient cavitation)이라 하며, 캐비테이션이 최고점에 이르는 압력 지점을 진행 캐비테이션(advanced cavitation)이라고 한다. 진행 캐비테이션의 경우 초크 현상이 발생하고 밸브의 기능이라 할 수 있는 유량 성능인 유체흐름은 증가하지 않는다. 진행 캐비테이션이 발생하는 지점은 예측할 수 있으며, 이를 예측하기 위해서는 액체 캐비테이션 계수 F_i를 사용하여 압력강하를 계산해야 한다. 캐비테이션의 원인과 영향에 대한 보다 자세한 내용은 밸브의 공통문제점에서 다루기로 한다.

7.2.8 플래싱(flashing)

출구측의 압력이 증기압 이하 또는 증기압 이상으로 회복되지 않으면 유체 안의 기포는 유지되고 액체와 기체가 혼입된 상태로 밸브 출구로 이동하게 된다. 이러한 현상을 플래싱이라고 한다. 플래싱의 대표적인 문제는 빠른 유속과 밸브 부품의 마모이다. 플래싱에 대한 보다 자세한 내용은 밸브의 공통문제점에서 다루기로 한다.

7.2.9 액체압력회복계수(liquid pressure-recovery factor)

액체압력회복계수 F_L은 밸브의 기하학적 형상이 그 밸브의 최대 수용능력을 결정하며 이를 예측하는 것으로 유체 사이징의 임계요소가 된다. 액체압력회복계수 F_L은 밸브의 가장 협소한 구간(or vena contracta)과 밸브의 출구 사이에서 어느 정도 압력회복이 되는지 예견하는 데 사용된다.

액체압력회복계수 F_L은 제조자의 특정 밸브에 대한 유량특성시험을 통해 제공된다. 액체압력회복계수 F_L은 밸브의 내부 구조에 따라 매우 상이할 수 있다. 일반적으로 회전형 밸브, 볼밸브나 버터플라이밸브에서는 밸브 협소구간 이후의 높은 회복압력으로 글로브밸브에 비해 낮은 압력강하에서도 초크 현상이나 캐비테이션이 쉽게 발생하는 경향이 있다. 대부분의 경우 글로브밸브는 회전형 밸브와 비교하여 보다 더 나은 액체압력회복계수를 가지며, 가혹한 조건에서 견딜 수 있는 밸브이다.

7.2.10 액체임계압력비(liquid critical-pressure ratio)

액체임계압력비 F_F는 유체가 밸브를 통과할 때 최대효율 압력강하(또는 다른 용어로 초크 압력강하)가 발생하는 최소협소구간에서의 이론적인 압력을 예견할 수 있기 때문에 중요하다.

7.2.11 초크 흐름(choked flow)

액체가 적용되는 곳에서 캐비테이션이나 플래싱의 존재는 유체의 비체적을 크게 한다. 체적의 증가는 유량이 차압에 의해 증가하면 더욱 커진다. 이 지점에서 출구압력을 더 낮춘다 하더라도 추가적으로 유량을 증가시킬 수는 없다.

가스와 증기에서는 유체가 밸브 내에서 또는 출구측 어느 지점에서 마하 1 또는 그 이상인 음속의 수준까지 도달하면 초크 현상이 발생한다. 질량에너지 기본법칙에 의하면 밸브 내의 국부적 축소 구간에서는 압력이 감소하고 속도는 증가한다. 압력이 낮아짐에 따라 유체의 비체적은 음속에 도달하는 지점까지 증가한다.

가스에 대해 마하 1, 액체에서는 50 ft/s(12.7 m/s) 속도의 제한 때문에 협소구간 또는 출구로 흐르는 유체는 음속에 의해 허용되는 유량으로 제한을 받는다.

7.2.12 속도(velocity)

일반적으로 밸브의 형태에 따라 실제 크기는 다를 수 있지만 밸브의 크기가 작을수록 큰 크기의 밸브에 비해 높은 속도를 다루기가 더 용이하다. 액체인 경우 밸브 출구의 최대 속도의 일반적인 기준은 50 ft/s(12.7 m/s)이고, 기체의 경우 마하 1로 제한된다. 캐비테이션이나 플래싱이 존재하는 액체와 기체의 혼합물을 생성하는 높은 속도에서는 보통 500 ft/s(127 m/s)까지 제한한다. 일부 액체의 경우 예외는 있다. 포화점에 가까운 온도에서 사용하는 경우 속도는 약 30 ft/s(7.6 m/s)

보다 작아야 한다. 이 낮은 속도는 유체가 기포를 형성하게 하는 증기압 이하로 떨어지는 것을 막을 수 있기 때문이다. 속도 30 ft/s(7.6 m/s)의 제한은 최소한의 압력강하로 완전 열림 유량을 확보해야 하는 밸브에도 적용된다. 증기압 이하로 압력강하가 일어나고 캐비테이션이 발생하는 밸브는 밸브로부터 출구배관으로 확산될 수 있는 캐비테이션의 피해를 최소화하기 위해 유체속도를 30 ft/s(7.6 m/s)로 제한해야 한다. 유체의 속도를 제한하는 것이 불가능한 경우, 사용자는 밸브 내에서 압력회복이 이루어지고 이에 따른 캐비테이션 손상이 이루어지도록 국한하여 출구 배관으로의 손상이 이어지지 않도록 해야 한다. 배관을 보호하기 위해 밸브를 희생해야 하는 것이 원칙이다.

7.2.13 레이놀즈 계수(Reynolds-number factor)

일부 공정은 (오일과 같이) 층류 흐름을 갖는 비난류 흐름 조건으로 분류된다. 층류흐름 유체는 점도가 높고 낮은 속도로 운전되는 극히 작은 유량에서 볼 수 있다. 레이놀즈 계수 F_R은 적절한 C_v 수식을 선택하는 데 사용된다. 대부분의 경우 점도가 매우 낮은 경우(예를 들어 SAE10 motor oil보다 낮은), 레이놀즈 수는 중요한 계수이다.

7.2.14 배관형상계수(piping-geometry factor)

밸브의 유량성능은 확관 또는 축관의 사용과 같은 비규격 배관형태에 영향을 받으며 배관형상계수 F_P를 사용하여 교정해야 한다.

규격 C_v 시험은 밸브 제조자가 밸브와 동일한 관지름의 배관에서 수행한 결과이다. 밸브보다 더 큰 배관 또는 더 작은 배관을 사용하거나 엘보 배관에 인접하면 유량계수값을 낮출 수 있으므로 밸브 사이징에서 이를 고려해야 한다.

7.2.15 팽창계수(expansion factor)

가스를 사용하는 경우 유체의 비중은 가스가 밸브 입구에서부터 최협소구간을 통과하면서 변화된다. 팽창계수 Y는 가스의 이러한 변화를 보상하는 데 사용된다. 팽창계수는 최협소구간(vena conracta) 통과단면적의 그 구간에서의 변화하는 압력강하와 같은 변화를 보정하는 데 중요하다.

7.2.16 비열의 비(ratio of specific heats factor)

일부 가스는 어느 정도 조정이 필요하지만 가스에 대한 C_v 수식은 공기에 기준한다. 비열의 비는 이러한 가스들의 개별적인 C_v 수식을 보정하는 데 사용된다.

7.2.17 종단 압력강하비(terminal pressure-drop ratio)

가스에서 초크가 발생하는 밸브(출구 측 압력을 낮추는 등 압력강하를 증가시켜도 밸브의 유량을 증가시킬 수 없음을 의미하는)는 종단 압력강하비 x_T로 예측된다. 액체압력회복계수(liquid pressure-recovery factor) F_L에서 보여주는 것과 같이 종단 압력강하비 x_T는 밸브의 기하학적 형태에 영향을 받으며 밸브의 형태와 각 크기에 따라 변화한다.

7.2.18 압축성 계수(compressibility factor)

가스의 밀도는 온도와 압력에 따라 변화하기 때문에 유체의 압축성은 C_v 수식에 고려해야 한다. 따라서 압축성 계수(compressibility factor) Z는 수식에 포함되며, 온도와 압력의 함수이다.

7.3 액체용 컨트롤 밸브 사이징

(body sizing of liquid-service control valves)

7.3.1 기본 액체 사이징 수식(basic liquid sizing equation)

액체 C_v 사이징 수식은 유량성능을 계산하기 위한 실제 압력강하(입구측 압력과 출구측 압력의 차)를 사용하는 대부분의 액체에 적용하는 일반적인 목적의 수식이다. 흐름이 층류가 아니면, 사이징을 하기 위해 액체 C_v 사이징 수식은 다음의 단계로 계산될 수 있다.

$$C_v = \frac{Q}{F_P}\sqrt{\frac{S_g}{\Delta P_a}}$$

여기서, C_v: 밸브의 유량계수(valve-sizing coefficient)

F_P: 배관형상함수(piping geometry function)

Q: 유량(flow rate, gal/min)

S_g: 유체의 비중(specific gravity at flowing temperature)

ΔP_a: 허용압력강하(allowable pressure drop across the valve, psi)

7.3.2 실제 압력강하 계산(actual-pressure-drop calculation)

허용 압력강하를 계산하기 전에 다음의 수식을 이용하여 실제 압력강하를 계산해야 한다.

$$\Delta P = P_1 - P_2$$

여기서, ΔP: 실제 압력강하(actual pressure drop, psi)

P_1: 입구측 압력(at valve inlet, psi)

P_2: 출구측 압력(at valve outlet, psi)

7.3.3 초크 흐름, 캐비테이션, 플래싱 계산 (choked flow, cavitation, and flashing determination)

초크 현상 발생지점은 다음 수식으로 예측된다.

$$\Delta P_{\text{choked}} = F_L^2(P_1 - F_F P_V)$$

여기서, ΔP_{choked}: 초크 압력강하(choked pressure drop, psi)

F_L: 액체압력회복계수(liquid pressure-recovery factor)

F_F: 액체임계압력비(liquid critical-pressure-ratio factor)

P_V: 액체의 증기압력(입구온도에서의, psi)

보통 제조사는 액체압력회복계수 F_L을 제공한다. Table 7.1은 유량조절용 선형 글로브와 회전형 밸브에 대한 대표적인 액체압력회복계수 F_L을 보여준다.

ΔP_{choked} 수식에 이어서 액체임계압력비(liquid critical-pressure ratio) F_F는 다음 수식에 의해 계산된다.

Table 7.1 대표적인 액체압력회복계수 F_L

밸브 유형	흐름 방향	트림 면적	F_L
선형 글로브밸브	오버시트	완전 개도	0.85
	오버시트	축소 개도	0.80
	언더시트	완전 개도	0.90
	언더시트	축소 개도	0.90
버터플라이밸브	60° 개도	완전 개도	0.76
	90° 개도	완전 개도	0.56
볼밸브	60° 개도	완전 개도	0.78
	90° 개도	완전 개도	0.66

$$F_F = 0.96 - 0.28\sqrt{\frac{P_V}{P_C}}$$

여기서, F_F: 액체임계압력비(liquid critical-pressure ratio)

P_C: 액체의 임계압력(critical pressure of the liquid, psia)

P_V: 액체의 증기압력(vapor pressure of the liquid, psia)

공통된 기체와 액체의 임계압력은 Table 7.2에서 찾을 수 있다. 계산된 초크 압력강하 ΔP_{choked}가 실제 압력강하 ΔP보다 작으면 ΔP_{choked}값은 C_v 수식에서 실제 압력강하 ΔP_a로 사용되어야 할 것이다.

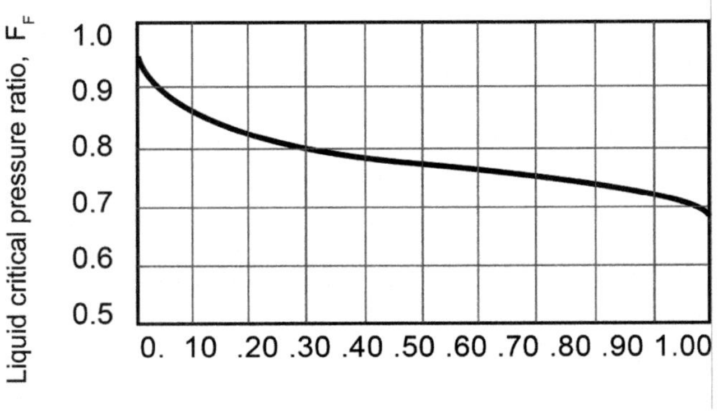

$$\frac{P_V = \text{액체의 증기압력(vapor pressure of the liquid, psia)}}{P_C = \text{액체의 임계압력(critical pressure of the liquid, psia)}}$$

진행 캐비테이션이 어떤 압력강하에서 일어나는지는 다음 수식으로 계산된다.

$$\Delta P_{cavitation} = F_i^2(P_1 - P_V)$$

여기서, $\Delta P_{cavitation}$: 진행 캐비테이션 압력강하

F_i: 액체 캐비테이션 계수

공통된 밸브 유형에 대한 전형적인 액체 캐비테이션 계수는 Table 7.3과 같다.

Table 7.2 Critical pressures for common process fluids

Liquid	Critical Pressure (psia/bar)	Liquid	Critical Pressure (psia/bar)
Ammonia	1636.1/112.8	Isobutane	529.2/36.5
Argon	707.0/48.8	Isobutylene	529.2/36.5
Benzene	710.0/49.0	Kerosene	350.0/24.1
Butane	551.2/38.0	Methane	667.3/46.0
Carbon Dioxide	1070.2/73.8	Nitrogen	492.4/33.9
Carbon Monoxide	507.1/35.0	Nitrous Oxide	1051.1/72.5
Chlorine	1117.2/77.0	Oxygen	732.0/50.5
Dowtherm A	547.0/37.7	Phosqene	823.2/56.8
Ethane	708.5/48.8	Propane	615.3/42.5
Ethylene	730.5/50.3	Propylene	670.3/46.2
Fuel Oil	330.0/22.8	Refrigerant 11	639.4/44.1
Gasoline	410.0/28.3	Refrigerant 12	598.2/41.2
Helium	32.9/2.3	Refrigerant 22	749.7/51.7
Hydrogen	188.1/13.0	Seawater	3200.0/220.7
Hydrogen Chloride	1205.4/83.1	Water	3208.2/221.2

Table 7.3 대표적인 액체 캐비테이션 계수 F_i*†

밸브 유형	흐름 방향	트림 면적	F_i
선형 글로브밸브	오버시트	완전 개도	0.75
	오버시트	축소 개도	0.72
	언더시트	완전 개도	0.81
	언더시트	축소 개도	0.81
버터플라이밸브	60° 개도	완전 개도	0.65
	90° 개도	완전 개도	0.49
볼밸브	60° 개도	완전 개도	0.65
	90° 개도	완전 개도	0.44

* Data courtesy of Flowserve, Valtek.

† Note: All values provided at full open.

7.3.4 비중 산정(specific-gravity determination)

유체의 비중 S_g값은 작동온도와 비중 데이터 참조표를 사용하여 계산할 수 있다.

7.3.5 근사유량계수 계산(specific-gravity determination)

이러한 지점에서 계산된 값을 이용하여, 소절 7.3.1로부터 액체에 대한 유량계수 사이징 수식을 사용하여 근사유량계수가 계산되어야 한다. 이 계산에서 배관형상계수 F_P는 1.0으로 가정한다. 밸브가 점성이 높고 저속의 흐름인 층류에서 사용되지 않는 경우에는 비난류의 영향은 무시할 수 있다.

7.3.6 근사 몸체 크기 선정(approximate body size selection)

제조자의 유량계수표를 사용하여, 계산된 유량계수를 만족하는 최소 크기의 밸브 몸체 크기가 선정된다. 대표적인 유량계수 데이터는 Figure 7.2와 같다.

7.3.7 레이놀즈 계수 계산(Reynolds-number-factor calculation)

레이놀즈 계수 산정에는 다음의 수식을 이용한다.

$$\mathrm{Re}_V = \frac{N_4 F_d Q}{\nu\sqrt{F_L C_v}}\left(\frac{F_L^2 C_v^2}{N_2 d^4} + 1\right)^{0.25}$$

여기서, Re_V: 밸브의 레이놀즈 수(valve Reynolds number)

N_4: 17,300(유량이 분당 겔론이고 지름이 인치단위일 때 – when Q is in ga1/min and d in inches)

F_d: 밸브형태 교정계수(va1ve sty1e modifier, see Tab1e 7.4)

ν: 동점성계수(kinematic viscosity, centistokes, μ/S_g)

C_v: 밸브유량계수(valve flow coefficient, from Sec. 7.3.1)

N_2: 890(지름의 단위가 인치일 때 – when d is in inches)

d: 밸브입구지름(valve inlet diameter, inches)

Valve Type: Mark One, Unbalanced Body Rating: Class 900-1500 Trim Characteristics: Quick Open Flow Direction: Flow Over														
Size	Trlm No	Stroke	F_L	Percent Open										Seat Area
				100	90	80	70	60	50	40	30	20	10	
1.00	0.81	0.75	0.87	9.0	8.9	8.9	8.7	8.8	8.6	7.5	5.7	3.5	1.9	0.52
1.50	1.25	1.00	0.85	24	24	24	24	24	21	18	13	8.7	4.9	1.23
2.00	1.62	1.50	0.87	41	41	40	40	39	39	34	26	15	8.1	2.06
3.00	2.00	2.00	0.86	106	105	105	104	104	94	81	62	39	21	5.41
4.00	3.50	2.50	0.87	185	185	183	181	178	162	139	105	88	37	9.62
6.00	5.00	3.00	0.85	382	381	381	380	355	317	270	210	140	75	19.63

Note: All C_v values am shown at 100% open - For each valve shown below, the full area values are shaded. Reduced trim values follow, in descending order.

Figure 7.2 Typical manufacturer's C_v data (Courtesy of Flowserve, Valtec)

Table 7.4 Valve recovery coefficient and incipient cavitation factors*

Valve Type	Flow Direction	Trim Size	F_L	F_i	x_T	F_d
Globe	Over Seat	Full Area	0.85	0.75	.70	1.0
	Over Seat	Reduce Area	0.80	0.72	.70	1.0
	Under Seat	Full Area	0.90	0.81	.75	1.0
	Under Seat	Full Area	0.90	0.81	.75	1.0
Valdisk	60 Open	Full	0.76	0.65	.36	0.71
Rotary Disc	90 Open	Full	0.56	0.49	.26	0.71
ShearStream	60 Open	Full	0.78	0.65	.51	1.0
Rotaly Ball	90 Open	Full	0.66	0.44	.30	1.0
CavControl	Over Seat	All	0.92	0.9	N/A	.2/D
MegaStream	Under Seat	All	~1.0	N/A	~1.0	$(n_s/25d)^{2/3}$**
ChannelStream	Over Seat	All	~1.0	0.87 to 0.999	N/A	.040*
Tiqer-Tooth	Under Seat	All	~1.0	0.84 to 0.999	~1.0	.035*

* Typical ** n_s=number of stages

NOTE: Values are given for full open valves. See charts below for part-stroke values.

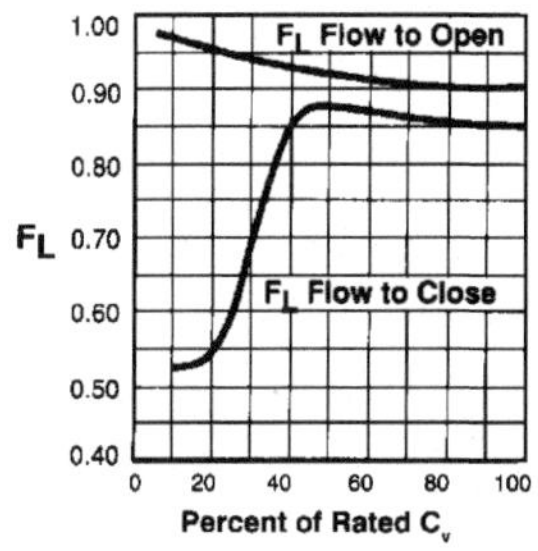

Globe Valve F_L Values

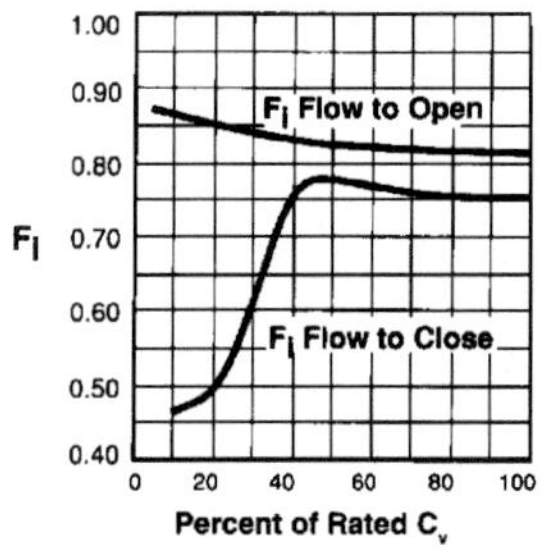

Globe Valve F_l Values

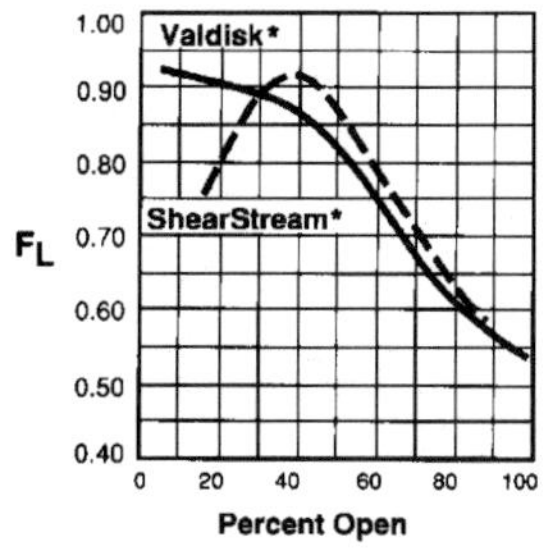

Rotary Disc Valve F_L Values

Courtesy of Flowserve, Valtek.

밸브의 레이놀즈 수가 40,000과 같거나 그 이상($Re_V \geq 40,000$)인 경우, 레이놀즈 계수로 1.0이 사용되어야 한다. 다음 수식은 레이놀즈수가 40,000 이하($Re_V \leq 40,000$)인 경우에 적용한다.

$$F_R = 1.044 - 0.358\left(\frac{C_{vS}}{C_{vT}}\right)^{0.655}$$

다음 수식을 이용하여

$$C_{vS} = \frac{1}{F_S}\left(\frac{Q\mu}{N_S \Delta P}\right)^{2/3}$$

$$F_S = \frac{F_d^{2/3}}{F_L^{1/3}}\left(\frac{F_L^2 C_v^2}{N_2 d^4} + 1\right)^{1/6}$$

여기서, C_vS: 층류흐름의 유량계수(laminar flow C_v)

C_{vT}: 난류흐름의 유량계수(turbulent flow C_v; the C_v is used from the liquid C_v equation in Sec. 7.3.1)

F_S: 층류 또는 유선이 일정한 흐름의 계수(laminar or streamline flow factor)

N_2: 890(지름의 단위가 인치인 경우, when d is in inches)

N_4: 17,300(유량이 분당 갤론이고 지름의 단위가 인치인 경우, when Q is in gal/min and d is in inches)

N_S: 47(유량이 분당 갤론이고 압력차가 psi 단위인 경우, when Q is in gal/min and ΔP is in psi)

μ: 절대점성(absolute viscosity; centipoise)

7.3.8 유량계수 재계산(flow-coefficient recalculation)

레이놀즈 계수가 0.48(F_R<0.48) 이하에서는 층류로 본다. 이것은 소절 7.3.7에서 계산된 층류의 유량계수 C_{vS}가 그 흐름의 유량계수 C_v가 됨을 의미한다.

레이놀즈 계수가 0.98(F_R>0.98)보다 크면, 흐름은 난류인 것으로 보며, 값은 1.0(F_R=1.0)으로 가정한다. 이 지점에서 유량계수는 소절 7.3.1에서의 기본 액체 사이징 수식에서 계산된다. 이러한 상황에서는 배관형상계수 F_P는 고려하지 않으며, 유량계수 수식에서도 표현하지 않는다.

레이놀즈 계수 F_R이 0.48에서 0.98 사이이면, 흐름은 천이단계(transitional stage)로 보며, 다음 수식에 의해 계산된다.

$$C_v = \frac{Q}{F_R}\sqrt{\frac{S_g}{\Delta P}}$$

여기서, F_R: 레이놀즈 계수(Reynolds-number factor)

S_g: 흐름 유체의 온도에서의 비중(specific gravity at flowing temperature)

7.3.9 배관형상계수 계산(piping-geometry-factor calculation)

배관형상계수를 계산하기 위해서는 배관의 안지름이 필요하다. 배관의 크기가 제공되지 않거나 모르는 경우 소절 7.3.6에서 계산된 몸체의 크기를 배관의 크기로 계산할 수 있다. Table 7.5, 7.6은 배관형상계수를 계산하기 위해 사용될 수 있다. Table 7.7은 밸브의 입출구에 축관이나 확관 연결이 있는 경우 밸브의 배관형상계수를 제공한다. Table 7.8은 밸브의 출구에만 축관이나 확관 연결이 있는 경우 밸브의 배관형상계수를 제공한다. 최대 영향 압력강하($\Delta P_{\mathrm{choked}}$로 정의되는)는 확관과 축관의 사용에 영향을 받는다.

Table 7.5 Piping-geometry factors for valves with reducers and increasers on both ends*,†

C_v/d^2	d/D				
	0.50	0.60	0.70	0.80	0.90
4	0.99	0.99	1.00	1.00	1.00
6	0.98	0.99	0.99	1.00	1.00
8	0.97	0.98	0.99	0.99	1.00
10	0.96	0.97	0.98	0.99	1.00
12	0.94	0.95	0.97	0.98	1.00
14	0.92	0.94	0.96	0.98	0.99
16	0.90	0.92	0.95	0.97	0.99
18	0.87	0.90	0.94	0.97	0.99
20	0.85	0.89	0.92	0.96	0.99
25	0.79	0.84	0.89	0.94	0.98
30	0.73	0.79	0.85	0.91	0.97
35	0.68	0.74	0.81	0.89	0.96
40	0.63	0.69	0.77	0.86	0.95

* Courtesy of Flowserve, Valtek.

† Note: The maximum effective pressure drop (ΔP choked) may be affected by the use of reducers and increasers. This is especially true of butterfly valves.

7.3.10 최종유량계수 계산(final-flow-coefficient calculation)

배관형상계수를 계산한 후에 액체 유량계수 수식에 이를 적용하여 최종적으로 유량계수를 계산한다.

7.3.11 밸브 출구속도 계산(valve exit-velocity calculation)

소절 7.2.12에서 다룬 바와 같이 액체의 속도에 대해 일반적으로 밸브-작은 밸브일수록 더 빠른 속도가 되고 밸브가 클수록 저속이 되는 등 변화되기는 하지만 50 ft/s(15.2 m/s)의 속도로 제한해야 한다.

밸브의 출구속도는 다음 수식을 이용하여 계산한다.

$$V = \frac{0.321\,Q}{A_V}$$

여기서, V: 속도(velocity, ft/s)

A_V: Table 7.9로부터의 밸브 입출구의 흐름 단면적(Area of valve body port, square inches)

출구속도가 적용처의 수용가능 속도를 초과하면, 마모로부터의 손상을 방지하기 위해 더 큰 밸브를 선택해야 한다. 더 큰 밸브가 선택되면 배관형상계수가 바뀔 것이고, 새로운 유량계수가 계산된다.

Table 7.6 Piping-geometry factors for valves with reducers and increasers on outlet only[*,†]

C_v/d^2	d/D				
	0.50	0.60	0.70	0.80	0.90
4	1.00	1.00	1.00	1.00	1.00
6	1.01	1.01	1.01	1.01	1.01
8	1.01	1.02	1.02	1.02	1.01
10	1.02	1.03	1.03	1.03	1.02
12	1.03	1.04	1.04	1.04	1.03
14	1.04	1.05	1.06	1.05	1.04
16	1.06	1.07	1.08	1.07	1.05
18	1.08	1.10	1.11	1.10	1.06
20	1.10	1.12	1.12	1.12	1.08
25	1.17	1.22	1.24	1.22	1.13
30	1.27	1.37	1.42	1.37	1.20
35	1.44	1.65	1.79	1.65	1.32
40	1.75	2.41	3.14	2.41	1.50

* Data courtesy of Flowserve Valtek.

† Note: d = valve port inside diameter in inches; D = internal diameter of the piping in inches.

7.3.12 트림 사이즈 선정(trim-size selection)

컨트롤 밸브 제조자는 특정 밸브의 형태와 흐름의 방향, 몸체의 압력등급, 흐름 특성, 밸브의 시트, 실(seal), 행정거리에 대해 기준한 유량계수값들을 제공한다. 일부 제공값들은 열림 정도에 따라 다를 수 있다. 왜냐하면, 일부 유량제어는 전 행정을 사용하지 않을 수 있기 때문이다.

밸브 몸체의 크기, 유량특성, 흐름 방향 등의 기준에 의해 작성된 제조자의 유량계수값을 사용하여 시트 또는 실의 밸브 열림의 올바른 크기가 선정되어야 한다. 이러한 열림과 치수를 소위 트림넘버(trim number)라고 한다. 글로브밸브 형태의 밸브는 트림번호에 대한 선택사양이 있는데 밸브 크기에 대해 최대의 크기를 갖는 열림 지름인 경우 풀 트림넘버(full-area trim number)라 하고, 밸브의 크기에 대해 점차적으로 작은 열림 지름으로 이에 따라 작은 유량계수값을 갖도록 하는 소위 리듀스드 트림넘버(reduced-area trim numbers)라고 하는 여러 개의 트림을 가질 수 있다.

Table 7.7 Piping-geometry factors, with reducers or increasers on both inlet and outlet of valve*,†

C_v/d^2	d/D				
	0.50	0.60	0.70	0.80	0.90
4	0.99	0.99	1.00	1.00	1.00
6	0.98	0.99	0.99	1.00	1.00
8	0.97	0.98	0.99	0.99	1.00
10	0.96	0.97	0.98	0.99	1.00
12	0.94	0.95	0.97	0.98	1.00
14	0.92	0.94	0.96	0.98	0.99
16	0.90	0.92	0.95	0.97	0.99
18	0.87	0.90	0.94	0.97	0.99
20	0.85	0.89	0.92	0.96	0.99
25	0.79	0.84	0.89	0.94	0.98
30	0.73	0.79	0.85	0.91	0.97
35	0.68	0.74	0.81	0.89	0.96
40	0.63	0.69	0.77	0.86	0.95

* Data courtesy of Flowserve, Valtek.

†Note: d = inside diameter of valve port (inches); D = inside diameter of piping (inches).

Table 7.8 Piping-geometry factors with reducer or increaser on outlet of valve*,†

C_v/d^2	d/D				
	0.50	0.60	0.70	0.80	0.90
4	1.00	1.00	1.00	1.00	1.00
6	1.01	1.01	1.01	1.01	1.01
8	1.01	1.02	1.02	1.02	1.01
10	1.02	1.03	1.03	1.03	1.02
12	1.03	1.04	1.04	1.04	1.03
14	1.04	1.05	1.06	1.05	1.04
16	1.06	1.07	1.08	1.07	1.05
18	1.08	1.10	1.11	1.10	1.06
20	1.10	.1.12	1.12	1.12	1.08
25	1.17	1.22	1.24	1.22	1.13
30	1.27	1.37	1.42	1.37	1.20
35	1.44	1.65	1.79	1.65	1.32
40	1.75	2.41	3.14	2.41	1.50

* Data courtesy of Flowserve, Valtek.

† Note: d = inside diameter of valve port (inches); D = inside diameter of piping (inches).

7.3.13 플래싱 속도계산(flashing-velocity calculation)

소절 7.2.8에서 언급했듯이 밸브의 출구압력이 증기압 이하이면, 증기 기포는 기체의 상태를 유지하고 기체액체혼합물 형태로 출구로 흐르게 된다. 증가된 속도의

Table 7.9 Valve port areas[*,†]

Valve Size (inches)	Valve Outlet Area, A_v(square inches)						
	Class 150	Class 300	Class 600	Class 900	Class 1500	Class 2500	Class 4500
1/2	0.20	0.20	0.20	0.20	0.20	0.15	0.11
3/4	0.44	0.44	0.44	0.37	0.37	0.25	0.20
1	0.79	0.79	0.79	0.61	0.61	0.44	0.37
1 ½	1.77	1.77	1.77	1.50	1.50	0.99	0.79
2	3.14	3.14	3.14	2.78	2.78	1.77	1.23
3	7.07	7.07	7.07	6.51	5.94	3.98	2.78
4	12.57	12.57	12.57	11.82	10.29	6.51	3.98
6	28.27	28.27	28.27	25.97	22.73	15.07	10.29
8	50.27	50.27	48.77	44.18	38.48	25.97	19.63
10	78.54	78.54	74.66	69.10	60.13	41.28	28.27
12	113.1 0	113.10	108.43	97.12	84.62	58.36	41.28
14	137.89	137.89	130.29	117.86	101.71	70.88	50.27
16	182.65	182.65	170.87	153.94	132.73	92.80	63.62
18	233.70	226.98	213.82	194.83	167.87	117.86	84.46
20	291.04	283.53	261.59	240.53	210.73	143.14	101.53
24	424.56	415.48	380.13	346.36	302.33	207.39	143.14
30	671.96	660.52	588.35	541.19	476.06	325.89	
36	962.11	907.92	855.30				
42	1320.25	1194.59					

*Data courtesy of Flowserve, Valtek.

†Note: To find approximate fluid velocity in the pipe, use the equation $V_P = V_V A_V / A_P$, where V_P =velocity in pipe, A_V =valve outlet area. V_V = velocity in valve outlet, and A_P =pipe area.

To find equivalent diameters of the valve or pipe inside diameter use $d = \sqrt{4A_V/\pi}$, $d = \sqrt{4A_P/\pi}$.

이러한 결과는 제어가 곤란한 상태가 된다. 따라서 밸브가 적용된 사용환경이 플래싱을 발생시키는지 여부를 예측하는 것이 중요하며, 밸브의 마모와 손상을 예방하고 방지하기 위해 강화 재질을 사용하거나 특수한 트림을 사용하는 등의 조치가 취해져야 한다. 플래싱이 발생하지 않도록 증가된 부피와 속도에 적합한 밸브 몸체 설계가 이루어지도록 특별한 조치를 하지 않는 한, 액체 속도는 500 ft/s(152 m/s)로 제한해야 한다. 다음 수식은 유량률(lb/h or gal/min)에 따른 플래싱 속도를 계산하는 데 사용된다.

$$V = \frac{0.040}{A_V}\omega\left[\left(1 - \frac{x}{100\%}\right)V_{f2} + \frac{x}{100\%}V_{g2}\right]$$

$$V = \frac{20}{A_V}Q\left[\left(1 - \frac{x}{100\%}\right)V_{f2} + \frac{x}{100\%}V_{g2}\right]$$

여기서, V: 속도(velocity, ft/s)

w: 액체유량률(liquid flow rate, lb/h)

V_{f2}: (출구압력에서) 포화액체 비체적(saturated liquid specific volume at outlet pressure P_2, ft^3/lb)

V_2: (출구압력에서) 포화증기 비체적(saturated vapor specific volume at outlet pressure P_2, ft^3/lb)

x: 기화된 액체 질량의 퍼센트(percentage of liquid mass flashed to vapor, Sec. 7.3.14)

7.3.14 플래싱 백분율 계산(percentage of flashing calculation)

액체가 기화되는 플래싱 백분율을 계산하기 위해서는 엔탈피와 비체적이 수록된 스팀표를 참조한다. 이 계산에 다음 수식이 사용된다.

$$x = \left(\frac{h_{f1} - h_{f2}}{h_{fg2}}\right) \times 100\%$$

여기서, h_{f1}: 입구온도에서의 포화액체 엔탈피(enthalpy of saturated liquid at inlet temperature)

h_{f2}: 출구압력의 포화액체 엔탈피(enthalpy of saturated liquid at outlet pressure)

h_{fg2}: 출구압력의 증기 엔탈피(enthalpy of evaporation at outlet pressure)

7.3.15 액체 사이징의 예 A

다음과 같은 사용조건에서의 예

imperial units:

사용 유체	Water
임계압력(Critical pressure) P_C	3206.2 psia
온도(Temperature)	250°F
입구압력(Upstream pressure) P_1	314.7 psia
출구압력(Downstream pressure) P_2	104.7 psia
유량(Flow rate) Q	500 gal/min
증기압(Vapor pressure) P_V	30 psia
비중(Specific gravity) S_g	0.94
동적점성(Kinematic viscosity) V	0.014 cS
배관지름(Pipeline size)	4 in (ANSI Class 600)
밸브유형 및 안전기능(Valve)	Globe, flow-to-open
유량특성(Flow characteristic)	Equal percentage

실제 압력강하 $\varDelta P$는 액체에 대한 유량계수식(소절 7.3.1)을 사용하여 계산한다.

$$\varDelta P = P_1 - P_2 = 314.7 \text{ psia} - 104.7 \text{ psia} = 210 \text{ psi}$$

Table 7.4에 0.90인 액체압력회복계수 F_L로 초크 흐름 여부를 확인해야 한다. 소절 7.3.3의 수식을 이용하여 액체임계압력계수(F_F)를 계산한다.

$$F_F = 0.96 - 0.28\sqrt{\frac{P_V}{P_C}} = 0.96 - 0.28\sqrt{\frac{30}{3206.2}} = 0.93$$

F_L과 F_F를 계산하고, 이들 계수를 사용하여 초크 압력강하($\varDelta P_{\text{choked}}$)를 계산한다.

$$\begin{aligned}\varDelta P_{\text{choked}} &= F_L^2(P_1 - F_F P_V) = (0.90)^2[314.7 - (0.93)(30)] \\ &= 232.3 \text{ psi}\end{aligned}$$

실제 압력강하($\varDelta P$) 210 psi와 초크 압력강하($\varDelta P_{\text{choked}}$) 232.3 psi를 비교하여, 초크 압력강하보다 실제 압력강하가 작으므로 밸브 사이징에 실제 압력강하값을 사용한다.

소절 7.3.3의 수식을 사용하여, 초기 캐비테이션의 발생 여부를 확인한다.

$$\Delta P_{\text{cavitation}} = F_L^2(P_1 - P_V) = (0.81)^2(314.7-30) = 187\ \text{psi}$$

이 예에서 실제 압력강하(ΔP) 210 psi는 초기 캐비테이션 압력강하($\Delta P_{\text{cavitation}}$) 187 psi보다 더 크다. 이것은 사용조건하에서 초기 캐비테이션이 발생하지만, 캐비테이션이 초크 흐름으로까지는 이어지지 않는다는 것을 의미하는 것으로 해석할 수 있다. 이러한 경우에 사용자는 특수한 트림을 사용한다든가 표면이 강화된 재질을 사용하는 등 캐비테이션의 피해를 막는 방법을 고려해야 한다. 비중이 0.9이고 배관형상계수 F_P가 1.0인 것으로 가정하고, 유량계수 C_v는 소절 7.3.1의 유량계수식으로 계산할 수 있다.

$$C_v = \frac{Q}{F_P}\sqrt{\frac{S_g}{\Delta P_a}} = \frac{500}{1}\sqrt{\frac{0.94}{210}} = 33.4$$

요구사양의 밸브는 압력등급 600#의 EQ% 유량특성을 가지며, 언더플로 플러그 트림 글로브밸브이다. 제조자 제공 유량계수는 시트 또는 실을 통과하는 유량 33.4 C_v를 만족하는 최소 크기의 밸브로 선정된다. 이 경우에 있어, 제공 차트에 의하면, 요구되는 유량계수가 가능한 최소 크기의 트림으로 2 inch 크기의 밸브가 선정되는 것으로 가정한다.

여기서, 레이놀즈 계수 F_R은 소절 7.3.7의 수식으로부터 계산된다.

$$\text{Re}_V = \frac{N_4 F_d Q}{v\sqrt{F_L C_v}}\left(\frac{F_L^2 C_v^2}{N_2 d^4}+1\right)^{0.25}$$

$$= \frac{(17300)(1)(500)}{(0.014)\sqrt{(0.90)(33.4)}}\left(\frac{(0.90)^2(33.4)^2}{(890)(2)^2}+1\right)^{0.25} = 114\times 10^6$$

레이놀즈 계수 F_R는 레이놀즈 수가 (40,000에 대해 114×106로) 40,000보다 훨씬 크기 때문에 1.0이고, 계산된 유량계수 C_v는 33.4로 유지되고, 앞으로의 계산에서 사용된다. 이 적용에 임시로 선택된 밸브는 2 inch 크기의 밸브 몸체이고 배관의 크기는 4 inch이므로 배관형상계수 F_P는 Table 7.5를 이용하여 다음의 수로 계산된다.

$$\frac{d}{D} = \frac{2}{4} = 0.5$$

그리고,

$$\frac{C_v}{d^2} = \frac{33.4}{2^2} = 8.35$$

표에 따르면, 배관형상계수 F_P는 0.97이 되어야 하며, 0.97의 배관형상계수 F_P는 최종적인 유량계수 C_v를 계산하는 수식에 대입한다.

$$C_v = \frac{Q}{F_P}\sqrt{\frac{S_g}{\Delta P_a}} = \frac{500}{0.97}\sqrt{\frac{0.94}{210}} = 34.5$$

압력등급 600#, 2 inch 밸브에 대한 Table 7.9의 정보를 사용하여, 밸브 출구 단면적 A_V는 3.14 SQ-in가 된다. 500 gal/min(1892 liters/m)의 유량과 밸브 출구 단면적 A_V를 사용하여 밸브를 통과하는 유속은 아래와 같이 계산될 수 있다.

$$V = \frac{0.321\,Q}{A_V} = \frac{0.321(500)}{3.14} = 51 \text{ ft/s}(130 \text{ m/s})$$

유속 51 ft/s는 액체속도 한계 50 ft/s를 초과한다. 사용조건은 캐비테이션 발생조건이며, 밸브 트림에 손상이 발생하게 될 것이다. 이 시점에서 유속을 낮추는 유일한 방법은 다음으로 큰 3 inch 밸브를 리듀스드 트림으로 선택하는 것이다. A_V 7.07의 3 inch 밸브를 사용하여 유속은 허용 수준 이하로 크게 낮출 수 있다.

$$V = \frac{0.321\,Q}{A_V} = \frac{0.321(500)}{7.07} = 23 \text{ ft/s}(5.8 \text{ m/s})$$

3 inch 밸브를 사용함으로써 낮추어진 유속에도 불구하고 캐비테이션은 아직도 남아 있으며, 이러한 손상을 막기 위해 일부 재질을 바꾸거나 설계변경이 필요하다. 또한 큰 밸브를 사용함으로써 발생되는 추가 비용을 낮추는 방법의 하나로, 예를 들어 출구 배관의 크기가 4 inch이므로 2×4 inch 확관을 사용하는 것도 하나의 방법이긴 하지만, 유속에 관한 것이 중요한 사항이기 때문에 밸브의 크기를 3인치로 변경하는 것이며, 유량계수 C_v는 새 배관형상계수 F_P로 다시 계산할 필요가 있다.

$$\frac{d}{D} = \frac{3}{4} = 0.75$$

그리고,

$$\frac{C_v}{d^2} = \frac{33.4}{3^2} = 3.71$$

배관형상계수 F_P는 Table 7.5로부터 보간하여 1.0이고, 3 inch 밸브 몸체에 대한 C_v는 아래와 같다.

$$C_v = \frac{Q}{F_P}\sqrt{\frac{S_g}{\Delta P_a}} = \frac{500}{1}\sqrt{\frac{0.94}{210}} = 33.4$$

7.3.16 액체 사이징(플래싱) 예 A

이번 예는 온도를 250°F에서 350°F로 100° 증가시킨 것 외에는 위의 예에서의 사용조건과 같은 경우이다. 스팀 테이블에서 포화스팀 온도를 기준으로 하여, 350°F의 물의 포화압력은 134.5 psia이다. 포화압력 134.5 psia는 밸브 출구압력 104.7 psia보다 크기 때문에 사용조건은 플래싱 조건이다. 플래싱 발생 조건으로 플래싱 백분율은 다음과 같다.

$$x = \left(\frac{h_{f1} - h_{f2}}{h_{fg2}}\right) \times 100\% = \left(\frac{321.8 - 302.3}{886.4}\right) \times 100\% = 2.2\%$$

여기서, h_{f1}: 321.8 Btu/lb at 350°F(from the saturation temperature table)

h_{f2}: 302.3 Btu/lb at 105 psia(from the saturation pressure table)

h_{fg2}: 886.4 Btu/lb at 105 psia(from the saturation pressure table)

소절 7.3.13의 수식이 3 inch 밸브에 대해 유속을 계산하는 데 다음과 같이 사용된다.

$$V = \frac{20}{A_V} Q\left[\left(1 - \frac{x}{100\%}\right) V_{f2} + \frac{x}{100\%} V_{g2}\right]$$

$$V = \frac{(20)(500)}{7.07}\left[\left(1 - \frac{2.2\%}{100\%}\right) 0.0178 + \frac{2.2\%}{100\%} 4.234\right] = 156 \text{ ft/s}$$

여기서, V_{f2}: 0.0178 ft^3/lb at 105 psia(from the saturation pressure table)

V_{g2}: 4.324 ft^3/lb at 105 psia(from the saturation pressure table)

소절 7.2.12에서 플래싱 조건에 대한 최대 유속은 500 ft/s이다. 계산된 유속은 156 ft/s로 최대 수준값에 비해 작은 값이다. 하지만 다시 한 번 플래싱의 존재 여부를 고려하여 강화된 재질이나 특수 설계 트림의 사용을 고려할 필요가 있다.

7.3.17 액체 사이징(플래싱) 예 B

두 번째 액체 사이징 예는 다음과 같은 사용조건에서의 예이다.

사용 유체(Liquid)	암모니아(Ammonia)
임계압력(Critical pressure) P_C	1638.2 psia
온도(Temperature)	20°F
입구압력(Upstream pressure) P_1	149.7 psia
출구압력(Downstream pressure) P_2	64 psia
유량(Flow rate) Q	850 gal/min
증기압(Vapor pressure) P_V	465.6 psia
비중(Specific gravity) S_g	0.65
동적 점성(Kinematic viscosity) V	0.02 cS
배관 지름(Pipeline size)	3 in(ANSI Class 600)
밸브유형 및 안전기능	Globe, flow-to-close
유량특성(Flow characteristic)	Linear

실제 압력강하 $\varDelta P$는 다음과 같이 계산된다.

$$\varDelta P_a = P_1 - P_2 = 149.7\ \text{psia} - 64.7\ \text{psia} = 85\ \text{psi}$$

초크 흐름은 Table 7.4로부터 0.85인 액체압력회복계수 F_L의 계산으로 확인할 수 있다. 액체압력회복계수 F_L은 소절 7.3.3에서의 수식으로부터 다음과 같이 계산하여 얻을 수 있다.

$$F_F = 0.96 - 0.28\frac{P_V}{P_C} = 0.96 - 0.28\sqrt{\frac{45.6}{1638.2}} = 0.91$$

F_L(=0.85)과 F_F(0.91) 계산 이후에 이러한 값들을 소절 7.3.3의 초크 압력강하 $\varDelta P_{\text{choked}}$ 수식에 대입한다.

$$\Delta P_{\text{choked}} = F_L^2(P_1 - F_F P_V) = (0.85)^2[149.7 - (0.91)(45.6)]$$
$$= 78.2 \text{ psi}$$

실제 압력강하 ΔP 85.0 psi와 초크 압력강하 ΔP_{choked} 78.2 psi를 비교하면, 초크 압력강하가 실제 압력강하보다 작다. 따라서 더 작은 초크 압력강하값이 밸브의 크기를 선정하는 데 사용된다. 밸브는 초크 흐름이기 때문에 사용조건은 캐비테이션이 발생하는 상황이다. 따라서 초기의 캐비테이션 발생 여부를 체크하는 것은 무의미하다. 이러한 경우에 사용자는 캐비테이션에 의한 금속 부품들의 침식을 피하기 위해 강화재질을 사용함은 물론, 밸브 내에 특수한 안티캐비테이션 트림을 사용해야 한다.

0.65의 비중과 소절 7.3.9의 배관형상계수 F_P 1.0으로 예비 유량계수 C_v는 소절 7.3.1의 기본적인 액체사이징 수식을 사용하여 계산할 수 있다.

$$C_v = \frac{Q}{F_P}\sqrt{\frac{S_g}{\Delta P_a}} = \frac{850}{1}\sqrt{\frac{0.65}{78.2}} = 77.5$$

이 예의 조건으로부터 선택된 밸브는 압력등급 600#, 선형특성, 오버플로, 플러그 트림의 글로브밸브이다. 시트를 통과하는 흐름단면적으로부터 흐름 유량계수 77.5를 만족하는 가장 작은 크기의 밸브는 제조자의 유량계수 선정표에서 채택된다. 이 경우에 제조자가 제공하는 유량계수 선정표로부터 요구되는 유량계수를 만족하는 최소 크기의 밸브 크기는 3 inch 밸브이다.

흐름이 캐비테이션 발생 흐름이므로 밸브의 흐름은 난류이고, 난류 흐름인 이유로 레이놀즈 수 계수는 1.0으로 가정되며, 더 이상의 계산은 불필요하다.

이러한 적용과 배관에 대해 초기의 선택된 밸브는 3 inch이기 때문에 배관형상계수 F_P는 1.0이 될 것이고 축관(reducers)이나 확관(increasers)은 필요하지 않다. F_P는 1.0이고 배관기하학적 변화가 없으므로 유량계수는 초기에 계산된 77.5를 유지한다.

Table 7.9를 이용하여 압력등급 600#-3 inch 밸브에 대한 밸브 출구면적 A_V는 7.07 SQ-in이다. 이 수와 유량 850 gal/min을 사용하여 밸브를 통과하는 유속은 다음과 같이 계산된다.

$$V = \frac{0.321Q}{A_V} = \frac{0.321(850)}{7.07} = 39 \text{ ft/s}$$

유속 39 ft/s는 액체에 대한 한계유속 50 ft/s 이하이며, 3 inch 밸브는 캐비테이션 사용조건하의 것으로 특수한 트림을 사용하거나 표면강화 재질을 사용하는 등의 조치가 필요하긴 하나 이 적용에 대해 적합하다.

7.4 가스 사용 컨트롤 밸브의 사이징

(body sizing of gas-service control valves)

7.4.1 기본적인 가스 사이징 수식(basic gas sizing equations)

액체 사이징과 가스 사이징의 근본적인 차이는 가스의 압축성이다. 가스의 압축성 때문에 최협소구간(the vena contracta)을 통과하면서 발생하는 압력강하에 따라 팽창하는 것이다. 바꾸어 말하면 비중의 감소가 발생한다. 이러한 비중의 변화는 소위 팽창계수(expansion factor) Y의 특별한 인자를 사용하여 사이징 과정에 포함해야 한다는 것이다.

주어진 조건과 변수들에 따라 다음 4개의 수식 중 하나가 사용되며, 사용단위에 따른 상수값을 포함하는 수식으로 표현된다.

$$w = 63.3 F_P C_v Y \sqrt{x P_1 \gamma_1}$$

$$Q = 1360 F_P C_v P_1 Y \sqrt{\frac{x}{G_g T_1 Z_1}}$$

$$w = 19.3 F_P C_v P_1 Y \frac{\sqrt{x M_w}}{T_1 Z}$$

$$Q = 7320 F_P C_v P_1 Y \sqrt{\frac{x}{M_W T_1 Z}}$$

여기서, w: 가스질량유속(gas flow rate, lb/h)

F_P: 배관형상계수(piping-geometry factor)

C_v: 밸브사이징계수(valve sizing coefficient); 밸브유량계수(valve flow coefficient)

Y: 팽창계수(expansion factor)

x: 압력강하비(pressure-drop ratio)

γ_1: 입구사용조건의 비중(specific weight at inlet service conditions, lb/ft^3)

Q: 가스유량(gas flow, scfh)

G_g: 비중 또는 표준조건에서의 공기에 대한 가스 무게비(specific gravity or gas relative to air at standard conditions)

T_1: 출구절대온도(absolute upstream temperature, °R=°F+460)

Z: 압축성 계수(compressibility factor)

M_W: 분자량(molecular weight)

P_1: 출구절대압력(upstream absolute pressure, psia)

위의 4가지 수식은 주어진 조건과 적용 가능 데이터에 따라 선택될 수 있다.

7.4.2 초크 흐름 산정(choked-flow determination)

종단 압력강하비 x_T는 Table 7.10에서 적정한 값을 취함으로써 산정된다. 비열계수 F_K는 다음 수식에 의해 계산된다.

$$F_K = \frac{k}{1.40}$$

여기서, F_K: 비열계수의 비(ratio of specific heats factor)

k: 비열의 비(ratio of specific heats)

Table 7.10 Typical x_T factors*,†

Valve Style	Flow Direction	Trim Area	x_T
Linear globe	Over seat	Full area	0.70
	Over seat	Reduced area	0.70
	Under seat	Full area	0.75
	Under seat	Reduced area	0.75
Butterfly	60° open	Full area	0.36
	90° open	Full area	0.26
Ball	60° open	Full area	0.51
	90° open	Full area	0.30

* Data courtesy of Flowserve, Valtek.

† Note: All values provided at full-open.

비열의 비 k는 참고하기 쉽도록 Table 7.11에 일반적인 가스에 대해 나타내었다. 절대입구압력에 대한 실제 압력강하의 비 x는 다음 수식에 의해 계산된다.

$$x = \frac{\Delta P_a}{P_1}$$

여기서, x: 절대입구압력에 대한 실제 압력강하의 비(ratio of actual pressure drop to absolute inlet pressure)

ΔP: 실제 압력강하(actual pressure drop, psi)

P_1: 입구압력(upstream pressure, psia)

P_2: 출구압력(downstream pressure, psia)

값 x가 $F_K x_T$값보다 작으면, 초크 흐름은 발생하지 않는다. 역으로 x가 $F_K x_T$값에 도달하거나 초과하면 초크 현상이 발생한다. 흐름이 초크이면, x값이 선택된 가스 사이징 수식에 사용된다면, $F_K x_T$값은 x값 대신에 사용될 것이다.

Table 7.11 Physical data for common gas services

Gas	Molecular Weight (M_W)	Critical Temperature (°R*)	Critical Pressure (psia/bar)	Ratio of Specific Heats (k)
Air	28.97	227.1°	492/33.9	1.40
Ammonia	17.00	739.8°	1636/112.8	1.31
Argon	39.95	271.1°	707/48.8	1.67
Carbon Dioxide	44.01	547.2°	1070/73.8	1.29
Carbon Monoxide	28.01	238.9°	507/35.0	1.40
Ethane	30.07	549.4°	709/48.9	1.19
Ethylene	28.10	508.0°	731/50.4	1.24
Helium	4.00	9.01°	33/2.3	1.66
Hydrogen	2.02	59.4°	188/13.0	1.40
Methane	16.04	342.8°	667/46.0	1.31
Natural Gas	16.04	342.8°	667/46.0	1.31
Nitrogen	28.00	226.8°	492/33.9	1.40
Oxygen	32.00	278.0°	732/50.5	1.40
Propane	44.10	665.3°	616/42.5	1.31
Steam	18.02	1165.1°	3208/221.2	1.33

* °R = °F + 460

7.4.3 팽창계수 계산(expansion-factor calculation)

가스는 압축성 유체이므로 팽창계수 Y는 다음 식을 사용함으로써 계산된다. 초크 흐름이 발생한 경우, $F_K x_T$값은 x값 대신에 사용된다.

$$Y = 1 - \frac{x}{3F_K x_T}$$

여기서, Y: 팽창계수(expansion factor)

x_T: 종단압력강하비(terminal pressure-drop ratio)

7.4.4 압축성 계수 산정(compressibility-factor determination)

압축성 계수 Z는 감소압력값 P_r과 감소온도 T_r의 계산에 의해 산정된다.

$$P_r = \frac{P_1}{P_C}$$

여기서, P_r: 감소압력(reduced pressure)

$$T_r = \frac{T_1}{T_C}$$

여기서, T_r: 감소온도(reduced temperature)

T_1: 절대입구온도(absolute upstream temperature)

T_C: 절대임계온도(absolute critical temperature)

감소압력값 P_r과 감소온도 T_r을 알고 있으면, 압축성 계수 Z는 Figure 7.3 또는 7.4에서도 산정할 수 있다.

7.4.5 유량계수 계산(flow-coefficient calculation)

여기서 계산된 계수들을 사용하여, 예비 유량계수 C_v는 적용 가능한 가스 유량계수 C_v 사이징 수식을 이용하여 계산할 수 있다. 이 수식에 대해 배관형상계수 F_P는 1.0으로 가정한다.

7.4.6 밸브 몸체 근사 크기 선정(approximate body-size selection)

제조자의 유량계수 C_v Table을 사용하여, 계산된 예비 유량계수 C_v에 근접하는 최소 크기의 밸브 몸체를 선정한다.

7.4.7 배관형상계수 계산(piping-geometry-factor calculation)

배관의 크기를 알 수 없거나 계산되지 않았을 때는 계산을 목적으로 소절 7.4.6으로부터 계산되는 밸브 몸체의 크기가 배관 크기로 사용될 수 있다. 배관형상계수를 계산하기 위해서는 배관의 안지름을 알아야 한다.

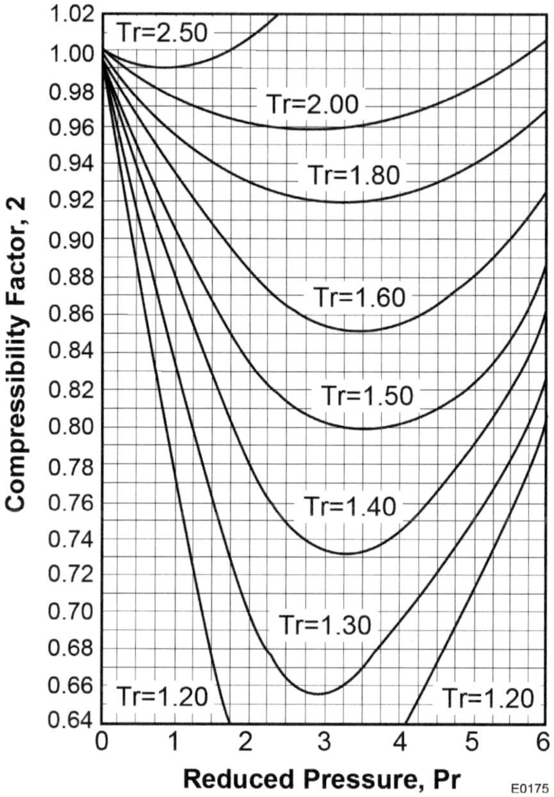

Figure 7.3 Compressibility factors for Gases with reduced pressures 0 to 6. (Reproduced from charts of L. C. Nelson and E. F. Obert, Northwestern Technological Institute)

Table 7.5와 7.6은 배관형상계수를 찾는 데 사용된다. Table 7.5는 밸브의 입구와 출구에 축관(또는 확관)이 있는 경우 배관형상계수 F_P를 제공한다. Table 7.5는 밸브 출구에만 축관(또는 확관)이 있는 경우에 배관형상계수 F_P를 제공한다.

7.4.8 최종 유량계수 계산(final-flow-coefficient calculation)

배관형상계수 F_P를 사용하여 기본적인 가스 사이징 수식 4개 중 하나를 사용하여 최종 유량계수 C_v를 계산한다. 보통 유량계수는 초기에 설정한 예비 유량계수에 근접하게 될 것이다. 따라서 유속이 아주 크지 않는 한 밸브 몸체 크기는 거의 같게 유지될 것이다.

7.4.9 밸브 출구의 마하 수 계산(valve exit mach-number calculation)

밸브 몸체 크기만큼이나 그에 대한 흐름계수를 알고 있으면 밸브로부터의 출구 속도는 마하 수로 계산된다. 가스사용조건에서 계산되는 유속 계산에는 다음의 두 가지 수식이 사용된다.

$$M_{\text{gas}} = \frac{Q_a}{5574 A_V \sqrt{\dfrac{KT}{M_W}}}$$

$$M_{\text{gas}} = \frac{Q_a}{1036 A_V \sqrt{\dfrac{KT}{G_g}}}$$

여기서, M_{gas}: 가스사용조건의 마하 수(Mach number for gas service)

Q_a: 실제 유량률(actual flow rate, cfh instead of scfh)

A_V: 밸브 포트의 적용 유량단면적(applicable flow area of body port, square inches, from Table 7.9)

k: 비열의 비(ratio of specific heats)

T: 절대온도(absolute temperature, °R or °F+460)

M_W: 분자량(molecular weight)

G_g: 공기에 대한 기준조건에서의 비중(specific gravity at standard conditions relative to air)

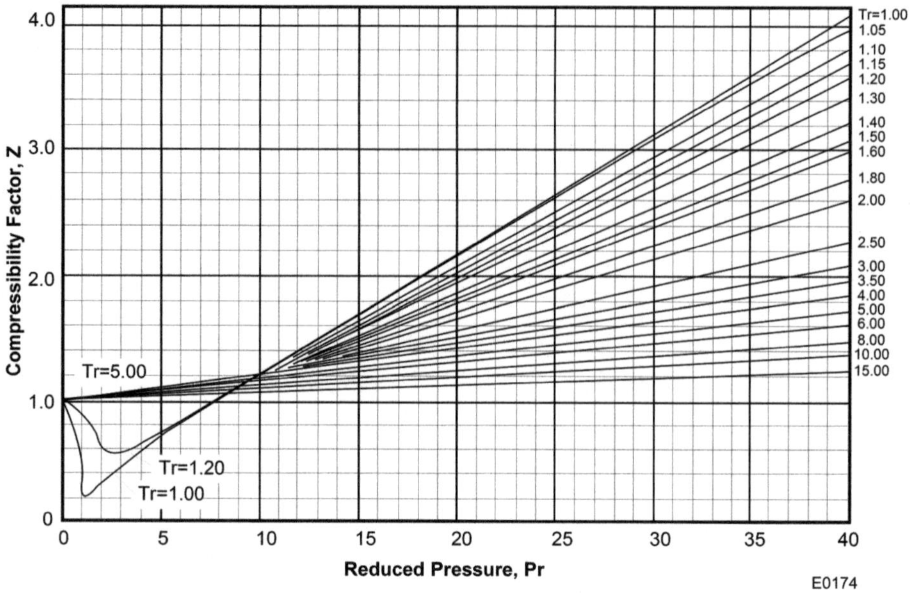

Figure 7.4 Compressibility factors for Gases with reduced pressures 0 to 40. (Reproduced from charts of L. C. Nelson and E. F. Obert, Northwestern Technological Institute)

가스사용조건에 대해 다음의 유속 계산식이 사용된다.

$$M_{\mathrm{air}} = \frac{Q_a}{1225 A_V \sqrt{T}}$$

여기서, M_{air}: 공기사용조건의 마하 수(Mach number for air service)

단위 scfh를 cfh로 바꿀 때는 다음 수식이 사용된다.

$$\frac{P_a Q_a}{T_a} = \frac{P_S Q}{T_S}$$

여기서, P_a: 실제 운전압력(actual operating pressure)

Q_a: 실제 부피유량(actual volume flow rate, cfh)

T_a: 실제 온도(actual temperature, °R or °F+460)

P_S: 기준 압력(standard pressure, 14.7 psi)

Q: 기준 부피유량(standard volume flow rate, scfh)

T_s: 기준 온도(standard temperature, 520°R)

스팀 사용조건에서의 유속 계산식은 다음과 같다.

$$M_{\text{steam}} = \frac{wv}{1514 A_V \sqrt{T}}$$

여기서, M_{steam}: 스팀 사용조건에서의 마하 수(Mach number for steam service)

w: 질량유량(mass flow rate, lb/h)

v: 유량조건의 비체적(specific volume at flow conditions, ft^3/lb)

출구유속을 계산하였을 때, 마하 0.5를 초과한다면 밸브의 흐름은 난류일 것이고 이는 진동과 소음을 동반할 것이다. 밸브에 대한 속도의 한계는 1.0에 가깝다. 밸브에 소음이 발생하고 특별한 소음방지 트림이 사용된다면 보통 유속은 0.33으로 제한된다. 소음발생의 한계속도 마하 0.5를 초과하는 고속의 유속이면 더 큰 크기의 밸브가 선택되어야 한다. 유속이 마하 1.0에 가까운 경우라면 더 더욱 큰 밸브가 선정되어야 할 것이다.

7.4.10 트림 크기 선정(trim-size selection)

밸브 제조사는 특정 밸브에 대한 밸브의 형태별, 흐름 방향별, 압력등급별, 유량특성, 밸브의 시트 사이즈(풀 또는 리듀스드 면적)별, 실(seal), 스트로크별 유량계수에 대한 정보를 테이블로 제공한다. 일부 데이터나 차트는 열림 개도에 따라 차이를 보일 수 있는데, 일부 유량조절 사용 범위가 전 행정에 대해 이용되지 않을 수 있기 때문이다. 밸브 형태에 따라서 최대유량계수와 동등한 유량을 통과하도록 한 흐름 단면적에 대해 예정된 단면적을 정하여 트림번호로 지정하여 사용한다.

7.4.11 가스 사이징의 예 A

본 예제는 다음의 사용조건과 요구조건에 따른 예이다.

in Imperial units:

Gas	Steam
Temperature	450°F
Upstream pressure P_1	140.0 psia

Downstream pressure P_2	50.0 psia
Flow rate Q	10,000 lb/h
Critical pressure P_C	3206.2 psia
Critical temperature T_C	705.5°F
Molecular weight M_W	18.03
Specific volume	10.41
Ratio of specific heats k	1.33
Pipeline size	2 inch (ANSI Class 600)
Valve	Globe, flow-to-open
Flow characteristic	Equal percentage

소절 7.4.1의 가스 사이징에 대한 4개의 유량계수 수식에서 다음 수식이 상기 조건에 적합하다.

$$w = 19.3F_P C_v P_1 Y\sqrt{\frac{xM_w}{T_1 Z}}$$

Table 7.4에서 열림 작동에서의 글로브밸브에 대한 압력강하비 x_T는 0.75이다. 사용자는 비열계수의 비 F_K를 계산하여 초크 여부를 확인해야 한다.

$$F_K = \frac{k}{140} = \frac{1.33}{1.40} = 0.95$$

절대입구압력에 대한 실제 압력강하비 x는 다음 수식으로 계산된다.

$$x = \frac{\Delta P}{P_1} = \frac{140-50}{140} = 0.64$$

따라서, 값 $F_K x_T$는 다음과 같이 계산된다.

$$(0.95)(0.75) = 0.71$$

절대입구압력에 대한 실제 압력강하비 x는 복합된 값 $F_K x_T$에 비해 작으므로 초크 흐름은 발생하지 않으며, 이후 계산에서 사용된다.

팽창계수 Y는 다음 수식과 같이 계산된다.

$$Y = 1 - \frac{x}{3(F_K x_T)} = 1 - \frac{0.64}{3(0.71)} = 0.70$$

압축성 계수 Z는 감소압력계수 P_r과 감소온도계수 T_r에 대한 수식으로 계산될 수 있다.

$$P_r = \frac{P_1}{P_c} = \frac{140}{3208.2} = 0.04$$

$$T_r = \frac{T_1}{T_c} = \frac{450 + 460}{705.5 + 460} = 0.78$$

이러한 두 수와 Figure 7.3을 이용하여 압축성 계수 Z는 1.0이 됨을 알 수 있다. 배관형상계수는 1.0으로 가정하고 적정한 유량계수 C_v 수식이 예비 유량계수 C_v를 계산하기 위해 사용되어야 한다.

$$w = 19.3 F_P C_v P_1 Y \sqrt{\frac{x M_w}{T_1 Z}} \quad \text{또는} \quad C_v = \frac{w}{19.3 F_P P_1 Y} \sqrt{\frac{T_1 Z}{x M_w}}$$

$$C_v = \frac{10000}{(19.3)(140)(0.70)} \sqrt{\frac{(910)(1.0)}{(0.64)(18.02)}} = 47.0$$

제조자의 유량계수 C_v 표에서 요구 유량계수 C_v 47을 만족하는 가장 작은 크기의 밸브가 선택될 것이다. 가정하자면 유량계수 C_v 47에 근접하는 가장 작은 밸브의 크기가 2인치라고 하자. 2 inch 밸브는 배관의 지름과 같기 때문에 배관형상계수는 1.0이고 유량계수 C_v는 동등하게 유지된다. 이러한 경우에 예비 유량계수 C_v가 최종 유량계수 C_v가 된다.

이 시점에서 출구속도가 소음의 한계속도 마하 0.5에 있는지 최대속도 마하 1.0인지 확인하는 계산이 이루어져야 한다. Table 7.9에 의하면 2 inch 밸브의 출구속도는 3.14이다. 스팀테이블로부터 v는 10.41 ft^3/lb인 것을 알 수 있으며, T는 414°F이다.

따라서 스팀 사용의 경우에 대한 다음 속도 계산식이 사용될 것이다.

$$M_{\text{steam}} = \frac{wv}{1514 A_V \sqrt{T}} = \frac{(10{,}000)(10.41)}{(1514)(3.14)\sqrt{414 + 460}} = 0.74$$

마하 0.74는 소음의 한계속도 마하 0.5를 넘어서기 때문에 밸브에서의 흐름은 소음을 발생시키는 난류일 것이고, 특별한 트림, 절연, 격리 등의 방지 수단이 필요할 것이다. 유속이 마하 1.0을 초과하지는 않으므로 더 큰 밸브를 선택할 필요는 없으며, 최종 유량계수는 그대로 유지된다.

7.4.12 가스 사이징의 예 B

두 번째 가스에 관한 예제로 다음의 사용조건과 요구조건에 따른 예이다.

in Imperial units:

Gas	Natural gas
Temperature	65°F
Upstream pressure P_1	1314.7 psia
Downstream pressure P_2	99.7 psia
Flow rate Q	2,000,000 scfh
Critical pressure P_C	672.9 psia
Critical temperature T_C	342.8°F
Molecular weight M_W	16.04
Ratio of specific heats k	1.31
Pipeline size	Unspecified (ANSI Class 600)
Valve	Globe, flow-to-open
Flow characteristic	Linear

소절 7.4.1의 가스 사이징에 대한 4개의 유량계수식에서 다음 수식이 제시된 사용조건에 가장 적합하다.

$$Q = 7320 F_P C_v P_1 Y \sqrt{\frac{x}{M_W T}}$$

Table 7.4를 참조하여 열림 작동에서의 글로브밸브에 대한 압력강하비 x_T는 0.75이다. 비열계수의 비 F_K를 계산하여 초크 흐름 여부가 확인되어야 한다.

$$F_K = \frac{k}{140} = \frac{1.31}{1.40} = 0.936$$

절대입구압력에 대한 실제 압력강하비 x는 다음 식으로 계산된다.

$$x = \frac{\Delta P}{P_1} = \frac{1314.7 - 99.7}{1314.7} = 0.92$$

값 $F_K x_T$는 다음과 같이 계산된다.

$$(0.94)(0.75) = 0.70$$

절대입구압력에 대한 실제 압력강하비 x에 대해 복합된 값 $F_K x_T$가 작으므로 초크 흐름이 발생하며, 복합된 값 $F_K x_T$는 이후의 계산에서 사용된다.

팽창계수 Y는 다음 식과 같이 계산된다.

$$Y = 1 - \frac{x}{3(F_K x_T)} = 1 - \frac{0.70}{3(0.70)} = 0.667$$

압축성 계수 Z를 계산하기에 앞서 다음 식에 따라 감소압력계수 P_r과 감소온도계수 T_r이 계산되어야 한다.

$$P_r = \frac{P_1}{P_C} = \frac{1314.7}{667.4} = 1.97$$

$$T_r = \frac{T_1}{T_C} = \frac{65 + 460}{342.8} = 1.53$$

P_r과 T_r 계수와 Figure 7.3을 이용하여 압축성 계수 Z는 거의 0.8이 됨을 알 수 있다. 배관형상계수는 1.0으로 가정하고 x는 복합값인 $F_K x_T$로 대체되어 예비 유량계수 C_v를 계산하기 위해 선택한 유량계수 C_v 식이 사용된다.

$$Q = 7320 F_P C_v P_1 Y \sqrt{\frac{F_K x_T}{M_W TZ}} \quad \text{또는} \quad C_v = \frac{Q}{7320 F_P C_v P_1 Y} \sqrt{\frac{M_W TZ}{F_K x_T}}$$

$$C_v = \frac{2,000,000}{(7320)(1.0)(1314.7)(0.667)} \sqrt{\frac{(16.04)(525)(0.86)}{0.70}} = 31.7$$

제조자의 유량계수 C_v표에서 요구 유량계수 C_v 31.7의 유량을 통과시키는 가장 작은 트림의 밸브를 알 수 있을 것이다. 이 예에서 예비 유량계수 C_v 31.7에 근접하는 가장 작은 밸브의 크기가 1.5 inch 밸브라고 하자. 배관의 크기가 정해지지 않았기 때문에 배관형상계수 F_P는 1.0으로 가정해야 하고, 최종 유량계수 C_v는 예비 유량계수 C_v로 동일하게 남게 된다.

1.5 inch의 밸브가 마하 1.0의 최대 한계속도를 허용할 수 있는지 출구속도를 계산해야 한다. 출구속도가 0.5를 초과한다면 소음을 발생시킬 것이다. Table 7.9로

부터 1.5 inch 밸브의 밸브출구 단면적 A_V는 1.77이다. 사용유체가 천연가스이므로 가스 사용을 위한 다음 식은 scfh에서 cfh(소절 7.4.9)로 단위를 바꾸어 사용한다.

$$M_{\text{gas}} = \frac{Q_a}{5574 A_V \sqrt{\dfrac{kT}{M_W}}} = \frac{297,720}{(5574)(1.77)\sqrt{\dfrac{(1.31)(65+460)}{16.04}}} = \text{Mach } 4.61$$

밸브 출구에서 음속(마하 1.0)을 초과하는 마하 수는 불가능하므로 마하 1.0 이하의 낮은 속도를 갖는 더 큰 크기의 밸브가 선택되어야 한다.

선택된 밸브는 이상적으로는 마하 0.5 또는 그 이하의 속도를 갖는 것이어야 한다. 마하 0.5에서 제어 가능한 적정한 밸브의 크기를 찾기 위해서는 사용자가 알 수 없는 계수를 풀지 않는 한 밸브출구 단면적으로 속도를 계산해야 한다.

$$A_V = \frac{Q_a}{5574 A_V \sqrt{\dfrac{kT}{M_W}}} = \frac{297,720}{(5574)(0.5)\sqrt{\dfrac{(1.31)(65+460)}{16.04}}} = 16.3 \text{ in}^2$$

밸브출구 단면적은 밸브의 크기를 산정하기 위해 사용될 수 있다.

$$A_V = pd^2 \quad \text{또는} \quad d = \sqrt{\frac{4A_V}{\pi}} = \sqrt{\frac{(4)(16.3)}{3.14}} = 4.6 \text{ in.}$$

4 inch 밸브는 너무 작고 5 inch 밸브는 존재하지 않기 때문에 6 inch 밸브가 필요하다. 이 선택된 밸브는 유량계수 C_v 31.7을 만족해야 하므로 리듀스드 트림(reduced trim)이 사용될 필요가 있다.

Chapter 8 구동기 크기 선정 (Actuator-Sizing)

8.1 구동기 크기 선정 기준(actuator-sizing criteria)

8.1.1 구동기 크기 선정의 소개(introduction to actuator sizing)

공정시스템의 자동화로 인하여 유량조절용 밸브의 구동기(actuator)와 수동 차단(on-off) 밸브의 구동시스템이 기하급수적으로 증가해 왔다. 일반적으로 구동기 크기 선정은 밸브에 적합한 구동기를 맞추는 데 고려해야 할 많은 요소들을 포함해야 하는 복잡한 분야이다. 제어력을 이용하여 밸브가 열리고, 닫히고, 제어되도록 하려면 적절한 구동기의 선정과 크기 선정이 매우 중요하다.

일부 사용자는 밸브의 크기와 구동기의 크기를 동일시한다. 예를 들면 3 inch 밸브는 항상 특정한 크기의 구동기, 표준화된 구동기 요크에 밸브가 연결되는 것으로 잘못 이해하고 있다. 모든 공정의 사용조건과 밸브 설계가 동일하다면 이러한 가정은 맞을 수 있다. 하지만 공정의 압력, 압력강하, 온도, 안전기능 사용조건 등은 다양하게 다르다. 밸브는 움직임(선형과 회전형), 패킹 마찰력, 밸런스(언밸런스드 대 압력밸런스) 등으로 다양하다. 공정과 밸브 간의 모든 변수들에 의하여 하나의 밸브 크기에 많은 수의 구동기 선택이 있을 수 있다. 이러한 이유로 사용자는 그냥 단순하게 밸브에 어떠한 구동기 부품도 대체할 수 없으며, 그 밸브와 그 공정에 대해 미달하는지 지나친 것인지와 같이 적절하게 작동할지를 기대할 수 없다. 구동기가 미달되는 것이라면, 밸브의 마찰력과 제어력을 극복하지 못하게 되는 중요한 문제가 된다. 구동기가 약간 미달한 경우라면, 안전기능의 요구조건에 직면하지 않을 수도 있으나 둔하고 엉뚱한 움직임을 동반할 수 있으며 가까스로 작동력을 극복하여 작동될 수도 있다. 게다가 구동기가 시트 또는 실(seal)에 닫힘 위치를 유지하는 충분한 힘이 되지 못하면 '욕조 마개' 효과가 발생할 것이고 닫힘 요소부품은 시트 또는 실을 워터해머 효과와 비슷하게 충돌하게 된다. 구동기가 극단적으로 미달되게 크기가 선정되면 닫거나 여는 것 자체가 불가능하게 될 것이다.

구동기가 지나치게 크게 선정되면 가장 큰 불이익은 구동기의 가격이 높아지는 것이다. 부가적으로 지나치게 크게 선정된 구동기는 커지고 무거워짐으로써 내진, 설치공간, 유지와 관련한 문제점들을 야기할 것이다. 성능유지 관점에서 큰 구동기는 속도와 응답의 관점에서 더욱 둔한 움직임을 보일 것이다. 구동기가 클수록 더 큰 작동력을 가지며 제어력이 그러한 작동력을 감당하지 못하면 밸브의 내부 부품들은 손상될 우려가 있다. 이와 같은 이유로 구동기의 속도를 낮추어야 하기 때문에 지나치게 크게 선정된 구동기는 적합하지 않은 설치 위치와 낮은 응답의 문제를 가지게 되어 압력조정(기)의 사용이 필요하다.

일반적으로 구동기는 최악의 경우에 대한 시나리오에 대비하기 위해 설계과정에 추가하는 안전요소들 때문에 과잉 설계되는 경향이 있다. 계산상으로 주어진 공정과 밸브에 약간 미달하게 크기가 선정되거나 약간의 차이를 보이면, 대부분의 사용자는 다음으로 큰 크기를 선호한다. 하지만 크기 선정 과정에 이미 안전요소들이 포함되어 있기 때문에 약간 작은 사이즈가 최적은 아닐지라도 그 공정에 가장 적합한 크기일 수 있다.

8.1.2 기본적인 구동기 선정 기준(basic actuator-sizing criteria)

제조업체별 구동기의 크기 선정방법은 기본적인 설계에 따라 다르다. 하지만 몇 가지 기본적인 개념은 어떠한 구동기 크기 선정에서도 동일하다. 무엇보다도 중요한 것은 구동기는 특히 입출구 압력 차에 따른 내부에서 작동하고 있는 작용력(process force)을 극복하는 데 요구되는 스러스트(추력)를 가져야만 한다는 것이다. 일부 사용조건에서 밸브는 입구 압력이 닫힘 요소 측에 작용하고 출구측의 압력은 반대측에 작용하는 불균형 압력 상황에서 작동한다. 이러한 힘들은 힘의 증가에 따른 더 큰 구동기를 요구하기 때문에 매우 중요할 수 있다. 이와는 달리 압력균형(balanced type) 설계로 입구 측 압력이 닫힘 요소 양면에 작용하도록 할 수 있다. 이러한 밸브들은 요소에 작용하는 제어력을 작게 할 수 있기 때문에 더 작은 크기의 구동기를 사용할 수 있다.

구동기는 또한 누설 등급에 따라 확실하게 밸브를 닫아주고 유지하기 위해 사용압력을 극복하는 충분한 힘을 내도록 해야 한다. 더 높은 누설차단기능을 요구할수록 더 강한 힘을 내는 구동기가 선정되어야 한다. 높은 누설차단기능이 주요 기능이 아니라면 더 낮은 누설등급은 더 작은 크기의 구동기의 사용을 허용하는 것이 될 것이다.

구동기는 밸브 스템과 패킹박스 간의 어떠한 마찰력도 극복해야 한다. 이러한 마찰은 패킹 링의 수량, 재질, 선형인가 회전형인가에 따라 밸브가 요구하는 필요한 패킹 압력 등 여러 인자들에 따라 달라질 수 있다.

부가적인 힘에 대해 필요로 하는 마지막 인자는 밸브 그 자체의 설계 기준이다. 예를 들면, 선형 글로브밸브는 압력균형 트림으로 설계될 수 있다. 요구되는 힘은 최소화할 수는 있지만 압력균형 실은 플러그의 무게에 더하여 마찰력을 증가시킬 것이다. 극단적으로 큰 크기의 밸브에서는 닫힘 무게나 특히 글로브타입의 플러그의 레규레이팅 인자를 고려해야 한다.

따라서 구동기의 요구 스러스트와 크기를 계산하기 위해 계산되어야 하는 힘들은 다음과 같이 표현 할 수 있다.

$$F_{total} = F_{process} + F_{seat} + F_{packing} + F_{miscellaneus}$$

여기서, F_{total}: 밸브를 열고 닫고, 제어하는 데 필요한 힘의 총량[또는 구동기 요구 스러스트(total force (or actuator thrust) required to open, close, or throttle valve]

$F_{process}$: 불균형 압력을 극복하는 데 필요한 힘 (force to overcome unbalanced process pressure)

$F_{packing}$: 요구 패킹 마찰력을 극복하는 데 필요한 힘 (force required to overcome packing friction)

F_{seat}: 적정 시트 로드를 유지하는 데 필요한 힘 (force to provide correct seat load)

$F_{miscellaneus}$: 무게, 특정설계요인 등 기타의 힘을 극복하는 데 필요한 힘 (force to overcome special design factors, weight, etc.)

또다른 설계기준은 구동기에 요구되는 속도이다. 일부 경우에 있어 공정상의 또는 개별 안전과 관련하여 1초 이내와 같이 짧은 시간 안에 밸브가 닫혀야 하는 것을 요구하는 경우가 있다. 하지만 이러한 빠른 초과속도로 구동기를 작동시키는 것은 복합적인 문제점들을 가지게 되는데 워터해머 현상과 정위치 이탈 등과 같은 것이다. 공기구동용 구동기는 공압의 급격한 변동, 공압 파이프 벤딩, 필터 등과 같은 공기 용량에 영향을 주는 여러 인자들을 가지고 있기 때문에 고속의 동작이 필요한 시스템은 보통 유압이나 전동유압설계를 요구하게 된다.

8.1.3 자유대기(free air)

주요 구동기 또는 구동기 시스템들은 공압으로 구동되기 때문에 압력의 변화에 따른 체적 변화와 공기의 압축성과 관련한 특정 원리들을 이해해야 한다. 공압으로 구동되는 구동기를 포함하는 장비에 대한 사양은 자유대기라는 용어를 사용하여 기술된다. 정의에 의하면 자유대기는 “기준 대기압력[14.7 psia(1 bar)]과 온도 [70°F′(21°C)]에서 유량 또는 체적률”로 기술된다. 자유대기 용어를 사용함으로써 체적의 변화를 기술하는 데 혼동을 피할 수 있다. 대표적으로 게이지 압력은 psig로, 절대압력은 psia로 표현하고 차압은 단순히 psi로 표현한다. 대부분의 장비에서 자유대기 유량은 분당 기준 피트체적(scfm)으로 표현한다.

공기체적은 압력에 따라 다르기 때문에 용기 안의 자유대기의 양은 다음과 같이 쓸 수 있다.

$$V_1 = V_2 \frac{P_2}{P_1}$$

여기서, V_1: 자유대기 체적(free-air volume, standard cubic feet)

V_2: 용기체적(vessel volume)

P_1: 대기압(atmospheric pressure, 14.7 psia)

P_2: 절대용기압력(absolute vessel pressure, psia)

8.1.4 공급유량(supply flow rates)

공압으로 구동되는 구동기에서 올바른 공기 공급률의 계산은 구동기를 작동하는 데 필요한 요구 스러스트를 제공하는데, 충분한 공기를 확보하고 적용하는 데 있어 기준이 된다. 유량과 압력강하 간의 관계는 다음 수식으로 표현된다.

$$\Delta P = \frac{LQ^2}{kC_R d^{5.31}} \quad \text{또는} \quad Q = \sqrt{\frac{\Delta P k C_R d^{5.31}}{L}}$$

여기서, ΔP: 차압, 압력강하(pressure drop, psi)

L: 파이프의 길이(length of tubing or piping, ft)

Q: 기준 공기 유량(standard air flow rate, scfm)

k: 상수(constant of 35,120)

C_R: 대기압기준 공급압력의 비(ratio of line pressure[psia] to atmospheric pressure[14.7 psia])

d: 공급배관의 안지름(inside diameter of piping or tubing[inches] from Tables 8.1 and 8.2)

예를 들어 주어진 구동기가 요구되는 속도에서 작동하기 위해서는 4.3 scfm이어야 하고 다음과 같은 적용하에서 80 psi에서 최적으로 작동된다면, 압력강하 ΔP는 5 psi(85~80 psi)이고 대기압 기준 공급압력의 비 C_R은 다음 수식에서와 같이 6.78이다.

공급압력(line pressure)	85 psia
파이프 길이(length L of tubing)	100 ft
튜브 사이즈(tubing size)	0.25 in

$$C_R = \frac{P_1 + 14.7}{14.7} = \frac{99.7}{14.7} = 6.78$$

Table 8.1 Piping values for d and $d^{5.31}$*,†

Factor	0.25 in.	0.375 in.	0.5 in.	0.75 in.	1.0 in
d	0.364	0.493	0.622	0.824	1.049
$d^{5.31}$	0.0047	0.0234	0.0804	0.3577	1.2892

*All dimensions are outside diameter.

†Data courtesy of Automax, Inc.

위의 계산을 이용하여 0.25인치의 튜브(from Table 8.2, d=0.204)에 대한 유량은 다음과 같이 계산된다.

$$Q = \sqrt{\frac{\Delta P k C_R d^{5.31}}{L}} = \sqrt{\frac{(5)(35,120)(6.78)(0.204)^{5.31}}{100}} = 1.6 \text{ scfm}$$

Table 8.2 Tubing values for d and $d^{5.31*,\dagger}$

Factor	0.25 in.	0.375 in.	0.5 in.	0.75 in.	1.0 in
d	0.204	0.329	0.430	0.555	0.680
$d^{5.31}$	0.0002	0.0027	0.0113	0.0439	0.129

*All dimensions are outside diameter.

†Data courtesy of Automax, Inc.

요구속도를 만족하는 유량 4.3 scfm보다 1.6 scfm은 작기 때문에 더 큰 크기의 튜브가 선택되어야 한다. 0.375 inch의 튜브는 5.7 scfm의 값을 가져 보다 더 적당한 크기가 될 것이다.

$$Q=\sqrt{\frac{\Delta PkC_R d^{5.31}}{L}}=\sqrt{\frac{(5)(35,120)(6.78)(0.329)^{5.31}}{100}}=5.7\ \text{scfm}$$

8.1.5 공기사용량과 소모량(air usage and consumption)

사용자는 공기공급용량이 전체 공정시스템의 모든 공압기기들이 필요로 하는 양을 만족하는지 확인해야 한다. 이는 압축기가 공기사용량과 소모량으로 대변되는 구동기의 공기 요구량에 맞추어 정해야 함을 의미한다. 공기사용량과 소모량을 정확하게 계산함으로써 공기 요구조건의 보다 정확한 양을 예측할 수 있고 압축기의 적정한 크기를 정할 수 있다. 공기 요구량이 압축기의 성능을 초과하거나 압축기가 작게 선정되면 압력은 부적절하게 된다. 전반적으로 이러한 결과는 둔한 반응과 밸브를 작동하는 충분한 스러스트를 확보하지 못하는 결과가 된다.

'공기사용량'은 밸브의 행정에 대한 공압 구동기의 공기사용량을 말하며, 밸브가 행정을 하고 다음 행정까지는 공기를 사용하지 않음을 뜻한다. '공기소모량'은 포지셔너의 경우와 같이 일정하게 계속적으로 공기의 방출이 있을 때 사용하는 말이다. 스프링 리턴(단방향) 다이어프램 구동기의 경우에는 다이어프램 한쪽에서만 공기를 사용한다. 따라서 구동기 1회 왕복행정에서 공기사용량은 주어진 압력하에서 구동기의 자유 대기체적의 양이 된다. 예를 들면 소절 8.1.3의 수식을 사용하여 단방향 구동기가 60 psi에서 2.1 ft^3 체적을 갖는다면 시간당 6회 작동한다고 하면 기준 피트입방체적의 행정주기당 사용량은 다음과 같다.

$$V_1=V_2\frac{P_2}{P_1}=2.1\times\left(\frac{60+14.7}{14.7}\right)=10.2\ \text{scf}$$

시간당 사용량(시간당 기준 세제곱피트)은 6회 행정으로 다음과 같이 계산된다.

$$10.2 \text{ scf} \times 6 = 61.2 \text{ scfh}$$

양방향 구동기(actuator)는 설계에 따라 다이어프램이나 피스톤 양쪽에서 공기를 사용한다. 이론상으로는 양쪽의 공기체적은 같으나 구동기 스템, 행정제한기구(travel stop), 안전기능 스프링(fail-safe spring) 등으로 인한 한쪽의 체적이 작은 경우는 그러하지 않다. 이러한 경우에 양쪽의 총 체적은 분리해서 계산해야 하고 주기당 공기체적에서는 합산해야 한다. 예를 들어 랙 앤 피니언 구동기가 한쪽은 500 in^3의 체적을 갖고 반대측은 300 in^3의 체적을 갖고 공급공압 80 psi에서 시간당 12회 작동한다고 하자. 변환계수를 사용하여 한쪽의 세제곱인치를 세제곱피트로 변환하면,

$$\text{scf} = \frac{\text{in}^3}{1728} = \frac{500}{1728} = 0.29 \text{ scf}$$

반대측도 동일하게 변환하면,

$$\text{scf} = \frac{\text{in}^3}{1728} = \frac{300}{1728} = 0.17 \text{ scf}$$

구동기의 총 공기체적은 0.46 scf(0.29+0.17)이고 주기당 사용량은 다음과 같이 계산된다.

$$V_1 = V_2 \frac{P_2}{P_1} = 0.46\left(\frac{80 + 14.7}{14.7}\right) = 2.96 \text{ scf}$$

시간당 12회 행정을 포함한 시간당 사용량(기준 시간당 세제곱피트)은 다음과 같이 계산된다.

$$2.96 \text{ scf} \times 12 = 35.52 \text{ scfh}$$

단방향 구동기에서 포지셔너가 사용된다면 구동기가 열림과 닫힘 위치에서 조절기능을 함에 따라 공기사용량은 달라질 수 있다. 포지셔너의 움직임에 따라, 클 수도 작을 수도 있지만 공기사용량은 움직임에 비례한다. 포지셔너가 장착된 구동기의 공기사용량은 다음 수식에 의해 계산될 수 있다.

$$\text{scfh} = \frac{V}{A}[P_S(M_2 - M_1) + 0.4PM_1]N$$

여기서, V: 구동기 체적(actuator volume, ft^3)

P_S: 공급압력(supply pressure, psia)

M_1: 시작 위치(starting position; fraction of stroke)

M_2: 종료 위치(finished position; fraction of stroke)

A: 대기압(atmospheric pressure, 14.7 psia)

N: 시간당 행정의 수(number of strokes per hour)

예를 들어 포지셔너 장착 단방향 구동기가 500 in^3의 체적을 가지고 10%에서 50% 열림 위치 사이에서 운전되고 공급공기압이 60 psi로 8회 행정으로 운전된다면 공기사용량은 다음과 같이 계산될 것이다.

$$\begin{aligned}\text{scfh} &= \frac{V}{A}[P_S(M_2 - M_1) + 0.4PM_1]N \\ &= \frac{\frac{500}{1428}}{14.7}\{[(60+14.7)(0.5-0.1)] + [0.4(60+14.7)(0.1)]\}8 \\ &= 5.26\ \text{scfh}\end{aligned}$$

이 계산은 오로지 공기사용량에 관한 것이다. 일부 포지셔너는 계속해서 공기를 방출하므로 이는 공기가 소모됨을 말하며 압축기의 크기를 선정할 때에는 총 요구 공기량을 파악해야 한다. 양방향 구동기에 포지셔너를 사용하는 경우라면, 대부분은 동일하나 상기 수식을 조금 수정하여 다음과 같이 쓸 수 있다.

$$\text{scfh} = \frac{V}{A}\{[2P_S(M_2 - M_1) + 0.4P(1 - M_2 - M_1)]\}N$$

예를 들어 포지셔너가 장착된 양방향 구동기가 300 in^3 공기체적을 갖고 20%~70%의 열림 위치로 운전되고 80 psi의 공급압력으로 시간당 12회 작동된다면 다음과 같이 계산할 수 있다.

$$\begin{aligned}\text{scfh} &= \frac{V}{A}\{[2P_S(M_2 - M_1) + 0.4P(1 - M_2 - M_1)]\}N \\ &= \frac{\frac{300}{1728}}{14.7}\{[2(80+14.7)(0.7-0.2)] + [0.4(80+14.7)(1-0.7-0.2)]\}12 \\ &= 11.82\ \text{scfh}\end{aligned}$$

다시 한 번 포지셔너는 공기를 계속 방출하고 있음을 상기하여 공기소모량을 공기사용량에 추가해야 한다.

8.2 공압구동기 크기 선정(sizing pneumatic actuators)

8.2.1 선형 밸브의 구동기 힘 계산(actuator force calculation for linear valves)

글로브 컨트롤밸브와 같은 직선으로 움직이는 밸브에 적합한 구동기 크기를 선정하기 위해서는 사용자는 밸브 내부에 작용하는 힘들을 알고 있어야 한다. 이 힘의 값은 $F_{process}$로 알려져 있다. 작용력(process force)을 계산함에 있어 주요 변수는 불균형 면적을 계산하는 것이다. 불균형 면적은 케이지(또는 슬리브) 면적에서 스템 면적을 제외한 면적으로 정의된다. 불균형 면적은 시트 면적보다 커야 한다. 수식의 형태로 다음과 같이 쓸 수 있다.

$$A_{unbalanced} = A_{cage\ or\ sleeve} - A_{stem} > A_{seat}$$

여기서, $A_{unbalanced}$: 불균형 면적(unbalanced area)

$A_{cage\ or\ sleeve}$: 케이지(또는 슬리브)의 면적(area of the cage or sleeve)*

A_{stem}: 플러그 스템의 면적(area of the plug stem)

A_{seat}: 시트 면적(area of the seat)

* 밸브가 케이지나 슬리브가 없는 경우에는 플러그의 상면 면적이 사용된다.

작용력(process force)을 계산하는 공식은 3개의 설계기준(process force, packing thrust, seat load)만큼이나 사용조건에 기준한다. 첫 번째 계산은 밸브의 열림이나 닫힘에 유체흐름이 도움을 주는가 하는 것이다. 두 번째 계산은 밸브가 균형인가 불균형(글로브 또는 더블 포트에 국한하여)인가 하는 것이다. 그리고 세 번째로는 (밸브를 글로브밸브 플러그로 가정하고) 닫힘 요소 또는 제어 요소에 대해 언더플로인가 오버플로인가 하는 것이다. 다음 공식들은 다음의 밸브 유형에 따라 적용된다.

열림 보조압력, 불균형 트림, 플러그 언더플로:

$$F_{process} = (P_1 - P_2)A_V + P_2 A_{stem}$$

열림 보조압력, 불균형 트림, 플러그 오버플로:

$$F_{\text{process}} = (P_1 - P_2)A_V - P_1 A_{\text{stem}}$$

열림 보조압력, 균형 트림, 플러그 언더플로:

$$F_{\text{process}} = (P_1 - P_2)A_{\text{unbalanced}} - P_2 A_{\text{stem}}$$

열림 보조압력, 균형 트림, 플러그 오버플로:

$$F_{\text{process}} = (P_1 - P_2)A_{\text{unbalanced}} + P_2 A_{\text{stem}}$$

닫힘 보조압력, 불균형 트림, 플러그 언더플로:

$$F_{\text{process}} = -[(P_1 - P_2)A_V + P_1 A_{\text{stem}}]$$

닫힘 보조압력, 불균형 트림, 플러그 오버플로:

$$F_{\text{process}} = -[(P_1 - P_2)A_V - P_1 A_{\text{stem}}]$$

닫힘 보조압력, 균형 트림, 플러그 언더플로:

$$F_{\text{process}} = -[(P_1 - P_2)A_{\text{unbalanced}} - P_1 A_{\text{stem}}]$$

닫힘 보조압력, 균형 트림, 플러그 오버플로:

$$F_{\text{process}} = -[(P_1 - P_2)A_{\text{unbalanced}} + P_1 A_{\text{stem}}]$$

여기서, F_{process} : 불균형 압력을 극복하는 힘(force to overcome the process pressure unbalance)

P_1: 입구 측 압력(upstream pressure at inlet, psia)

P_2: 출구 측 압력(downstream pressure at outlet, psia)

A_V : 밸브 포트 면적(area of the valve port, in^2)

A_{stem} : 플러그 스템 면적(area of the plug stem, in^2)

$A_{\text{unbalanced}}$: 불균형 면적(unbalanced area, in^2)

구동기의 힘이 밸브를 여는 데 사용된다면 4개의 힘 중 3개(불균형 압력을 극복하는 힘, 패킹 마찰력, 기타의 힘)는 반대로 작용한다. 시트 로딩을 위한 힘은 필요하지 않기 때문에 여기서는 관련 항을 제외한다.

$$F_{open} = F_{process} + F_{packing} + F_{miscellaneous}$$

여기서, F_{open}: 밸브를 여는 데 필요한 힘(total force or actuator thrust required to open valve)

$F_{process}$: 불균형 압력을 극복하는 힘(force to overcome the process pressure unbalance)

$F_{packing}$: 패킹 마찰력에 요구되는 힘(force required to packing friction)

$F_{miscellaneous}$: 특정설계 요인과 무게 등을 극복하는 힘(force to overcome special design factors, weight, etc.)

힘의 총합으로 밸브가 닫혀야 한다면, 나중에 4개의 수식에서 설명되겠지만 불균형 압력을 극복하는 힘은 음의 값을 가져야 한다. 다시 말하면 불균형 압력을 극복하는 힘은 밸브를 닫는 데 보조하는 역할을 한다. 불균형 압력을 극복하는 힘은 구동기에 요구되는 힘을 증가시키기보다는 감소하게 한다. 구동기는 패킹 마찰력, 시트 로드, 기타 설계힘과 반대로 작용하는 불균형 압력을 극복하는 힘으로 구성되는 복합된 힘을 충분히 극복하는 힘을 가져야 한다. 이러한 경우에 구동기에 요구되는 힘은 최소한의 것일 수 있으며, 이는 다음과 같이 표현할 수 있다.

$$F_{close} = F_{seat} + F_{packing} + F_{miscellaneous} - F_{process}$$

여기서, F_{close}: 밸브를 닫힘 요구 힘의 총합 또는 구동기 스러스트(total force or actuator thrust required to close valve)

F_{seat}: 적절한 시트 로드에 요구되는 힘(force required to provide-correct seat load)

밸브를 열고 닫아야 하는 곳에 구동기를 적용하는 경우 열고 닫는 힘인 F_{open}과 F_{close}는 계산되어야 한다. 두 개의 힘 중에서 가장 큰 값이 구동기의 크기를 선정하는 데 사용된다.

불균형 압력을 극복하는 힘을 계산한 이후에 다음으로 계산되는 힘은 다음 수식으로 사용되는 누설등급에 따라 요구되는 부하이다.

$$F_{\text{seat}} = F_{\text{class}} C_{\text{port}}$$

여기서, F_{class}: 누설등급에 따른 요구 시트 로드(required seat force of shutoff classification)

C_{port}: 밸브의 환경조건(circumference of the valve)

패킹 마찰력을 극복하는 데 요구되는 힘 F_{packing}은 제작사가 제공한다. 패킹 마찰력은 스템의 지름과 패킹의 재질, 적절한 압축(조임)을 가정하여 계산된다. 지나친 패킹의 조임은 패킹 마찰력과 이를 극복하는 데 필요한 힘을 증대시킨다.

누적된 힘들을 계산하면 구동기의 스러스트 적합성에 기반하여 제조자에 의해 구동기가 선정된다. 최종적으로 필요한 것은 사용조건에 맞게 선정된 밸브에 올바른 구동기가 설치되도록 하는 것이다. 가혹한 조건에 맞추어 크게 선정된 구동기는 요크와 보닛 연결부가 표준과 다를 수 있으며 수정이 필요할 것이다.

공압구동기는 사용조건에 맞추어 적당한 크기와 스프링이 선택될 필요가 있다. 대부분의 제조자는 구동기가 낼 수 있는 스러스트를 포함한 자료를 제공하고 있다. 추가적으로 사용자는 요구되는 안전기능(fail-open or fail-closed)과 요크와 보닛의 연결부를 선택해야 한다. 요구 스러스트와 설치 요구조건을 만족하는 가장 작은 구동기가 가장 적합한 구동기이다.

8.2.2 버터플라이밸브의 구동기 힘 계산 (actuator force calculation for butterfly valves)

회전형 밸브에서는 조금은 다른 선정기준이 필요하다. 회전형 구동기의 선정의 핵심은 버터플라이밸브와 같은 회전형 타입의 밸브에서 요구되는 토크이다. 이는 다른 말로 밸브를 작동하기 위해 회전력을 만들어내는 샤프트에 가하는 구동기의 스러스트의 양을 말한다. 특히 사용자는 불균형 압력이 순방향으로 또는 반대 방향으로 작용하는 밸브를 닫을 때 필요한 토크인 시팅 토크를 계산해야 한다. 밸브를 열기 시작하는 데 필요한 토크를 열림개시 토크(breakout torque)라 하고 운전 중에 필요한 토크를 운전 토크(dynamic torque)라 한다. 이러한 토크값에 대해 알고 있을 때 적합한 구동기를 선정할 수 있다.

버터플라이밸브의 구동기 크기 선정의 첫 번째 단계로 구동기의 강성 조건과 샤프트의 방향을 선정한다. 편심 버터플라이밸브에서는 샤프트 방향이 중요하다. 샤프트가 흐름의 입구 쪽에 있으면 유체의 힘은 디스크가 닫히는 방향으로 작용한다. 반대로 샤프트가 흐름의 출구 쪽에 있으면 유체의 힘은 디스크를 여는 방향으로 작용한다. 가스를 적용하는 경우 버터플라이밸브가 안전기능이 닫힘 기능이면 샤프트는 입구 쪽에 위치하고 안전기능이 열림 기능이면 샤프트는 출구 쪽에 위치한다. 액체에 밸브를 적용하는 경우에 구동기가 불균형 압력에 대해 충분한 강성(유체에 의한 급격한 힘의 변화가 밸브트림에 가해질 때 이에 저항하는 구동기의 능력)을 갖지 못하면 안전기능이 닫힘 기능인 경우 디스크는 시트에 쾅 닫히는(slamming) 경향을 갖는다. 회전형 구동기가 충분한 강성을 갖지 못하면 워터해머의 원인이 될 수 있다. 따라서 공급압력에 대한 최대 압력강하의 비로서 구동기의 강성을 계산해야 한다.

$$A_S = \frac{P_1 - P_2}{P_S}$$

여기서, A_S: 구동기의 요구 강성(required actuator stiffness)

P_1: 입구압력(upstream pressure at inlet, psia)

P_2: 출구압력(downstream pressure at outlet, psia)

P_S: 공급압력(supply pressure)

표 8.3은 3개 크기의 구동기에 대한 최대 구동기 강성을 나타내고 있다. 계산된 값이 표의 값보다 크면 그 밸브 크기에 대해 더 큰 구동기가 선정되어야 한다.

예를 들어 4 inch 버터플라이밸브가 입구압력 P_1이 240 psia이고 출구압력 P_2가 60 psia, 공급압력이 80 psi이면 요구 구동기 강성의 비는 다음과 같다.

$$A_S = \frac{P_1 - P_2}{P_S} = \frac{240 - 60}{80} = 2.25$$

표 8.3에서 4 inch 밸브의 경우 가장 작은 구동기(size A)의 최대값보다 약간 크다. 따라서 다음으로 큰 사이즈인 구동기(size B)가 선정되어야 한다.

선택된 구동기는 또한 그 버터플라이밸브를 열고(열림 개시 토크) 닫는 데, 그리고 열림 닫힘 위치 사이에서의 제어 가능한 필요한 토크를 내도록 필요한 힘을 가져야 한다.

Table 8.3 구동기 강성의 비(actuator stiffness factors)

Valve Size	Actuator Size A	Actuator Size B	Actuator Size C
2-inch DN 50	4.2		
3-inch DN 80	3.1		
4-inch DN 100	2.0	6.7	
6-inch DN 150		4.3	7.0
8-inch DN 200		2.5	5.9
10-inch DN 250			4.1

다음 수식은 시팅 토크와 열림 개시 토크를 계산하는 수식이다.

샤프트가 출구 측에 있고 밸브를 닫는 데 필요한 토크:

$$T_{\text{seat}} = -T_P - T_S - T_H - \Delta P_{\max}(C_B - C_O)$$

샤프트가 출구 측에 있고 밸브를 여는 데 필요한 토크:

$$T_{\text{breakout}} = T_P + T_S + T_H + \Delta P_{\max}(C_B - C_O)$$

샤프트가 입구 측에 있고 밸브를 닫는 데 필요한 토크:

$$T_{\text{seat}} = -T_P - T_S - T_H - \Delta P_{\max}(C_B - C_O)$$

샤프트가 입구 측에 있고 밸브를 여는 데 필요한 토크:

$$T_{\text{breakout}} = T_P + T_S + T_H + \Delta P_{\max}(C_B + C_O)$$

여기서, T_{seat}: 요구 시팅 토크(seating torque required)

T_{breakout}: 요구 브레이크아웃 토크(breakout torque required)

T_P: 패킹 토크(packing torque)

T_S: 시트 토크(seat torque)

T_H: 핸드휠 토크(hand wheel torque*)

$\Delta P_{\max}$: 차단 최대압력강하(maximum pressure drop at shutoff)

C_B: 베어링 토크 계수(bearing or guide torque factor)

C_O: 오프 밸런스 토크 계수(off-balance torque factor)

*핸드휠이 없으면 핸드휠 토크는 0이다.

패킹 토크 T_P는 샤프트의 패킹 회전마찰력을 극복하는 데 요구되는 토크이다. 시트 토크 T_S는 디스크와 시트의 마찰력을 극복하는 데 요구되는 토크이다. 베어링 토크 계수 C_B는 밸브를 통과하는 유체 압력이 증가하면 베어링에 작용하는 힘이 비례적으로 증가한다는 상관관계를 나타낸다. 핸드휠 토크 T_H는 장착된 핸드휠 마찰력을 극복하는 데 요구되는 토크이다. 단속적인 핸드휠을 사용할 경우 핸드휠이 연결될 때에만 고려한다. 오프 밸런스 토크 계수 C_O는 (구동기의 힘을 회전력으로 변환하는) 기계적인 연결장치와 디스크 사이의 오프 밸런스 힘들의 관계를 나타낸다. 이들 토크와 계수들은 각기 밸브의 설계에 따라 다르기 때문에 이들 값은 제조자가 제공한다. 최종 산출된 토크값이 음의 값을 가진다면 이것은 버터플라이 디스크가 닫힘에서 저항을 받게 될 것이라는 것을 나타낸다. 역으로 값이 양의 값을 가지면 디스크는 열림에 대해 저항을 받게 된다.

쿼터턴 행정 중에 높은 차압이 예상되면, 샤프트의 회전에 따라 토크 출력은 급격하게 변화할 수 있다. 이러한 이유로 동력 토크는 열림의 여러 각도에 따라 계산된다. 샤프트가 출구에 위치하는 경우에 밸브 제어상의 문제점으로 이어지는 역토크가 약 75% 열림에서 발생할 수 있다. 이러한 문제점이 발생하면 가능하다면 샤프트를 입구 측에 위치하도록 하거나 70% 이상으로 회전하는 것을 막는 제한 스토퍼를 두어야 한다.

다음 식은 가스에 사용되는 버터플라이밸브에 대한 동력 토크를 계산할 때 사용된다.

밸브 닫힘에서

$$T_D = -T_P - \Delta P_{\text{eff}}\,(C_{BT})$$

밸브 열림에서

$$T_D = T_P + \Delta P_{\text{eff}}\,(C_{BT})$$

여기서, T_D: 동력 토크(dynamic torque)

T_P: 제조업체 제공 패킹 토크값(packing torque value from manufacturer)

ΔP_{eff}: 초크 차압 제한 내에서 열림 개도각에서의 실제 차압(ΔP actual at the flowing condition at the degree of opening, limited to the ΔP_{choked})

C_{BT}: 제조업체 제공 베어링 토크(bearing or guide torque value from manufacturer)

액체에 적용되는 경우에는 다음 수식이 사용된다.

밸브 닫힘에서

$$T_D = -T_P - \Delta P_{\text{eff}}\,(C_{BT} - C_D)$$

밸브 열림에서

$$T_D = T_P - \Delta P_{\text{eff}}\,(C_{BT} - C_D)$$

여기서, C_D: 동력 토크 계수(표 8.4 참조)

동력 토크에 대한 최종값이 음의 값이면 유체흐름은 열림 위치로 디스크가 작용하도록 하여 디스크는 닫힘에 저항할 것이다. 동력 토크가 양의 값이면 흐름은 닫힘 위치로 디스크가 작용하도록 하여 디스크는 열림에 저항할 것이다. 제조자의 데이터와 주어진 필요 공급 가능 공압으로부터 충분한 토크값을 갖는 구동기가 선정될 수 있다. 이러한 토크는 동력 토크만큼이나 밸브의 전 행정을 통해 요구되는 시팅 토크와 브레이크아웃 토크를 극복해야 한다. 구동기의 구동 가능 토크가 요구동력 토크보다 작으면 더 큰 토크를 갖는 더 큰 구동기가 선정되어야 한다.

구동기 선정 다음으로 샤프트가 출구 위치에 있는 경우 시트에 디스크가 충돌하지 않는지 구동기 강성을 다시 한 번 확인해야 한다. 안전기능이 닫힘이든 열림이든 특정 안전기능 위치로 디스크를 움직이도록 하기 위해 스프링이 필요한지 고려해야 한다. 높은 등급의 차단이 필요하지 않은 닫힘 안전기능인 경우 스프링은 동력 토크를 극복하기 위한 적정 토크를 가져야 한다. 밸브에 엄격한 차단이 요구되는 경우라면 스프링은 닫힘 위치에서 요구되는 시팅 토크를 극복하는 충분한 토크를 낼 수 있어야 한다. 안전기능이 열림인 경우에 스프링은 닫힘 위치에서 완전 열림까지의 행정에서 움직이는 과정에 어떠한 동력 토크도 이겨야 하는 것은 물론 닫힘 위치에서 요구 브레이크아웃 토크를 충분히 이기는 토크를 가져야 한다. 동력 토크나 브레이크아웃 토크나 시팅 토크를 이기는 충분한 힘을 갖는 스프링을 적용할 수 없다면 공기 공급의 손실에서도 적정 위치로 밸브가 움직이도록 적당한 힘을 주기 위해 볼륨탱크가 사용될 수 있다.

Table 8.4 Butterfly-valve torque factors*,†,‡

valve size (in.)	Dynamic Torque Factor vs. Disc Position (Degree Open)																	
	10°		20°		30°		40°		50°		60°		70°		80°		90°	
	A	B	A	B	A	B	A	B	A	B	A	B	A	B	A	B	A	B
2	0	0	0	0	0	0	0	0	0	0	0	0	0	0	0	0	0	0
3	0	0	0	0	0		0	1	0	2	0	2						
4	0	0	0	0	0	0	0	0	0	1	1	2	1	4	0	6	-4	4
6	0	0	0	1	1	1	1	3	2	4	4	9	6	17	0	23	-19	19
8	0	0	0	1	1	2	2	4	3	7	4	12	1	19	-8	28	-23	23
10	0	1	1	2	2	0	5	9	7	17	-8	28	4	46	-18	65	-55	55
12	1	2	2	7	5	13	10	20	16	38	18	61	8	101	-40	144	-121	121
14	1	3	3	10	6	18	15	28	22	54	25	85	12	142	-56	201	-168	168
16	2	4	4	12	8	23	19	36	27	67	32	106	15	177	-69	250	-211	211
18	5	10	10	29	19	54	44	83	64	156	73	247	34	411	-101	582	-489	489
20	5	10	10	31	21	58	47	89	68	168	78	264	6	440	-173	623	-524	524
24	7	14	14	42	28	78	64	121	92	227	106	358	50	596	-234	845	-710	710
30	24	49	49	146	97	268	219	414	316	779	365	1230	170	2046	-804	2899	-2436	2436

* A-shaft downstream; B=shaft upstream.

† Courtesy of Flowserve, Valtek.

‡ Note: When degrees of opening are not known, use highest value of C_d for valve size.

8.2.3 볼밸브의 구동기 힘 계산(actuator force calculation for ball valves)

디스크가 이미 유체흐름 안에 있는 것과는 대조적으로 유체흐름 안에서 움직이는 볼을 이용하여 볼밸브가 설계되므로 볼밸브에 작용하는 힘(과 요구 토크)은 버터플라이밸브에서의 그것과는 다르다. 시팅이나 브레이크아웃 토크 계산에서 다른 것이 요구된다.

샤프트가 출구에 있을 때 밸브를 열기 위한 요구 토크는

$$T_{\text{breakout}} = T_P + T_S + \Delta P_{\max}(C_B + C_S) + T_H$$

샤프트가 입구에 있을 때 밸브를 열기 위한 요구 토크는

$$T_{\text{breakout}} = T_P + T_S + \Delta P_{\max} C_B + (T_S - \Delta P C_S) + T_H$$

여기서, ΔP : 실제 압력강하(actual pressure drop, $P_1 - P_2$)

C_S : 시트 토크 계수(seat torque factor)

패킹 토크 T_P는 샤프트상의 패킹의 회전마찰력을 극복하기 위해 요구되는 토크이다. 시트 토크 T_S는 디스크상의 시트의 마찰력을 극복하기 위해 요구되는 토크이다. 베어링 토크 계수 C_B는 밸브를 통과하는 압력이 증가함에 따라 베어링에 작용하는 힘이 비례하여 증가함을 나타낸다. 핸드휠 토크 T_H는 부착된 핸드휠의 마찰력을 극복하기 위해 요구되는 토크이다. 단속적인 핸드휠을 사용할 경우 핸드휠이 연결될 때에만 고려한다. 이들 토크와 계수들은 각기 밸브의 설계에 따라 다양하게 다르기 때문에 이들 값은 보통 제조업체에 의해 제공된다.

액체에 적용하는 경우에 동력 토크 또한 계산되어야 한다. 앞 장에서 언급한 것과 같이 동력 토크는 볼에 작용하는 유체동력(동수력)에 의한 닫힘 요소에 작용하는 토크를 극복하는 데 필요한 토크이다. 동력 토크를 계산하기 위해 다음 수식이 사용된다.

$$T_D = T_P + \Delta P_{\text{eff}} (C_D + C_B)$$

여기서, ΔP_{eff} : 밸브가 열림 위치에 있을 때 발생하는 다음 조건에서 밸브를 통과하는 실제 압력강하(actual pressure drop across the valve at the flowing condition that occurs when the valve is in the open position)

실제 압력강하 ΔP_{eff}는 초크 압력강하 ΔP_{choked}보다 작거나 같다.

C_D : 동력 토크 계수(dynamic torque factor from Table 8.5)

C_B : 베어링 토크 계수(bearing torque factor from manufacturer)

일단 시팅이나 브레이크아웃과 동(수)력 토크가 계산되면 충분한 토크를 갖는 구동기는 제작자가 제공하는 선택 테이블에서 선정할 수 있다. 특정 안전기능(닫힘 또는 열림) 위치로 볼이 움직이도록 하는 데 스프링이 필요하다면 불균형 압력을 극복할 수 있는 스프링을 선정하는 데에는 특별한 고려가 필요하다. 높은 등급의 차단이 필요하지 않은 경우라면 안전 기능이 닫힘인 경우에 스프링은 동력 토크를 극복하기 위한 적정한 토크를 가져야 한다. 볼밸브가 아주 높은 차단등급을 요구하는 경우에는 닫힘 위치에서 요구 시팅 토크를 극복하기 위한 충분한 토크를 만들어내는 스프링이어야 한다. 안전기능이 닫힘인 경우 스프링은 열림 위치까지의 전 행정을 통해 움직이는 동안에 어떠한 동력 토크이든지 극복해야 하는 것과 같이 닫힘 위치에서 요구 브레이크아웃 토크를 극복하기 충분해야 한다.

Table 8.5 볼밸브 토크 계수(ball-valve torque factors)[*,†]

valve size (in.)	T_P=Packing Torque Factor (in-lb)					T_S = Packing Torque (in-lb)	T_P=Packing Torque Factor (in-lb)		C_B=Seat Torque Factor	C_D=Dynamic Torque Factor	
	(1)	(2)	(3)	(4)	(5)		(6)	(7)		60°	90°
1	43	228	421	301	57	20	0.06	0.09	0.1	0.25	0.6
1 ½	50	280	477	350	63	40	0.06	0.09	0.1	0.5	1.0
2	50	280	477	350	63	60	0.06	0.09	0.15	1	2.1
3	57	333	533	399	71	150	0.19	0.28	0.42	4.5	8.0
4	57	333	533	399	71	360	0.38	0.58	0.82	10.0	17.0
6	71	438	646	496	92	540	0.97	1.45	1.64	19.5	30.5
8	71	438	646	496	92	670	1.58	2.37	2.62	52.0	75.5
10	104	648	870	691	151	1100	4.38	6.57	4.55	108.0	165.5
12	104	648	870	691	151	1300	5.61	8.41	6.05	191.0	218.5

* Courtesy of Flowserve, Valtek.

† (1) PTFE or filled PTFE V-ring packing, (2) grafoil, (3) twin grafoil, (4) asbestos-free packing (AFP), (5) braided PTFE, (6) PTFE lined bearings, (7) metal bearings.

동력 토크나 브레이크아웃 토크, 시팅 토크를 극복하는 데 충분한 힘을 갖는 스프링을 적용할 수 없다면 공기 공급의 손실에서도 밸브를 적정위치로 움직이는 데 적당한 힘을 갖는 것으로 볼륨탱크의 사양이 채택되어야 한다.

8.3 전기-기계와 전기-유압 구동기의 선정
(sizing electromechanical and electro-hydraulic actuators)

8.3.1 전기-기계와 전기-유압 구동기에 대한 구동기 크기 선정의 소개 (introduction to actuator sizing for electromechanical and electro-hydraulic actuators)

대부분 전기-기계와 전기-유압 구동기는 다음 수식과 같이 밸브체 내부에 작용하는 힘들을 극복하기 위해 필요한 스러스트에 따라 그 크기가 선정된다.

$$F_{\text{total}} = F_{\text{process}} + F_{\text{seat}} + F_{\text{packing}} + F_{\text{miscellaneous}}$$

여기서, F_{total}: 밸브의 열림, 닫힘, 조절에 요구되는 총 힘 또는 구동기 유용 스러스트(total force or actuator thrust required to open, close or throttle valve)

F_{process}: 불균형 압력을 극복하기 위한 힘(force to overcome pressure unbalance)

F_{packing}: 패킹 마찰력을 극복하기 위해 요구되는 힘(force required to overcome packing friction)

F_{seat}: 적정한 시트로드를 제공하는 힘(force to provide correct seat load)

$F_{\text{miscellaneous}}$: 설계에 따라 무게 등 기타 부수적인 것을 극복하기 위한 힘(force to overcome special design factors, weight, etc.)

구동기의 설계와 적용에 따라서 매우 광범위하게 구동기의 크기 선정이 이루어져야 하므로 개별적인 구동기 크기 선정 수식은 이 장에서 다루지 않는다.

8.3.2 특별히 고려해야 할 사항들

대부분의 전기기계 또는 전기유압 제조업체의 적용 기술자들은 안전을 고려하여 어떤 부가적인 스러스트를 포함하는 것은 물론, 밸브에 작용하는 마찰력과 공정에 기반하여 구동기를 선정한다. 이들 구동기에 대하여 높은 수준의 엔지니어링을 통하여 충분한 구동기를 선정하기보다는 지나치게 과한 구동기를 선정하는 것이 오히려 더 낫다는 생각이 대세이다. 하지만 어떤 경우에 있어서는 구동기 크기 선정과정을 통해 안전요소가 적산되어 구동기의 총 스러스트에 25~50%가 더 부가될 수 있다. 일반적으로 전기기계 또는 전기유압 구동기는 고가이므로, 구동기 크기 선정 공식이 주어진 크기보다 약간 큰 요구 스러스트로 계산된다면 모든 안전 요소들에 대해 비현실적인 적산이 없는지 재확인을 해야 한다. 만일 그렇다면 더 작은 크기의 구동기가 고려될 수 있다.

전기기계 또는 전기유압 구동기는 보통 일반적인 공압 구동기가 낼 수 없는 매우 빠른 행정속도 또는 고성능이 요구되는 곳에 채택된다.

구동기를 선정함에 있어 응용 엔지니어들은 속도와 응답성, 정밀한 위치선정 수준을 계산하기 위해 특별한 선정 수식을 사용한다. 전기기계 또는 전기유압 구동기를 요구하는 적용처 대부분은 특별하거나 가혹한 조건이기 때문에 제조업체는 유량과 압력강하에 기반하여 구동기를 선정하는 경향이 있다.

Chapter 9 유지보수 및 수리 (Maintenance and Repair)

9.1 서론

밸브는 역학적인 환경에 놓여 있는 역학적인 기구이다. 밸브는 오랜 기간 사용으로 마모되거나 누설방지기능을 갖는 실링이나 패킹과 같이 그 기능이 상실되는 작동부품들로 구성된다. 밸브는 밸브가 제어하는 유체의 온도와 압력의 심한 변동에 의한 침식과 마모의 대상이다. 또한 밸브는 주변의 변동 온도에 견디어야 하며, 설치된 배관라인의 진동하에 놓여 있다. 결론적으로 밸브의 유지보수와 수리가 필요하며, 때로는 교체가 필요하다는 것이 놀랄 만한 일은 아니다. 한번 설치된 밸브는 주기적으로 유지보수가 필요한지, 수리가 필요한지를 검사할 필요가 있다(주기적 검사). 대부분의 밸브에 수행되어야 할 유지보수의 기간과 횟수는 제한을 두어야 하는데, 수리의 가능성은 광범위하므로 경제성을 고려하여 제한해야 한다.

9.2 밸브 유지보수

윤활작용이 있는 플러그밸브를 제외하더라도 밸브의 유지보수는 필요에 의한 기본사항으로 수행되며, 주로 게이트, 글로브, 볼, 버터플라이밸브의 스템이나 샤프트를 통한 외부 누설을 교정하는 것이다. 대부분의 경우 스템이나 샤프트 누설은 패킹 너트나 그랜드플랜지 너트를 조여줌으로써 패킹을 더 압축하여 스템이나 샤프트에 대해 더 조여줌으로써 누설을 멈추게 할 수 있다. 덧붙여 말하면 보닛과 보디커버 등의 정적 누설방지의 개스킷의 누설은 거의 없지만 이 역시 단단히 조여주면 누설을 멈추게 할 수 있다. 고온의 사용조건에서의 볼티드 보닛 밸브는 볼트의 토크는 세심한 주의가 필요하다.

윤활작용 플러그밸브는 주기적으로 실란트의 주입이 필요하다. 실란트가 유체의 압력과 접촉으로 시간이 흐르면 씻겨 없어지게 된다. 윤활작용 플러그밸브의 제조사는 작동횟수가 빈번할수록 자주 실란트 주입을 매일, 주간, 월간, 연간으로 추천한다. 밸브를 전혀 작동시키지 않더라도 적어도 1년에 한 번은 플러그와 시트를 부식으로부터 보호하기 위해 실란트를 주입해야 한다. 실란트를 주입할 때에는 시팅 표면 전체에 고루 분배되도록, 플러그는 완전개도(full open)에서 완전닫힘(full closed) 상태를 반복하여 실시해야 한다.

9.3 밸브 수리

앞에서 언급한 일부의 유지보수작업 외 어떤 것이든 적어도 밸브의 일부는 분해하게 되며 이를 수리(repair)라 한다. 밸브 수리는 다음과 같은 경우 필요하다.

1. 스템, 샤프트나 몸체의 결합부에서 패킹너트, 글랜드플랜지, 몸체 볼팅을 조여주어도 누설이 멈추지 않을 때. 이러한 상태는 패킹, 실, 개스킷이 기능이 상실되어 발생한다.
2. 밸브를 닫아도 유체의 흐름이 멈추지 않거나 일부 유체의 누설이 있을 때. 이것은 흔히 시트면의 침식, 부식, 마모에 의한다. 체크밸브에서는 밸브의 유량제어요소의 바인딩이나 고착(sticking)에 의해 발생될 수 있고 유량제어요소를 보조하거나 구동하는 데 사용하는 스프링의 기능상실일 수 있다.
3. 밸브를 열어도 유량의 흐름이 없는 경우. 이러한 경우는 밸브의 스템이나 샤프트가 유량제어요소와 연결부의 기계적인 기능상실이 원인인 경우가 대부분이다.
4. 밸브 용기에 누설이 있을 때. 이러한 경우는 주조용기가 주물의 외부로 연결된 기공(porosity)이나 크랙(crack)이 존재하고 있다가 기공이나 크랙이 주물의 내면에서 침식이나 부식에 의해 노출될 때 발생할 수 있다.

일부 밸브는 설치된 배관라인상에서 수리가 이루어진다. 배관라인상에서 수리를 할 것인지 떼어내어 공장으로 보내어 수리할 것인지는 수리의 긴급성이나 배관에서 떼어내기가 용이한지에 달려 있다. 배관라인상에서 작업하는 것보다는 공장으로 보내어 수리하는 것이 일반적이나, 수리가 배관라인상에서 가능하다면 마땅히 배관라인상에서 수리해야 하며, 밸브의 크기가 크고 다루기가 어렵거나 다루기 힘든 위치에 있거나 라인에 용접된 경우에 라인상에서 수리하는 것이 바람직하다.

라인상에서 수리가 가능한 범위는 밸브의 설계와 유형에 따라 제약을 받고 압력 제거가 가능하거나 드레인이 가능한지에 따른다. 압력이 걸린 상태에서 라인상에서 수리가 가능한 경우는 백시트가 있는 게이트밸브나 글로브밸브에서나 가능하다. 스템을 단단히 백시팅한 후에 밸브 스템 패킹나사를 풀거나 글랜드 플랜지(gland flange) 나사를 제거하고 글랜드 플랜지나 글랜드를 들어올린다(백시트가 있는 밸브 그림 참조). 오래된 패킹은 제거 전용 툴을 이용하여 제거하거나 고압수나 공압을 분사하여 패킹을 불어낸다. 패킹 제거용 툴(제거기구; mechanical puller)을 이용하여 패킹을 제거하는 경우에는 스템이나 스템박스(stem box) 내면이 손상되거나 긁히지 않도록 주의한다. 이 부분이 긁히거나 손상되면 누설의 원인이 될 수 있다.

사용된 패킹은 압축상태에 있었기 때문에 끊어짐이 없거나 단단한 하나의 링으로 보이겠지만 교체해야 하는 새로운 패킹은 분할된 링의 형태로 스템에 끼워진다. 패킹이 분할된 링으로 구성하는 것은 직행의 누설 경로를 막기 위함이다. 새로운 패킹을 설치한 후에는 패킹너트나 글랜드 플랜지 너트를 끼우고 조여준다. 스템을 조심스럽게 백시트에서 풀어주고 누설이 없을 때까지 패킹너트나 글랜드 플랜지 너트를 조여준다.

압력하에서 밸브의 패킹 교체작업은 보편적으로 받아들일 수 있는 공정은 아니다. 일부 제조사들은 백시트를 압력이 제거된 상태에서 패킹 교체작업이 이루어질 때까지 누설을 최소화하는 임시적 수단으로만 사용할 것을 추천한다. 또한 일부 밸브들의 기구(mechanics)는, 특히 고온고압의 유체이거나 스팀 같은 경우 패킹 교체를 할 수 없는 구조이다. 압력하에서 밸브의 패킹 교체의 여부는 전적으로 백시트의 신뢰성에 달린 문제이다.

배관라인과 밸브가 배수가 가능한 구조라면 배관상에서의 수리 가능성은 높아진다. 밸브 보닛이나 커버를 제거할 수 있어 유량제어요소의 분해가 가능하며,

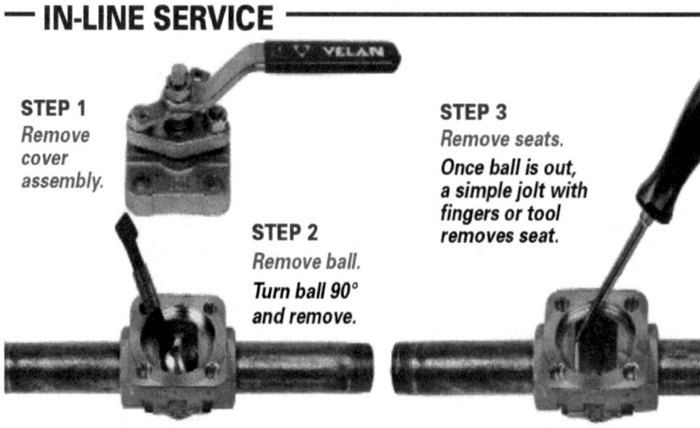

Figure 9.1 In-line services (Courtesy of Velan Inc. Catalog "Ball Valves", p. 18)

밸브의 시트면을 볼 수 있다. 밸브의 종류와 유형에 따라 이것이 불가능한 밸브의 경우도 있다. 틸팅디스크와 웨이퍼 체크밸브, 버터플라이밸브, 몸체분할 밸브와 볼과 시트를 배관 연결부에서 삽입하는(end entry) 볼밸브*들은 배관상에서 분해가 불가하다. 부분적으로 분해가 가능한 밸브에 한해 아래와 같이 서술한 수리작업(repair operations)이 가능하다.

보닛(bonnet)이나 몸체 커버에서 스템이나 샤프트를 분리할 수 있기 때문에 스템패킹을 교체하는 것이 아주 용이하다. 이와 더불어 새로운 패킹은 연속재질이거나 단단한 링이 가능하다. 어떠한 수리에서든 밸브를 분해할 때마다 패킹, 실과 개스킷을 새로이 교환하는 것이 가장 바람직하다.

시트링은 교환하거나 재생(재가공)될 수 있다. 밸브 상부에서 볼과 시트를 밀어 넣어 조립하는(top entry) 볼밸브와 몸체가 3개로 구성되는 볼밸브에서는 시트링의 제거와 교체가 쉽게 이루어진다. 게이트, 글로브, 체크밸브에서 시트링이 나사로 결합된 방식이면 분리 교체할 수 있으며, 분해할 때 전용 스패너 렌치가 필요할 수 있다. 시트링이 몸체에 가용접되어 있는(tack welded) 경우에는 가용접 부위는 제거해야 한다. 시트링이 용접되어 있거나 몸체일체형 시트링(integral seating

* 볼밸브(ball valve)의 구조와 형태에서 볼을 삽입하는 방법에 따라 다음 두 가지 형태로 분류할 수 있다.
top entry: 일체 형태이며 볼과 시트를 위에서 삽입하는 방식이다. 밸브를 배관한 상태에서 수리할 수 있는 게 가장 큰 장점이다.
end(side) entry: 분리체 형태이며 볼과 시트를 옆에서 삽입하는 방식이다. 밸브를 배관한 상태에서 수리할 수 없는 게 단점이다.

surface; 몸체 자체에 시트링을 가공하거나 시트 부위를 스텔라이트 등으로 하드페이싱한 경우)인 경우에는 시트링을 분리할 수 없으므로 밸브에 있는 상태에서 재가공(재연마)해야 한다. 이렇게 하려면 밸브상에 고정하는 특수한 기계가 필요하며 시트링 지름을 안내하는 장치 또는 시트링에 동심의 다른 면이 필요하다. 글로브밸브나 리프트 체크밸브의 시트링은 몸체 개방 부위에 평행하게 바로 아래에 위치하므로 이러한 작업에 비교적 용이성을 갖는다. 게이트밸브와 스윙 체크밸브의 시팅면은 몸체 개방 부위와 각도를 가지며 떨어져 있다. 따라서 좋은 결과를 얻기가 더 어렵다. 배관상에서의 밸브 보수는 특수한 기계가 필요하고 많은 노하우를 필요로 하기 때문에 이를 전문적으로 수행하는 회사가 필요하게 되었다. 시트를 교체하거나 재가공한 후에 밸브의 유량제어요소와 잘 맞닿아 있는지 확인해야 한다. 누설이 되지 않도록 잘 맞추기 위해 시트링과 유량제어요소(시트링과 맞닿는 부위)를 더 연마하거나 래핑(lapping)해야 할 필요가 있을 수 있다.

몸체로부터 떼어내었던 것이기 때문에 유량제어요소, 스템이나 샤프트를 교체하거나 재생 가공하는 것은 손쉽게 이루어진다. 유량제어요소가 게이트밸브 웨지, 글로브밸브 디스크나 체크밸브의 디스크나 피스톤이면 시트링과 잘 맞는지 확인해야 하며 그것이 새로운 교체부품이라면 더욱 더 확인해야 한다. 볼밸브의 볼은 쉽게 재생하기 어렵고 대부분 새로운 부품으로 대체해야 한다. 하지만 대부분의 마모가 소프트 시트링에서 발생하기 때문에 볼을 교환해야 하는 경우는 거의 없다. 다이어프램밸브의 다이어프램은 손쉽게 교환할 수 있으며, 시팅 표면에 맞출 필요는 없다.

배관상에서 보수한 후에는 보닛이나 밸브커버 결합부와 시팅이 잘되는지 확인하기 위해 가압테스트를 해야 한다. 이러한 테스트는 배관라인 전체에 최소한 일부분에 가압을 해야 하기 때문에 통상적으로 밸브 압력등급의 1.5배에 달하는 압력으로 밸브만 가지고 실시하는 가압테스트를 하는 것이 불가능할 수 있다. 또한 배관라인상에서 보수를 한 후에 시트 누설테스트를 하는 것도 어렵다. 시팅면은 보이는 부분이 아니기 때문에 시트 누설은 밸브의 출구에서 확인해야만 한다.

9.4 공장수리(shop repair)

공장에서의 밸브 수리는 배관상에서 하는 것에 비해 분명 여러 가지 이점이 있다. 보수방법이 배관상에서 하는 것에서와 같이 제한받지 않는다. 모든 밸브의 설계와 유형에 관계없이 수리가 가능하며, 누설이 있는 몸체를 용접하는 것과 같은 보수작업도 비교적 쉽게 이루어질 수 있다. 보수의 한계는 공장의 능력에 의해서만 제한받는다. 더 나은 작업의 조절이 가능하기 때문에 품질은 당연히 좋으며, 보수한 밸브의 가압테스트 및 시트누설 테스트를 하는 데 있어 보다 효과적인 테스트가 이루어질 수 있다. 더군다나 밸브가 예비(spare)한 것으로 교체할 수 있다면 배관시스템의 정지시간은 배관라인 보수에 비해 상당히 짧아질 수 있으며, 보수한 밸브는 예비품이 될 수 있다.

밸브수리공장에서 수리해야 하는 것 이외의 것들이 있다. 발전소, 정유공장, 대규모 화학플랜트에서는 일부 또는 전체 보일러나 프로세스 기기장치를 기간별 유지보수나 수리를 미룬 것을 수리하기 위해 주기적으로 정지기간이나 예방정비기간을 갖는다. 대형 구경의 밸브들을 분리하고 밸브를 분해, 검사하고 필요하면 수리하기 위해 밸브수리공장으로 보내기 위해 이러한 정지기간을 갖는 것은 일반적인 관례다. 경제적인 이유로 밸브를 포함한 작은 구경의 배관시스템은 시스템을 조립하는 데 고비용이거나 구하기 힘든 재질이 아닌 이상 보통 떼어내어 수리하기보다는 교체한다.

압력방출밸브에서는 밸브수리공장의 선택이 제한적이다. (미국) 보일러 및 압력용기 검사자협회(National Board of Boiler & Pressure Vessel Inspections; NBBI) ‘VR’ 인증이 있는 수리공장만이 ASME ‘V’와 ‘UV’가 찍힌 밸브를 수리할 수 있는 권한이 있다.

밸브공장에서 이루어지는 수리작업은 허용되는 수리를 정의하고 요구되는 작업의 수준을 정의한 밸브수리시방(서)에 따라 관리되어야 한다. 대부분의 대규모 발전사, 정유회사, 화학회사 등은 밸브수리시방(서)을 가지고 있다. 이러한 시방(서)들은 특정 요구사항에서 다양하게 다르기는 하지만 대부분은 다음에 열거한 내용과 크게 다르지는 않다.

1. 분해와 세정: 올바른 재조립을 위해 부품에 맞춤표시를 해야 하며, 부품을 손상시키지 않도록 허용된 방법으로만 세정해야 한다.
2. 검사: 세정된 부품은 정의된 치수 규격을 참조하여 검사한다. (부록에 나타낸 적용 규격 참조)
3. 검사결과의 평가: 검사한 부품과 밸브를 수리해서 사용할 것인지, 새로운 밸브로 교체할 것인지는 종합적인 판단에 의하게 되는데, 이러한 판단의 기준은 보통 밸브의 허용 가능한 수리 비용에 맞추어진다. 신규 밸브의 가격에 대한 수리비 비율의 한계값을 정하고 이러한 한계값을 보수비용이 넘어서면 밸브는 새것으로 교체한다.
4. 허용된 수리: 수리는 특정한 밸브부품에 대해 허용된 수리방법으로 한정한다. 부품의 용접, 시트 표면 전체에 재연마나 용접, 스템이나 샤프트의 가공, 플랜지 면 가공 등에 대해 요구되는 사항들이 이에 포함된다.
5. 재조립: 패킹, 개스킷, 실, 볼팅류의 교체가 필요하며, 이들 부품에 대한 특정한 요구사항에 한정한다. 재조립된 밸브는 또한 치수적인 요구사항을 만족해야 한다.
6. 시험: 수리된 밸브는 가압테스트를 해야 하며, 특정한 시험요구사항에 한정된다. 일반적으로 API598과 같은 시험규격에 따르며, 이러한 규격은 여러 테스트에 요구되는 것, 시험 매개물, 압력을 가하는 시간, 허용 누설 등을 정의하고 있다.
7. 선적 준비: 페인팅하고 수행된 작업을 기록한 서류와 요청사항 등을 첨부하고 인식표를 붙인다.

밸브 수리 시방은 수리된 밸브가 모든 사항에서 새것과 동등하지는 않겠지만 밸브를 떼어낸 곳에 재설치되고 수년간 만족스럽게 사용이 가능하도록 할 것이다. 또한 수리된 밸브의 사용은 발전소, 정유공장, 대규모 화학플랜트의 운전 유지비용을 절감하게 한다.

Chapter 10 밸브의 역사 (The History of the Valves)

10.1 밸브의 역사

고대부터 인류는 물을 다스리는 방법을 알고 있었고, 돌이나 나무, 즉 통나무나 가지 등을 이용했을 것이다.

이집트인, 그리스인과 다른 문명인들은 강과 수원지에서 공공사용과 관개를 위해 강과 수원지로부터 물을 끌어들여 이용하였다.

하지만 실질적으로 수로를 개발한 사람들은 로마인들이었다. 수원지와 강으로부터 마을까지 물을 가져오는 데 때로는 긴 거리였고 장애물도 있어서 도관을 이용하여 이를 해결하였다. 여기서 사용한 밸브가 Figure 10.1과 같은 것이었으며, 청동재질의 플러그(또는 콕) 유형의 것으로 현재의 ASTM B-67과 같은 것이다. 이러한 밸브의 재질은 납이 풍부하여 크랙이 잘 생기지 않고 내부식성이 좋고 연성이 좋아 청동이나 납 파이프에 용접할 수 있었으며, 플러그를 돌리는 데에도 마찰

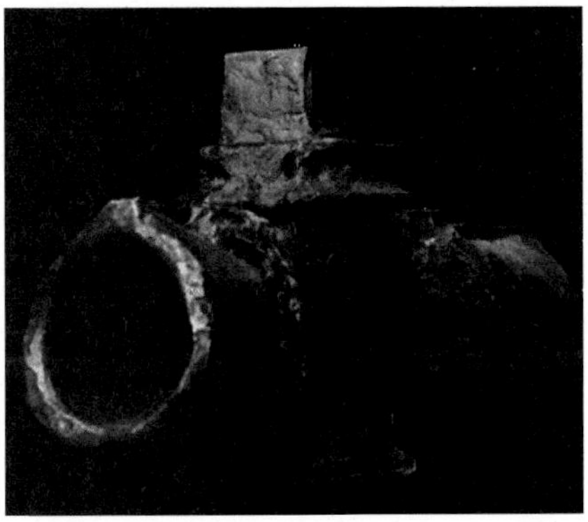

Figure 10.1 Bronze plug valve of Romans (Courtesy of Valvias.com)

이 크지 않았다. 밸브의 부품들은 몸체와 구멍이 있는 플러그, 바닥(bottom)부와 플러그를 돌리기 위한 기다란 레버(levy)로 구성된다. 때로는 해머를 이용하여 밸브 안으로 핀을 박아 플러그가 회전하지만 빠지지 않도록 하였다. 그것은 밸브의 입구 쪽에서 발견되었던 일부 구멍들로 보아 그 시대에 폭넓게 실제적으로 자행된 것으로 보이는 물 횡령을 막기 위해 플러그를 빼는 것을 막는 방법으로 보인다.

Figure 10.2 Bronze water valve (from the palace of the Roman emperor Tiberius)

몇몇 지중해 연안의 도시에서 같은 유형의 작은 밸브들이 발견되었는데 라바트, 지에밀라, 이스탐불, 아바르치, 아우구스타(콕과 같은 버터플라이밸브가 발견된 곳이기도 하다)와 나폴리(실린더 형태의 플러그) 등이다.

상기의 도시들은 앵글밸브, 혼합밸브와 역류를 막기 위한 체크밸브를 사용하였다는 것을 입증하는 곳이기도 하다.

중세시대에는 중요한 변화과정은 없었던 것으로 보인다. 도관의 건설, 관개시설과 다른 수력장치 및 좀더 정교한 밸브를 포함한 때는 르네상스 시대이다. Figure 10.3과 같이 레오나르도 다빈치의 스케치가 좋은 예를 보여준다.

근대 밸브산업의 역사는 산업혁명과 함께 시작되었다.

17세기에 들어서면서 밸브기술이 괄목할 만한 발전을 보이는데, 1681년 패핀(Denis Papin)은 기록상 최초로 압력용기의 과압(over pressure)으로부터 용기를 보호하는 장치인 레버타입의 안전밸브(safety valve)를 발명했으며, 1718년 데자글리에(Jean Theophile Disaquliers)는 이를 증기 엔진에 적용하였다.

Figure 10.3 Sketches of Leonardo Da Vinci (Courtesy of Valvias.com)

Figure 10.4 Thomas Newcomen and his steam engine

1705년 뉴코멘(Thomas Newcomen)이 처음으로 스팀엔진을 발명하였으며, 와트(James Watt)가 새로운 엔진을 발명함에 따라 밸브의 설계도 또한 진보되었다. 하지만 밸브의 생산이 대규모화하고 독립적인 특정의 생산품목이 되기에는 많은 세월이 필요하였다.

이후 증기기관의 발명자인 와트는 1769년 그의 증기기관에 현대적 형태의 밸브를 적용하였다. Figure 10.5는 와트가 만든 장치로서 플러그 콕밸브, 수동조작 리프트밸브, 리프트 체크밸브, 일종의 플랩밸브인 스윙 체크밸브가 조합되어 있으며 아울러 증기량을 조절할 수 있는 오늘날의 버터플라이밸브에 상당하는 밸브이다.

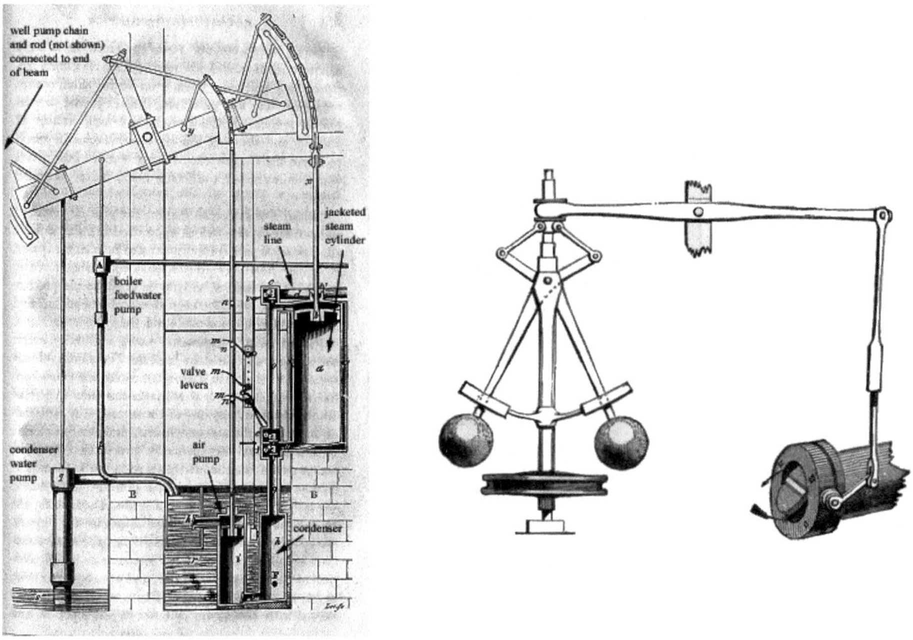

Figure 10.5 James Watt's steam engine and governor or fly-ball and valve

이때까지, 즉 18세기까지는 플러그 콕밸브가 스톱밸브로서 주종이었으나 이후 모즐리(Henry Maudslay)가 나사 깎는 기계를 발명함으로써 밸브에서도 큰 변혁을 갖게 된다.

이후 18세기경 영국의 위대한 '철 미치광이'로 알려진 제철업자 윌킨슨(John Wilkinson, 1728～1808)이 연관을 대량으로 생산할 수 있는 조관기를 발명함으로써 파이프와 밸브의 대량 사용시대를 맞이하게 된다.

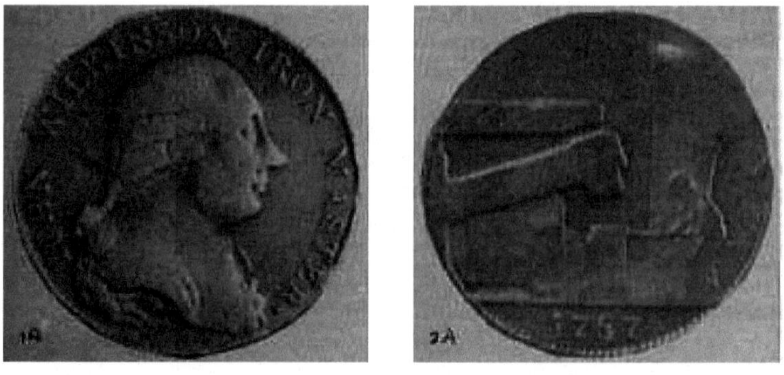

Figure 10.6 Ironmaster-John Wilkinson(1728～1808)

James Hall Nasmyth(sometimes spelled Naesmyth or Nasmithand Nesmyth, 1808～1890) was a Scottish engineer and inventor famous for his development of the steam hammer.

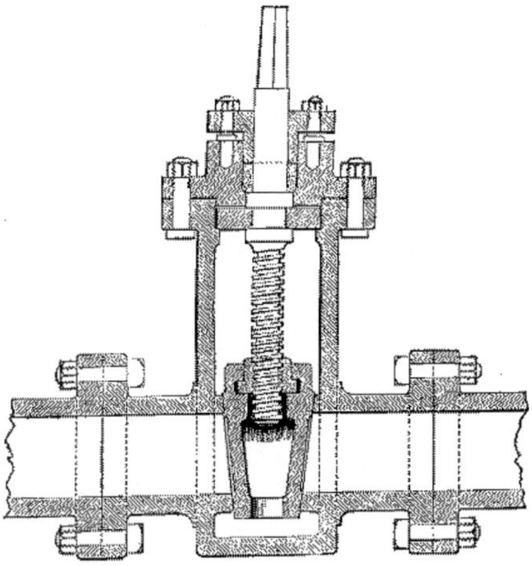

Figure 10.7 James Nasmyth and his gate stop valve

Figure 10.7은 나사를 이용한 초기형태의 게이트 스톱밸브로서 1839년 네이스미스(James Nasmyth)가 발명한 것이고 이를 계기로 1840년부터 1890년 사이에 이와 유사한 매우 다양한 형태의 밸브가 계속 발명되었다. 즉 현재도 국제적인 명성의 Dewrance Valve사는 1875년 현대적인 플러그밸브를 시초로 다양한 종류 및 규격의 밸브를 생산하고 있으며, 1886년 영국의 홉킨슨(Joseph Hopkinson)은 parallel slide 형식의 게이트밸브를 발명하였다. 이 밸브는 지금까지도 홉킨슨社를 통해 100년 이상 계속 생산해오고 있다. 제1차 세계대전을 전후하여 괄목할 만한 몇 가지 일들이 있었는데, 이때만 하더라도 대부분의 밸브는 플러그 타입의 밸브가 많아서 대형의 경우 막 시판되고 있는 게이트밸브에 비하여 과도한 내부 누설을 효과적으로 방지하지 못하고 아울러 구동토크가 매우 큰 이유로 대형 플러그밸브는 거의 생산되지 않았다.

마침 스웨덴의 기술자가 플러그밸브의 플러그면에 나선형 홈을 파서 대형의 플러그밸브를 만들어 사용해보니 아주 부드럽고 내외부의 누설도 없는 좋은 밸브로 탄생하였는데, 이 밸브가 윤활타입의 플러그밸브이다. 마찬가지로 다이어프램밸브는 남아프리카의 금광채굴에 종사하던 한 기술자가 밸브의 글랜드 부위에 과도한 누설이 자주 발생하는 것에 착안하여 개발해낸 것으로, 영국의 특허청에 정식 등록된 것은 1929년이었다. 이 밸브는 현재 글랜드 부위의 과도한 누설을 방지하는 밸브구조가 아닌 부식성 액체를 취급하는 유체라인에 플러그밸브와 함께 가장 널리 쓰이고 있다.

또 이 당시 볼타입의 플러그밸브가 개발되었는데, 이 밸브는 1930년부터 40년경 현재의 볼밸브로 개량되었다. 이들이 주로 유럽을 중심으로 이루어진 밸브기술의 성과라면, 미국의 경우에는 다소 늦은 감이 있지만 제2차 세계대전 이후 미국을 중심으로 한 밸브공업은 극심한 공황 끝에 살려낸 산업의 대량생산체계에 따라 제조공정의 자동화에 부응한 본격적인 의미의 자동제어밸브의 등장이라 할 수 있다.

1944년 미국 텍사스 주 남부의 휴스턴 근교에 있는 Masoneilan사는 밸브업계 최초로 밸브의 성능이라고 할 수 있는 밸브유량계수(flow coefficient, C_v)를 도입하여 자사의 제어밸브에 적용하였고, 이는 특히 제어밸브의 차압과 유량과의 제반 물리적 특성을 가장 합리적으로 보여주는 파라미터로서 현재의 모든 밸브의 성능을 표시하는 잣대가 되고 있으며 미국계장협회(ISA)에서도 이를 채택하고 있을 정도이다.

1900년대 전반기에는 전문밸브업체가 등장하였으며, 현재까지 그 명성을 이어가고 있다. 하지만 1900년대 말부터 2000년대에 들어와 밸브업계는 다국적화되었으며, 하나의 통합솔루션 회사에 밸브 전문업체들이 브랜드로 유지하여 통합되고 있으며, 가장 대표적인 회사로는 Flowserve, Tyco, Emerson, ITT, Weir 등이다.

이들 주요 밸브회사들에 대한 것은 밸브시장 동향과 규모에서 다루기로 한다.

10.2 국내 밸브의 역사(the history of the valves in Korea)

우리나라의 경우 근대적 의미를 갖는 밸브의 등장은 일본에 의해 지배를 받던 1910년경 이후로 볼 수 있다. 목포나 군산항을 통해 엄청난 양의 쌀이 일본으로 수탈되어 갔는데, 당시 김제평야나 나주 들녘의 논에 관개를 하던 양수장을 중심으로 5 K급의 대구경(지름 100 mm 이상) 게이트밸브가 펌프의 전단에 설치되었으며, 이들 게이트밸브는 해방 후에도 상당 기간 적절히 이용되었다. 한편 밸브의 본격적인 시작은 일제 말기 부산을 중심으로 일반 선박용 포금제 밸브 및 일반 가정용 청동 수도꼭지를 만들기 시작한 우리나라 밸브업계의 첫 효시이자 현재 국내 제일의 밸브업체인 피케이밸브[범한금속공업(주)]의 전신인 부산포금공업사(1946)를 들 수 있다. 이들 청동제 수도꼭지 및 주철제 밸브들은 약 15년 이상을 기술적인 큰 진전 없이 만들어져 오다가 1963년 7월 공업표준화법에 의해 KS 표시규격의 청동밸브(KS B-2301), 수도꼭지(KS B-2331) 및 수도용 제수밸브(KS B-2332)가 제정되면서 기술적, 품질적인 면에서 큰 진전이 있게 되었다.

이때는 제2공화국의 등장과 함께 울산을 중심으로 새로운 공업화의 태동이 있던 시기로, 부산을 중심으로 한 영남권의 소규모 밸브업체가 다수 설립되던 시기였다. 이들 중 몇 개 업체는 이제는 밸브업계의 중진으로 자리를 잡고 있으며, 그 후 1972년부터 73년경 주철밸브 및 주강밸브가 KS 규격으로 제자리를 잡았다.

이후 1970년대 중반부터 중화학공업 육성정책에 따라 창원에 대규모의 기계공업단지가 들어서고, 아울러 구미 쪽에는 이보다 몇 년 앞서 섬유 및 전자단지가 들어서게 된다. 부산의 고성산업사, 국제밸브, 창원의 범한금속 등이 비교적 큰 규모의 밸브 제작공장을 가동시키게 되고, 대구에도 소규모의 밸브업체가 생겨났다. 아울러 경인지방, 특히 인천은 일제시대부터 기계공업이 발달한 곳으로서 이 시기에 소규모의 밸브공장, 즉 지금의 서흥금속 전신인 고려특수밸브와 ㈜삼신의 전신인 삼신공업사(1966) 등이 부평을 중심으로 중저가의 밸브들을 만들고 있었다. 이 당시만 하더라도 석유화학공장에 대량으로 들어가는 플랜트 프로세스용 밸브 등의 대부분이 수입되던 시기로서 선도적 역할을 수행한 극히 일부분의 밸브 회사만이 미국석유공업협회의 API 인증 석유화학용 저가밸브를 생산하고 있었을 뿐 고부가가치의 고온고압용 밸브는 없었다.

이후 1970년대 하반기부터 고리원자력발전소 3, 4호기 및 영광원자력발전소 1, 2호기가 순차적으로 건설되면서 수만 대의 원자력용 밸브가 엄청난 고가로 수입되던 차에 ㈜삼신이 일본 오카노밸브사와 기술을 제휴하여 1983년경 국내 최초로 원자력용 비안전계통의 2 inch 이하의 단조밸브를 영광원자력 1, 2호기에 납품하게 되면서 고온고압의 고부가가치 밸브 생산에 들어가게 되었다. 이어 범한금속이 원자력용 대형 주강밸브를 국산화하고, ㈜서홍금속이 삼신의 뒤를 이어 원자력용 단조밸브를 생산하게 되었다.

이후 1987년부터의 호경기와 더불어 특히 충남 서산의 대산 지방을 중심으로 한 석유화학 분야의 대규모 신규시설 투자와 기존 석유화학플랜트의 신·증설 및 일제히 보수기를 맞이하게 됨으로써 유래를 찾아볼 수 없는 대호황을 누리게 된다. 이때에 플랜트용 주철, 주강제 밸브를 생산하는 업체 또한 전국적으로 300여 개나 될 정도로 우후죽순 격으로 생겨나기도 하였다.

선진국의 밸브업체들은 거의 100년 이상의 기술적 역사를 가지고 있는 반면에 피부로 느끼는 우리의 밸브 역사는 단지 30년에 불과해 선진국과 최소한 10년 정도의 기술 격차가 있다고 볼 수 있다. 그리고 프로세스 플랜트 공정용 제어밸브와 일부 특수공정에 쓰이는 고가의 밸브들은 경험이나 기술적 환경을 고려해 볼 때 적어도 20년 이상은 격차가 날 것이라는 게 밸브 관련자들의 생각이다.

10.3 밸브시장 동향과 규모(market of the valves)

세계 밸브산업의 시장규모는 2006년도를 기준으로 하여 $43 billion(400,000억원)에 이르며, Tyco, Emerson과 Flowserve가 주도하고 있는 것으로 나타났다. 시장예측으로는 2010년도에는 $52 billion에 이를 것으로 예측된다(출처; Industrial valves: World Markets, McIlvaine report 참조).

밸브산업별 시장예측은 다음과 같다.

주요 밸브공급사별 시장점유율

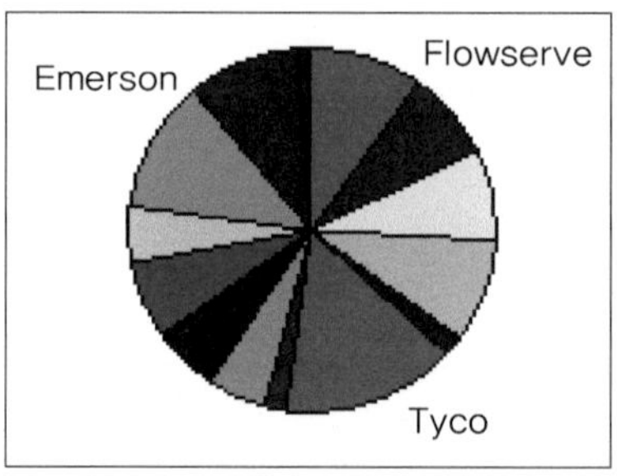

밸브종류별

- Auto & Reg. Control
- Ball
- Butterfly
- Gates & Globe
- Industrial Plug
- Other

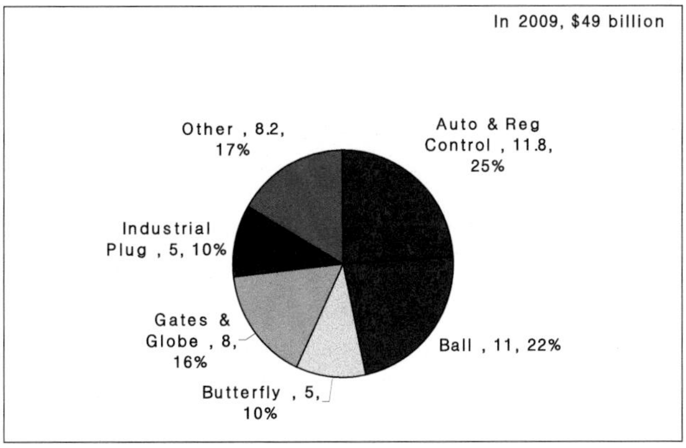

밸브 적용처별

- Food
- Pharmaceuticals
- Pulp Mills
- Refineries
- Power
- Municipal Wastewater
- Mining
- Chemicals
- Oil & Gas
- Metalworking
- Municipal Water
- Miscellaneous

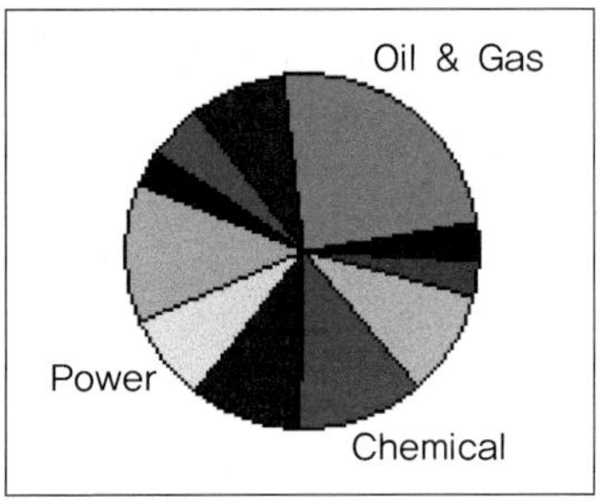

세계 각 국가별 시장규모(2006년 기준)

Industrial Valves World Markets
Country Ranking by Subject Auto Reg. & Control
($ Millions)

Country	2009
United States	2,342
China	1,789
Japan	649
Russia	475
Germany	455
Brazil	380
Canada	378
India	331
South Korea	304
United Kingdom	295
France	279
Mexico	254
Italy	247
Saudi Arabia	207

* 보다 상세한 자료가 필요하신 분은 McIlvaine report를 구매하시기 바랍니다.(www.mcilvainecompany.com) 여기서, 이를 인용한 것은 밸브시장의 규모를 독자들이 쉽게 짐작하게 하려 함이며, 독자에게 보다 상세한 자료를 안내하기 위함입니다.

국내 밸브업체는 약 280여 개 업체가 있는 것으로 추정되며, 종업원 수가 100인 이상의 업체는 약 3개 업체가 있는 것으로 알려져 있다.

국내 밸브업체의 총 생산량은 약 5,000억 원으로 추정되며, 수입밸브의 규모는 4,500억 원 정도로 고기능, 고차압용 밸브가 주종을 이루는 것으로 파악된다. 수출액 규모는 1,800억 원으로 추정되며, 이를 근거로 국내밸브의 총 수요량은 약 7,700억 원 규모에 이르는 것으로 파악된다(McIlvaine 보고서의 자동제어밸브의 시장 규모를 약 3,000억 원 규모로 추정한 것으로 보아 어느 정도는 타당한 자료로 추정된다).

특히 원자력 부문에서의 수입의존도는 매우 크며, 한국형 원자력 이전에는 이러한 의존도는 절대적이었다. 밸브 국산화는 계속 시도되고 있으며, 일부 특정회사의 볼밸브 국산화 밸브 개발의 실패 사례는 국산화의 올바른 방향이 무엇인가 생각하게 한다. 밸브 제조사의 사업 분야별로 국산화에 대한 노력은 계속적으로 진행 중이며, 극저온용 밸브, 복합화력발전 부문에서의 고차압용 밸브류, 특수 용도의 밸브 등이 눈에 띄는 부문이다.

10.4 대표적인 밸브업체(major manufactures of valves)

외국(Foreign Industry)

Flowserve, Tyco, Emerson, ITT, CCI, Weir

Flowserve **www.flowserve.com**

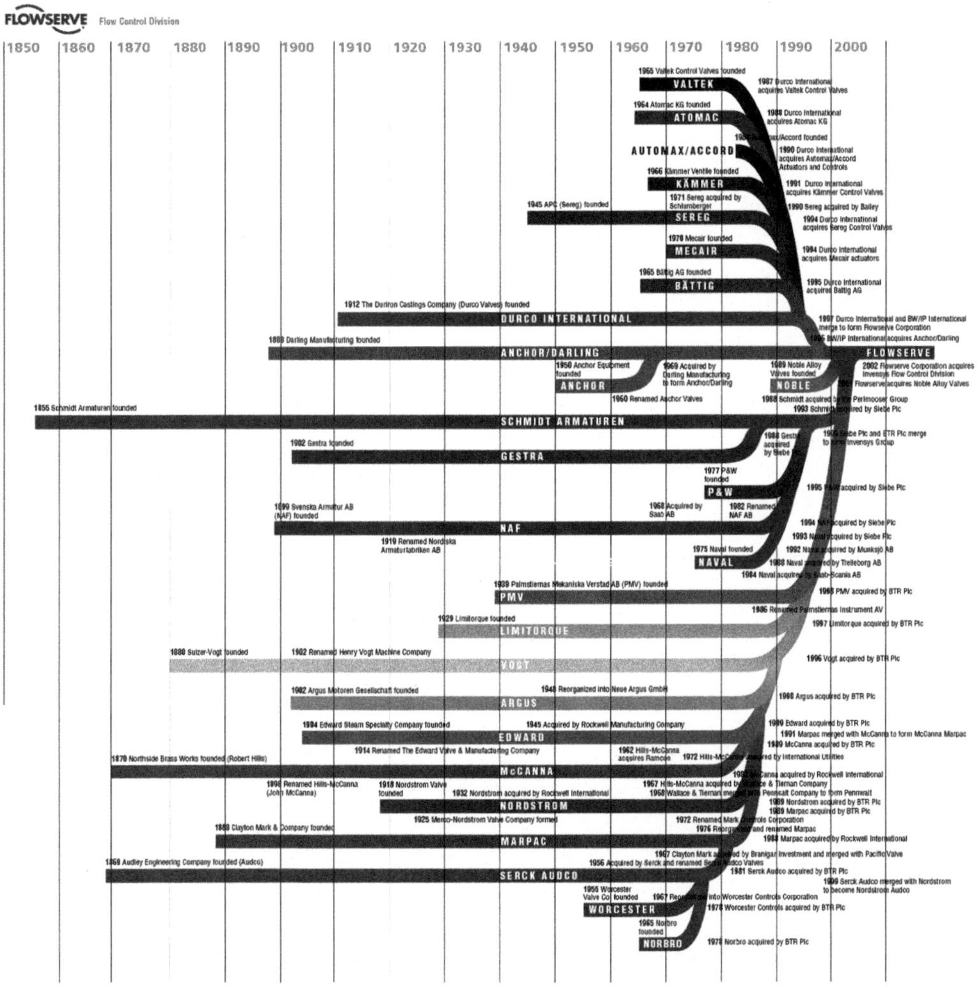

Tyco **www.tycoflowcontrol.com**

Alpha Max
Anderson Greenwood
Anderson Greenwood Instrumentation
Avid Controls
Biffi Actuators
Clarkson
Crosby
Descote
Dewrance
Fasani
FCT
FloCheck
Gachot
Hancock
Hindle
Hovap
Keystone Controls
Keystone Valves
Klein
KTM
L&M Valve
Morin Actuators
Narvik
Neotecha
Penberthy
Prince
Raimondi
Richards
Rovalve
Sapag
Sempell
Vanessa
Varec
Winn
Yarway

Emerson- Valves & Actuators **www.emersonprocess.com**

Baumann
Bettis
Dantorque
El-O-Matic
FieldQ
Fisher
Hytork
Posi-Seal
Shafer

ITT **www.engvalves.com**

Cam-Line®
Cam-Tite®
Dia-Flo®
Fabri-Valve®
Skotch®

CCI **www.ccivalve.com**

Weir **www.weir-valve.com**

Atwood & Morrill
BAELEY VALVE
Blakeborough Controls
Hopkinsons
MAC Valves

Sarasin-RSBD

Sebim

Tricentric

DRESSER

Becker

Masoneilan

www.dresservalve.com

SPX Flow Control

Copes-Vulcan

DeZURIK

www.spxflowcontrol.com

국내 (Domestic Industry)

피케이밸브 - 범한금속공업(주) www.pkvalve.co.kr

삼신밸브 www.ssv.co.kr

서흥금속 www.seoheungvalve.com

키밸브기술㈜ www.keyvalve.com

편집자 주

앞서 열거한 외국/국내업체는 가장 대표적으로 알려져 있는 업체명일 뿐이며, 관심 있는 업체나 밸브를 찾아보기 쉽게 하기 위해 website를 표기하였다. 이 자료는 무순으로 업체의 평가 순위가 아니며, 외국/국내로 분리한 브랜드만(외국 브랜드의 국내회사는 제외) 언급하였으며, 이에 열거되지 않은 회사의 규모와 기술력과는 관계없다.

Appendix 1

관련규격(Standards)

아래의 일부 규격들은 국가기관에서 발행한 것으로 본 기술서에서 다루고 있는 밸브에 적용됨은 물론이며, 밸브의 설계, 치수, 재질, 표시사항, 검사, 시험에 이르는 사항을 규정하고 있다. 이들 대부분은 제조업체에게는 기본적인 준수사항이며, 사용자에게는 밸브에 대한 아주 유익한 정보를 제공하고 있다.

American Society of Mechanical Engineers (ASME):

- B16.10 Face-to-Face and End-to-End Dimensions of Valves
- B16.34 Valves-Flanged, Thread, and Welding Ends
- Boiler and Pressure Vessel Code:
    - Section I-Power Boilers
    - Section IV-Heating Boilers
    - Section VIII, Division 1-Pressure Vessels

American Petroleum Institute (API):

- 526 Flanged Steel Safety Relief Valves
- 594 Wafer and Wafer-Lug Check Valves

  598 Valve Inspection and Test
- 599 Steel and Ductile Iron Plug Valves

  600 Steel Gate Valves, Flanged or Butt Welding Ends

  602 Compact Steel Gate Valves-Flanged, Threaded, Welding, and Extended Body Ends
- 603 Class 150, Cast, Corrosion-Resistant, Flanged-End Gate Valves

  603 Ductile Iron Gate Valves-Flanged Ends

- 607 Fire Test for Soft-Seated Quarter-Turn Valves
- 608 Metal Ball Valves Flanged and Butt-Welding Ends
- 609 Butterfly Valves, Lug-Type and Wafer-Type

Manufactures Standardization Society of the Valve and Fitting Industry (MSS)

SP-25 Standard Marking System for Valves, Fittings, Flanged, and Unions

SP-42 Class 150 Corrosion Resistant Gate, Globe, Angle and Check Valves with Flanged and Butt Weld Ends

SP-45 Bypass and Drain Connections

SP-61 Pressure Testing of Steel Valves

SP-67 Butterfly Valves

SP-68 High Pressure Offset Seat Butterfly Valves

SP-70 Cast Iron Gate Valves, Flanged and Threaded Ends

SP-71 Cast Iron Swing Check Valves, Flanged and Threaded Ends

SP-72 Ball Valves with Flanged or Butt-Welding Ends for General Service

SP-78 Cast Iron Plug Valves, Flanged and Threaded Ends

SP-80 Bronze gate, Globe, Angle, and Check Valves

SP-81 Stainless Steel, Bonnetless, Flanged, Knife Gate Valves

SP-82 Valve Pressure Testing Methods

SP-84 Valves-Socket Welding and Thread Ends

SP-85 Cast Iron Globe and Angle Valves, Flanged and Threaded Ends

SP-88 Diaphragm Type Valves

SP-91 Guidelines for Manual Operation of Valves

SP-92 MSS Valve User Guide

SP-99 Instrument Valves

SP-101 Part-Turn Valve Actuator Attachment

SP-102 Multi-Turn Valve Actuator Attachment

SP-110 Ball Valves Threaded, Socket-Welding, Solder Joint, Grooved and Flared Ends

National Association of Corrosion Engineers (NACE)

MR-01-75 Sulfide Stress Cracking Resistant Metallic Materials for Oil Field Equipment

The standards marked with a square are also American National Standard Institute (ANSI) standards.

Engineering Standard and Specifications for Valves

ANSI
American National Standards Institute
25 West 43rd Street, (between 5th and 6th Avenues), 4 floor
New York, NY 10036

API
American Petroleum Institute
1220 Street, N.W.
Washington, D.C. 20005

ASTM
American Society for Testing and Materials
1916 Race Street
Philadelphia, Pennsylvania 19103

ASME
American Society of Mechanical Engineers
345 East 47th Street
New York, NY 10017
http://www.asme.org/

ASTM
American Society for Testing and Materials
100 Barr Harbor Drive
West Conshohocken, PA 19428
http://www.astm.org

AWS
American Welding Society
550 NW LeJeune Road

Miami, FL 33126
http://www.aws.org/

IEEE

The Institute of Electrical and Electronic Engineers
345 East 47th Street
New York, NY 10017
http://www.ieee.org/

ISA

Instrument Society of America
67 Alexander Drive
P. O. Box 12277
Research Triangle Park, NC 27709
http://www.isa.org/

NEMA

National Electrical Manufacturer's Association
1300 North 17th Street, Suite 1847
Rosslyn, VA 22209
http://www.nema.org/

MSS

Manufacturers Standardization Society of the Valve and Fittings Industry
127 Park Street NE
Vienna, VA 22180

NACE

National Association of Corrosion Engineers
1440 South Creek Drive
Houston, TX 77084

Appendix 2 용어해설(Glossary)

acme thread	아크메나사. 나사산의 정점이 평평하고 사다리꼴 나사 모양으로 조임보다는 힘을 전달하는 데 사용되는 나사.
actuator	구동기. 밸브를 구동하는 데 수동으로 하지 않고 에너지원을 사용하는 기계적인 장치. 오퍼레이터(operator)라고도 한다.
adjusting rings	안전밸브와 안전방출밸브의 부품으로 디스크의 리프트와 블로다운을 조절하기 위한 구성품.
ambient temperature	밸브의 주변환경 온도로, 통상 −20°F ~ 100°F.
angle valve	앵글밸브. 밸브의 입구와 출구가 수평이 아니고 서로 수직한 글로브밸브. 다른 한쪽은 디스크(disc) 바로 아래에 위치한다.
AOV	Air Operated Valve의 약어로 공압구동밸브. 공압을 이용한 구동기로 작동되는 밸브.
ball	볼밸브 또는 볼체크밸브의 구형의 흐름제어요소.
ball check valve	볼체크밸브. 유체흐름 제어요소가 강체 볼로 구성된 리프트 체크밸브.
ball valve	볼밸브. 유체흐름 제어요소가 볼인 유형의 밸브로, 구형의 볼에 유체가 통과하는 관통 공을 만들어 90° 회전하여 여닫는 밸브.
back seat	백시트. 게이트밸브나 글로브밸브에서 유체의 압력을 받는 상태에서 패킹을 교체하기 위해 보닛(bonnet)과 스템 사이

로 누설이 없도록 보닛에 만들어 놓은 보조 시트.

bellows seal valve　스템부의 누설을 원천적으로 방지하기 위해 원주형태의 금속 벨로즈 실을 사용한 게이트밸브 또는 글로브밸브.

bevel gear operator　베벨기어박스. 베벨기어를 사용한 기어작동기 또는 감속기.

block-and-bleed　시트와 시트 사이의 배출을 갖는 이중시트에서 이루어지는 작동. 밸브가 닫혀(blocked) 있을 때 배출공이 열려 시트와 시트 사이에 잡혀 있는 유체를 배출(bleed)하도록 한 것.

blowdown　블로다운. 열림 설정압력과 보통 설정압력의 백분율로 표현되는 압력방출밸브의 디스크 재시팅(다시 닫히는) 압력과의 차이.

body　몸체. 유체흐름 제어요소와 시팅 표면을 포함하여 유체의 압력을 유지하는 용기(容器)로, 대부분의 밸브설계에서 배관과 연결하기 위한 연결부를 갖는다.

bolted bonnet　밸브의 몸체에 보닛을 체결하는 설계형식의 일종으로 몸체에 보닛을 볼트와 너트로 체결하며, 실링은 개스킷을 이용한다.

bonnet　몸체에 결합하여 하나의 압력용기로 만들어주는 게이트, 글로브 또는 다이어프램밸브의 구성품으로 스템이 움직이는 관통 공을 가지며, 스템을 통한 외부누설을 막기 위한 스터핑박스(stuffing box)를 갖는다. 또한 스템 설계형식에 따라 부착된 요크(yoke)가 있다.

bore　밸브를 통하여 가장 작은 열림 단면적으로 포트(port)라고도 한다.

bubble tight　밸브 시팅면의 내누설을 나타내는 용어. 시트 출구에 물을 채우고 압축된 공기를 가하여 공기방울이 형성되는 양을 감지하여 시트의 밀폐성을 테스트한다.

butt weld end　배관에 밸브를 연결할 때에 맞대기(butt)용접으로 연결되도록 기계가공된 용접 연결부 또는 끝단부.

butterfly valve　유체흐름 제어요소인 디스크가 흐름 방향에 수직한 축을 중심으로 90° 회전하여 열고 닫히는 밸브.

bypass　스톱밸브 등을 포함한 밸브에서 입구와 출구를 연결한 짧은 배관으로, 유량제어요소를 우회하는 흐름을 갖도록 한 배관.

C_v	flow coefficient; 유량계수.
cap	캡. 체크밸브, 볼밸브나 플러그밸브 등의 밸브를 압력용기로서 구성하기 위해 몸체에 결합되는 부품. 볼밸브나 플러그밸브에서 캡은 스템 작동을 위한 스터핑박스를 포함한 개구부를 가지며, 커버(cover)라고도 한다.
class	압력유지의 성능에 따라 밸브들을 일정 범위로 분류한 체계.
check valve	2장 밸브 참조
cock	작은 플러그밸브. 플러그 콕이라고도 한다.
cold working pressure	밸브의 대기온도에서의 최대압력 수용능력. CWP로 표시하며, 또한 WOG(Water-Oil-Gas) 등급으로 표현하기도 한다.
conical seating	디스크와 시트링의 형상이 원뿔인 시팅면을 갖는 글로브밸브의 시트 형식.
control valve	컨트롤밸브. 자동제어시스템의 구성으로 사용되는 밸브. 유체의 유량을 연속적이고 정확하게 제어한다. 일반적으로 글로브밸브, 다이어프램밸브 또는 버터플라이밸브나 볼밸브의 수정된 형태이다.
controller	자동제어시스템의 구성품. 입력신호와 피드백 신호를 비교하여 둘 사이의 차이를 기반하여 수정(에러)신호를 생성한다.
cover	cap 참조
cracking pressure	스윙 체크밸브에서 언시팅하기 위한 유체의 압력.
cylinder actuator	공압이나 유압 실린더와 피스톤으로 직선운동을 만들어 밸브를 구동하는 선형 밸브 구동기.
diaphragm	다이어프램밸브의 유체흐름 제어요소 또는 다이어프램 구동기 작동요소. 차압을 갖는 영역을 분리하는 신축성 있는

	유연한 멤브레인.
diaphragm valve	2장 밸브 참조
disc	디스크. 글로브밸브, 체크밸브 또는 버터플라이밸브의 흐름제어요소.
double acting actuator	밸브를 열고 닫는 데 양측 모두에 외부에너지를 사용하는 구동기.
double disc gate	두 개의 분리된 평행한 시트를 갖는 게이트밸브의 흐름제어요소.
double seated valve	몸체 안에 두 개의 분리된 면을 갖는 밸브. 밸브가 닫혀 있을 때 흐름제어요소가 양 시트에 접촉한다.
drain	밸브나 배관으로부터 유체를 제거하기 위해 밸브 몸체에 열림을 갖는 것. 움직일 수 있는 플러그나 배관 니플에 그리고 평상시 닫혀 있는 스톱밸브에 정체된 유체.
downstream	(밸브의) 출구
EMO	Electric Motor Operator, electric actuator
elastomer	천연고무와 유사한 특성을 갖는 합성비금속물질.
electric actuator	밸브를 구동하기 위해 전기모터를 이용하여 외부의 전기에너지를 운동에너지로 바꾸어주는 구동. EMO와 같은 말임.
EQ%	Equal percentage flow characteristic
equal percentage flow characteristic	3장 유체흐름 참조
equivalent pipe length	동등배관길이. 밸브의 흐름 저항을 밸브가 연결된 같은 배관의 동등한 배관손실이 있는 배관의 길이로 표현한 것.
extended body valve	작은 단조강밸브나 글로브밸브에 압력용기나 배관헤더 또는 기타의 것에 접관(nipple)을 사용하지 않고 바로 연결할 수 있도록 몸체에서 한쪽으로 연장부를 갖는 밸브.
fire safe	화재 시에 외부누설과 내부누설에 대한 적정한 실이 이루어지는지를 테스트하여 입증된 밸브에 적용되는 자격지정. 보통 소프트시트가 사용된 밸브에 사용된다.
flanged end	플랜지 연결. 연결배관의 같은 플랜지에 볼팅을 위해 플랜지 연결부를 갖는 밸브의 연결부 또는 끝단.

flapper	disc 또는 clapper
flat seat	평시트. 디스크와 시트링의 시팅면이 유체의 흐름 방향에 대해 수직한 평편한 링인 글로브밸브의 시트.
flexible seat	밸브를 조립하였을 때 비금속 시트링이 통제된 변형량으로 시트되도록 한 볼밸브의 시트.
flexible wedge gate	한 몸체 게이트에 원주형의 홈부를 주어 유연성을 부여함으로써 시트면이 어느 정도 움직일 수 있도록 한 게이트밸브의 흐름제어요소의 웨지 설계형식. 플렉시블 웨지라고도 함.
floating ball	밸브의 시트링으로만 밸브 몸체 안에서 위치하도록 한 볼밸브의 흐름제어요소.
flutter	펄럭임
full bore	최대 지름
flow characteristic	유량특성 또는 흐름특성. 밸브를 통과하는 유량(율)과 밸브의 흐름제어요소의 위치와의 관계.
flow coefficient	유량계수. 밸브의 유량성능을 나타내는 고유한 특성값 또는 측정값. C_v로 표현하며, 1 psi 차압에서 밸브 완전열림에서의 60°F 물의 분당 유량통과량이 몇 갤론인지를 나타낸다.
flow control element	흐름제어요소. 유체의 흐름을 제어하고 구속하는 밸브의 부품. 밸브에 적합한 흐름제어 특성과 밸브의 유형에 의해 결정된다.
fugitive emission	배관 구성품의 밸브나 펌프 등에 대한 재해성의 위험한 가스의 외부누설에 관한 환경보호협회 등에서 사용되는 용어.
full bore	연결된 배관의 내부 지름과 거의 유사한 밸브의 지름. 또한 풀포트(full port)라고도 한다.
gasket	개스킷. 몸체와 보닛, 플랜지 연결부 사이에 유체의 누설을 막기 위해 설치되는 평평한 링 모양으로 변형이 가능한 것이어야 한다. 실의 일종으로 실 중에서 운동부가 아닌 곳에 설치되는 것을 말한다. 스템 부위와 같이 스템이 움직

이는 곳에 설치되는 실은 패킹이라 한다.

gate　게이트. 게이트밸브의 흐름제어요소. 웨지 또는 슬라이드라고도 한다.

gate valve　게이트밸브. 측면에서 가로질러 유체흐름 경로에 들어가는 유체흐름 제어요소를 갖는 한 형태의 밸브.

gear operator　밸브를 닫기 위해 필요한 힘을 경감시켜주는 기어변속기구를 갖는 밸브의 작동기구.

gland　글랜드. 패킹을 눌러 밸브의 스템이나 샤프트에 압착하여주는 데 사용되는 튜브형태의 부품. 글랜드 부싱(gland bushing)이라고도 한다.

gland flange　밸브의 보닛에 조여주어 글랜드에 힘을 가하기 위해 사용되는 부품. OS&Y 스템 작동설계 형식에서 주로 볼 수 있다.

gland nut　글랜드에 힘을 가하기 위해 보닛 상부에서 또는 안쪽에 위치하는 나사 너트.

globe valve　글로브밸브. 2장 밸브 참조

grooved end　유사한 그루브 연결배관에 밸브를 연결하도록, 결합기구를 수용하도록 원주의 그루브 곡면부를 갖는 밸브의 연결형식.

hard facing　마모와 부식에 저항성을 갖도록 상대적으로 무른 원 재질에 스텔라이트 등의 단단한 재질을 용접하고 가공하여 강화시킨 면 또는 시트면.

head　수두. 유체의 압력을 유체의 위치에너지(액주)로 표현한 것.

high-performance butterfly valve　디스크의 시트면이 회전 중심에서 편심되어 있어 연속된 시트면을 가지며, 시팅과 언시팅 시에 캠의 작용을 하도록 한 버터플라이밸브.

huddling chamber　순간적으로 밸브를 완전 개방하고 높은 언시팅 힘을 생성하기 위해 언시팅 위치에서 고압의 유체를 잡고 있는 안전밸브나 안전방출밸브의 시트 면에 인접한 공간.

hydraulic actuator　유압구동기. 에너지원으로 액체(대개는 오일)를 사용하는 밸브 구동기 또는 구동장치.

inherent flow characteristic　밸브를 통과하는 유체의 압력강하가 일정한 밸브의 흐름특성.

inside rising system ISRS. 내부 상승식 스템 형식. 밸브 보닛에 암나사가 나 있고 스템에 수나사가 나 있어 스템을 회전시키면 밸브로 나오거나 들어가는 스템의 설계형식.

installed flow characteristic 밸브가 배관에 설치되어 나타나는 밸브의 실제 유량 특성(밸브를 통과하는 압력 강하가 다르기 때문이다).

iron body, bronze-mounted 청동재질 트림을 사용하는 주철밸브를 나타내는 용어.

jam seat 밸브를 조립했을 때 볼에 의해 압축을 받는 눌리는 비금속 시트 링의 볼밸브 시트 설계형식.

knife gate valve 나이프 게이트밸브. 2장 밸브 참조

laminar flow 흐름의 방향들이 평행하고 한정된 경로를 따라 유체의 입자가 이동하는 유체의 흐름. 점성흐름 또는 층류(streamline flow)라 한다.

lantern ring 보닛의 누출 연결배관(leakoff connection)을 구성하는 스템 패킹부에 위치하는 금속링. 패킹을 상부와 하부로 나누어 준다.

leakoff connection 밸브의 보닛에 스터핑박스로 관통하는 나사구멍으로 하부 패킹에서의 누설을 채집하거나 스터핑박스에 윤활제를 주입하는 데 사용된다.

lift check valve 유체의 흐름 방향으로 흐름제어요소가 움직이는 체크밸브의 한 유형. 유체의 힘으로 흐름제어요소를 시트에서 들어 올려 멀어지게 한다. 즉 밸브를 열게 한다.

linear flow characteristic 선형유량특성. 3장 유체흐름 참조

linear valve actuator 스템을 사용하는 밸브, 즉 게이트밸브, 글로브밸브와 다이어프램밸브의 선형운동을 갖는 구동기.

linear-to-rotary actuator 선형운동의 출력을 회전운동으로 바꾸어 볼밸브나 버터플라이밸브와 같이 회전운동을 하는 샤프트를 가진 밸브에 사용되는 구동기.

lined butterfly valve	디스크의 회전축이 몸체의 라이너와 디스크의 중심에 일치하는 버터플라이밸브.
liner	라이너. 밸브 안쪽에 적용된 비금속 커버링. 내부식성을 주기 위해 대부분 플러그밸브, 다이어프램밸브, 버터플라이밸브에 사용된다.
lubricated plug valve	작동에 필요한 힘을 감소시키고 내부누설이 없도록 밀봉을 높이기 위해 실런트(윤활제)를 주입하여 사용하는 플러그밸브의 설계형식.
lug body	연결부를 갖지 않으나 플랜지 연결배관에 나사구멍으로 조일 수 있도록 귀붙이(lug)를 갖는 밸브 몸체.
MOV	Motor Operated Valve. 전기모터로 구동되는 밸브로, 감속기(gear operator)가 포함된 구동기가 필요하다.
multi-port valve	멀티포트밸브. 볼밸브나 플러그밸브 등에서 두 개보다 많은 연결구를 가져 흐름 방향을 바꾸어주는 데 사용되는 밸브.
needle valve	니들밸브. 2장 밸브 참조
negative position	유체의 입구압력이 닫힌 위치를 열리게 하여 밸브의 실링을 방해하는 멀티포트밸브의 설치 위치.
non-return valve	stop check valve. 스톱 체크밸브
non-rising stem	NRS. 비상승식 스템형식. 2장 밸브 참조
on-off block valve	차단밸브
operator	actuator
outside-screw-and-yoke	OS&Y. 2장 밸브 참조
OVERPRESSURE	과압 또는 초과압력. 압력이 압력방출밸브의 설정압력 이상으로 증가한 상태의 압력.
packing	패킹. 밸브의 스템이나 샤프트를 통한 외부 누설을 방지하

기 위해 사용되는 변형 가능한 비금속재질의 성형 실.

packing chamber — stuffing box. 보닛 내부에 패킹을 넣는 공간과 스템이 이동하는 구멍을 갖는 원주의 공간.

parallel slide gate valve — 두 개의 시트면이 평행하게 위치하며, 분리된 두 개의 디스크 또는 디스크의 시트면이 몸체에 설치된 시트면에 슬라이딩하면서 밸브의 열림과 닫힘이 이루어지는 게이트밸브.

plate — 플레이트. 웨이퍼 체크밸브(wafer check valve)의 흐름제어요소.

plug — 플러그. 플러그밸브의 흐름제어요소.

plug cock — 작은 크기의 플러그밸브. 플러그와 몸체 사이에 저항을 감소시키기 위한 것이 없다.

plug valve — 플러그밸브. 실린더 형태나 원뿔형의 흐름제어요소를 사용하는 밸브로, 흐름제어요소를 90° 회전하여 여닫는 밸브이다.

pneumatic actuator — 공압구동기. 에너지원으로 압축된 가스(공압)를 사용하는 밸브 구동기.

port — bore

positive position — 유체의 입구압력이 열림 위치를 닫히게 작용하여 밸브의 실링을 도와주는 멀티포트밸브의 설치 위치(반의어/negative position).

pressure relief valve — 압력방출밸브. 설정압력에서 자동적으로 열려 유체를 방출하도록 설계된 밸브로, 압력 강하가 설정압력 이하가 되면 자동적으로 닫히는 밸브.

pressure seal joint — 유체의 압력이 실링을 압축하여 내누설력을 높여 외부누설을 방지하도록 설계된 보닛과 몸체의 결합방식의 설계.

pig — 피그. 용접 완료된 (또는 운전가동) 배관에 공사기간 또는 보수기간 중 혼입된 유지분이나 이물질, 수분 또는 작업자의 부주의로 배관 내에 잔존해 있는 이물질(용접똥, 장갑, 소공구)과 사용 배관의 녹 및 불순물 등 스케일을 제거하고 방청처리에 사용되는 소형 로봇 또는 기구를 말한다.

공사(보수) 완료 후 이송되는 제품에 대한 순도를 높임과 동시에 배관의 점식 및 부식을 방지함으로써 설비의 수명을 연장시키고, 효율을 상승시킨다.

position 개도(유량조절 위치)

pressure drop 압력강하. 배관 또는 밸브의 입구와 출구의 압력 차이를 말한다. 이것은 보통 배관이나 밸브에 대한 유체의 마찰 결과로도 볼 수 있다. 배관이나 밸브의 축소와 확대, 방향의 변화와 다른 물리적인 값들이 압력강하에 영향을 준다. 작은 구경의 배관이나 밸브에서 고속의 유체흐름은 더 큰 압력강하를 일으킨다. 큰 지름의 배관이나 밸브에서 낮은 속도로 유체가 흐른다면 작은 값의 압력강하를 갖게 된다. 예를 들어 정원의 호스의 압력이 40 psi이고 대기압의 해면 수위는 15 psi이다. 따라서 노즐을 통과하는 압력강하는 25 psi이다.

quarter turn valve 밸브의 유체흐름 제어요소가 90° 회전하여 밸브를 여닫는 볼밸브, 버터플라이밸브, 플러그밸브가 이에 해당한다.

quick opening flow characteristic 3장 유체흐름 참조

rack and pinion actuator 랙 앤 피니언 구동기. 랙과 피니언 기어를 사용하여 직선운동을 회전운동으로 변환하여 90° 회전하여 열고 닫는 밸브에 사용되는 구동기.

reduced bore 축소 지름. reduced port

reduced port 게이트밸브의 배관 지름과 거의 동일한 지름인 full port 또는 full bore보다 작은 밸브 포트를 말하며, 볼밸브의 경우 full port의 60% 정도의 지름을 말한다.

regular port 레귤러포트. 볼밸브나 플러그밸브에서 full port에 비해 볼밸브의 경우 75~90%, 플러그밸브에서 60~70% 정도 작은 밸브의 보어 또는 포트.

regulator 레귤레이터. 밸브 입구의 조건에 대해 일정한 밸브 출구 조건으로 유지하는 장치나 제어시스템.

relief valve 릴리프밸브. 유체에 적용되는 압력방출밸브.

resistance coefficient	저항계수. 유체흐름에 대한 밸브의 저항을 나타내는 계수. 밸브의 구조적인 영향에 의해 결정된다.
rising system	밸브를 열 때 스템이 상승하는 타입의 스템 형식.
rotary actuator	회전형 구동기. 쿼터턴밸브에 사용되는 직접적으로 회전운동을 생성하는 밸브구동기.
safe relief valve	가스, 액체, 증기에 사용할 수 있는 압력방출밸브.
safety valve	안전밸브. 가스와 증기에 사용되는 압력방출밸브.
scotch-yoke actuator	스카치 요크 구동기. 쿼터턴밸브에 사용하기 위해 스카치 요크 기구변환방식으로 직선운동을 회전운동으로 바꾸어 주어 회전운동을 생성하는 밸브구동기.
sealant	실런트. 내부 누설에 대해 내누설을 높이고 작동력을 감소시키기 위해 윤활 플러그밸브에 주입하는 그리스와 같은 물질.
seat	내부 누설을 막기 위해 또는 유체흐름을 닫기 위해 몸체와 흐름제어요소가 접촉하는 부위.
seat ring	밸브에 결합하여 밸브의 시트가 되는 링 모양의 부품.
service condition	사용조건
set pressure	설정압력. 압력방출밸브가 열리기 시작하는 압력. 대부분 밸브스프링의 장력을 조정하여 설정된다.
shaft	샤프트. 흐름제어요소에 구동력을 전달하는 기다란 봉으로 회전운동을 전달하는 요소(직선운동 구동력. 전달요소는 stem).
shell	압력용기. 유체를 내부에 가지며, 유체의 압력을 유지하는 밸브의 부품으로 몸체, 보닛, 캡 등의 압력유지 부품.
short pattern valve	면간(face-to-face or end-to-end)이 표준보다 짧은 밸브.
sleeved plug valve	몸체의 시팅면에 비금속 라이닝을 갖는 플러그밸브.
slide	나이프 게이트밸브의 게이트의 다른 이름.
slide valve	knife gate valve
slurry	액체에 작은 고체입자가 혼합된 유체.

socket-weld end	소켓 연결. 필렛 용접으로 배관에 연결하도록 카운트보어를 갖는 밸브의 연결방식.
soft seat	플라스틱이나 금속보다 상대적으로 연질인 비금속재질의 시트 또는 시트링.
solder end	구리 튜브에 연결하도록 카운트보어를 갖고 납땜되는 밸브 연결.
solid wedge gate	솔리드 웨지게이트. 쐐기 모양의 하나의 강체로 구성된 게이트로, 게이트밸브의 대표적인 게이트로 유연성이 없다.
sour gas	황화수소가 주요 성분인 천연가스.
specific Volume	비용적[밀도(체적당 질량) ρ의 역(함수)]
spherical seat	구면시트. 글로브밸브의 시트형식의 일종으로 원뿔형 시트링의 시트면과 디스크의 구면시트가 만나서 시트라인을 구성하는 시트.
split-wedge gate	스플릿 웨지게이트. 두 개의 분리된 디스크로 구성되는 게이트.
spring-return actuator	스프링 리턴 구동기. 스프링장착 단동형 구동기. 내부에 스프링을 가지며 구동 시작 위치에서 흐름제어요소를 움직일 때 구동에너지원을 이용하여 스프링을 압축하고 움직이며, 구동에너지원을 상실하였을 때 스프링의 복원력을 이용하여 시작 위치로 되돌아오도록 구성된 구동기.
spur gear operator	스퍼기어 작동기. 밸브의 흐름제어요소를 구동시키기 위한 힘을 경감하기 위해 사용되는 스퍼기어 기구로 구성된 작동기 또는 구동기.
steam working pressure	스팀의 온도가 밸브 용기재질의 최대 온도를 초과하지 않는 범위 내에서 사용할 때의 최대 사용 수용압력. S, SP, SWP로 표시한다.
stem	밸브의 흐름제어요소에 구동력을 전달하는 또는 움직이는 직선운동 전달기구 또는 부품. 주로 게이트, 글로브, 다이어프램밸브에서 사용된다.
stem bushing	yoke nut, stem nut
stop check valve	시트에 디스크를 고정할 수 있는 스템이 있어 정지밸브

	(stop valve)의 추가 기능을 갖도록 구성된 리프트 체크밸브(lift check valve). non-return valve라고도 한다.
stop valve	스톱밸브, 차단밸브. 유체흐름의 시작과 멈춤을 위한 용도로만 사용되는 밸브.
stroke	개도(유량조절 행정거리)
stuffing box	스템을 통한 외부 누설을 방지하기 위해 사용되는 패킹이 장착되는 보닛에 마련한 공간. packing chamber
swing check valve	스윙 체크밸브. 2장 밸브 참조
threaded end	나사연결(부). 수나사로 연결되는 배관에 암나사 배관 연결을 갖는 밸브의 연결(부) 또는 연결방식.
throttling	밸브의 흐름제어요소를 움직여 배관의 유체흐름량을 조절하는 일련의 과정 또는 프로세스.
throttling valve	유량조절용 밸브
tilting disc check valve	틸팅 디스크 체크밸브. 스윙 체크밸브의 일종으로 디스크의 스윙운동의 중심축이 디스크 중심에 가까우며, 작은 관성모멘트를 가지게 되어 유체의 흐름작용에 민감하게 작용하도록 구성된 체크밸브. 완전 열림에서 유체의 흐름 에너지를 이용하여 완전 열림에 도움을 주도록 양력을 이용한 설계방식도 이에 해당한다.
translating stem valve	글로브밸브. 게이트밸브 또는 다이어프램밸브에서 스템이 주축을 따라서 이동할 때 동시에 회전하는 스템을 갖는 밸브.
trim	트림. 밸브 용기의 내부에 몸체 외에 유체와 접촉하는 흐름제어요소 부품들로 스템 또는 샤프트, 시트링, 플러그 또는 디스크 등이 이에 해당한다. 트림은 유체의 압력을 받는 부품이 아니어서 압력용기가 아니다.
turbulent flow	난류
union joint	유니언 체결방식. 몸체에 보닛을 결합하는 데 있어 암나사가 있는 너트를 이용하여 수나사가 나 있는 몸체에 결합하

	는 방식.
upstream	(밸브의) 입구
valve sizing	밸브 크기 선정
vapor	증기. 액체상태에 가까운 온도와 압력을 갖는 가스. 건조증기(dry steam)는 물에 가까운 상태의 증기이며, 습증기(wet vapor)는 증기와 유체입자가 혼합된 기체이다.
venturi port	full port보다 작은 포트로 40~50% 정도 작다.
wafer body	배관과의 연결부가 없으나 양단의 플랜지에 이를 장착하는 공간이 있어 스터드볼트로 체결하는 형식의 몸체.
wafer check valve	wafer body 형식을 가지며 스프링이 장착된 두 개의 플레이트 흐름제어요소를 가지며 접히는 운동형태를 갖는 체크밸브.
water hammer	워터 해머. 배관 유체의 속도가 갑자기 멈추는 경우(밸브를 매우 빠른 속도로 닫는 경우와 같이)에 발생할 수 있는 현상으로 유체의 속도가 급격히 낮아진 위치에서 압력이 급격히 증가하여 생긴 역류가 압력파동의 형태로 반영되는 것으로, 충격음과 진동을 발생시킨다. 초기 발생 압력의 증가가 크면, 배관이 터지거나 파열될 수 있다.
Water-Oil-Gas	대기온도조건에서의 허용 작동압력(WOG or CWP)
working pressure	사용압력. 밸브 입구에서 측정되는 유체의 압력. 유체의 압력은 밸브를 통과하면서 하강하여 출구에서 낮아진다.
worm gear operator	4장 구동기 참조
yoke	요크. 밸브와 구동부를 연결하는 부위로 보닛의 연장부라고 할 수 있다. Y자 모양을 뒤집은 모양으로 요크너트에 의해 고정되며 스템이 움직이는 관통부가 있어야 한다.
yoke bushing	yoke nut
yoke nut	요크너트. 요크 상단부에 위치하여 밸브의 스템과 나사로 체결되도록 내부에 나사가 형성된 부품. 글로브밸브나 게

이트밸브에서 요크너트를 회전시키면 요크너트는 상하로 움직이지 못하도록 구성되어 있어 이러한 회전력은 스템의 직선운동으로 바뀌게 되어 흐름제어요소를 움직이게 한다.

Y-pattern globe valve　Y-타입 글로브밸브. 유체흐름 경로에 Y모양으로 기울어진 스템 또는 구동부를 갖는 설계형식의 글로브밸브.

Appendix 3 ASTM Valve Materials

Group 1 Materials

ASME B16.34 Group No.	Material			Product Form									
				Forgings		Castings		Plates		Bars		Tubular	
	Comercial Name	Nominal Designation	Temperature Service	Spec. No.	Grade	Spec. No.	Grade	Spec. No.	Grade	Spec. No.	Grade	Spec. No.	Grade
1.1	Carbon Steel	C	-20°F to 800°F							A675	70 (1)		
	Carbon Steel	C-Si	-20°F to 800°F	A105 (2)		A216	WCB (2)	A515	70 (2)	A105 (2)		A672	B70 (2)
	Carbon Steel		-20°F to 800°F							A696	C (2)		
	Cold Temp. Service	C-Mn-Si	-50°F to 800°F	A350	LF2 (2)			A516	70 (2)	A350	LF2 (2)	A672	C70 (2)
	Fusion welded Steel		-20°F to 700°F					A537	Cl. 1				
1.2	Carbon Steel	C-Si	-20°F to 800°F									A106	C
	Carbon Steel	C-Mn-Si	-20°F to 800°F			A216	WCC (2)						
	Cold Temp. Service		-50°F to 650°F			A352	LCC						
	Low Temp. Service	2 1/2Ni	-100°F to 650°F			A352	LC2	A203	B				
	Low Temp. Service	3 1/2Ni	-150°F to 650°F	A 350	LF3	A352	LC3	A203	E	A350	LF3		
1.3	Carbon Steel	C	-20°F to 800°F							A675	65 (1)		
	Low Carbon Steel	C-Mn-Si	-20°F to 800°F					A516	65			A672	C 65
	Cold Temp. Service	C-Si	-50°F to 650°F			A352	LCB	A515	65			A672	B 65
	Low Temp. Service	2 1/2Ni	-100°F to 800°F					A203	A				
	Low Temp. Service	3 1/2Ni	-150°F to 800°F					A203	D				
1.4	Carbon Steel	C	-20°F to 800°F							A675	60 (1)(2)(4)		
	Low Carbon Steel	C-Si	-20°F to 800°F					A515	60 (2)(4)			A106	B (2)
			-20°F to 800°F									A672	B 60 (2)
		C-Mn-Si	-20°F to 800°F	A350	LF1 (2)			A516	60 (2)(4)	A350	LF1 (2)	A672	C 60 (2)
			-20°F to 1000°F							A696	B		
1.5	High Temp. -1/2 Moly St.	C-1/2Mo	-20°F to 875°F	A182	F1 (3)	A217	WC1 (3)	A204	A (3)	A182	F1 (3)	A691	CM-70 (3)
			-20°F to 875°F					A204	B (3)				
	Cold Temp. -1/2 Moly St.		-75°F to 650°F			A352	LC1						
1.6	Carbon - 1/2 Moly St.	C-1/2Mo	-20°F to 875°F									A335	P1 (3)
			-20°F to 875°F									A369	FP1 (3)
	1/2Chrome-1/2Moly St.	1/2Cr-1/2Mo	-20°F to 875°F					A387	2 Cl.1 (3b)			A691	1/2Cr (3b)
			-20°F to 1000°F					A387	2 Cl. 2				
	1Chrome-1/2Moly St.	1Cr-1/2Mo	-20°F to 1100°F					A387	12 Cl. 1 (5)				
1.7	Carbon - 1/2 Moly St.	C-1/2Mo	-20°F to 875°F					A204	C			A691	CM-75
	1/2Chrome-1/2Moly St.	1/2Cr-1/2Mo	-20°F to 1000°F	A182	F2					A182	F2		
	1/2Cr- 1/2 Mo-1Ni St.	Ni-1/2Cr-1/2Mo	-20°F to 1000°F			A217	WC4						
	3/4Cr - 1Mo-3/4Ni St.	3/4Ni-Mo-3/4Cr	-20°F to 1050°F			A217	WC5						

(1) Leaded grades Shall not be used. For services above 850°F only killed steels with not less than 0.10% residual silicon be used.
(2) Permissible, but not recommended for prolonged use above 800°F. Max. Temp. Service of 1000°F for short periods of time.
(3) Permissible, but not recommended for prolonged use above 875°F. Max. Temp. Service of 1000°F for short periods of time.
(3b)Permissible, but not recommended for prolonged use above 875°F. Max. Temp. Service of 1200°F for short periods of time.
(4) Not to be used over 850°F
(5)Permissible, but not recommended for prolonged use above 1100°F. Max. Temp. Service of 1200°F for short periods of time.

Group 1 Materials

ASME B16.34 Group No.	Material			Product Form									
				Forgings		Castings		Plates		Bars		Tubular	
	Comercial Name	Nominal Designation	Temperature Service	Spec. No.	Grade	Spec. No.	Grade	Spec. No.	Grade	Spec. No.	Grade	Spec. No.	Grade
1.8	1Chrome-1/2Moly St.	1Cr-1/2Mo	-20°F to 1100°F					A387	12 Cl.2 (4)			A691	1CR (4)
			-20°F to 1100°F									A335	P12 (4)
			-20°F to 1100°F									A369	FP12 (4)
	11/4Chrome-1/2Moly St.	1-1/4Cr-1/2Mo-Si	-20°F to 1100°F					A387	11 Cl.1 (4)			A691	1-1/4CR (4)
			-20°F to 1100°F									A335	P11 (4)
			-20°F to 1100°F									A369	FP11 (4)
	21/4Chrome- 1Moly St.	2-1/4Cr-1Mo	-20°F to 1100°F					A387	22 Cl.1 (4)			A691	2-1/4CR (4)
			-20°F to 1100°F									A335	P22 (4)
			-20°F to 1100°F									A335	FP22 (4)
1.9	1Chrome-1/2Moly St.	1Cr-1/2Mo	-20°F to 1100°F	A182	F12 Cl.2 (4)					A182	F12 Cl.2 (4)		
	11/4Chrome-1/2Moly St.	1-1/4Cr-1/2Mo-Si	-20°F to 1100°F	A182	F11 Cl.2 (4)			A387	11 Cl.2 (4)	A182	F11 Cl.2 (4)		
	11/4Chrome-1/2Moly St.	1-1/4Cr-1/2Mo	-20°F to 1100°F			A217	WC6			A739	B11 (4)		
1.10	21/4Chrome- 1Moly St.	2-1/4Cr-1Mo	-20°F to 1100°F	A182	F22 Cl.3	A217	WC9	A387	22 Cl.2 (4)	A182	F22 Cl.3 (4)		
			-20°F to 1100°F							A739	B2210.2 (4)		
1.11	3Chrome- 1Moly St.	3Cr-1Mo	-20°F to 1000°F	A182	F21 (5)			A387	21 Cl.2 (5)	A182	F21 (5)		
	Manganese-1/2Moly St.	Mn-1/2Mo	-20°F to 875°F					A302	A & B (2)				
	Mn-Si-1/2Mo-1/2Ni St.	Mn-s1/2Mo-1/2Ni	-20°F to 875°F					A302	C (2)				
	Mn-1/2Mo-3/4Ni St.	Mn-1/2Mo-3/4Ni	-20°F to 875°F					A302	D (2)				
	Carbon - Manganese St.	C-Mn-Si	-20°F to 700°F					A537	CL2				
1.12	5Chrome -1/2Moly St.	5Cr-1/2Mo	-20°F to 1200°F					A387	5 Cl.1			A691	5CR
			-20°F to 1200°F					A387	5 Cl. 2			A335	P5
			-20°F to 1200°F									A369	FP5
		5Cr-1/2Mo-Si	-20°F to 1200°F									A335	P5b
1.13	5Chrome -1/2Moly St.	5Cr-1/2Mo	-20°F to 1200°F	A182	F5a	A217	C5			A182	F5a		
			-20°F to 1200°F	A182	F5								
1.14	9 Chrome -1 Moly St.	9Cr-1Mo	-20°F to 1200°F	A182	F9	A217	C12			A192	F9		
1.15	9Cr-1Mo-V	9Cr-1Mo-V	-20°F to 1200°F	A182	F91	A217	C12A	A387	91 Cl. 2	A182	F91	A335	P91

(1) This material is not yet published in ASME B16.34-1996 (See the Pressure -Temperature Ratings on this Technical Data).
(2) Permissible, but not recommended for prolonged use above 875°F. Max. Temp. Service of 1010°F for short periods of time.
(4) Permissible, but not recommended for prolonged use above 1100°F. Max. Temp. Service of 1200°F for short periods of time.
(5)Permissible, but not recommended for prolonged use above 1000°F. Max. Temp. Service of 1200°F for short periods of time.

Group 2 Materials

ASME B16.34 Group No.	Material			Product Form									
				Forgings		Castings		Plates		Bars		Tubular	
	Comercial Name	Nominal Designation	Temperature Service	Spec. No.	Grade	Spec. No.	Grade	Spec. No.	Grade	Spec. No.	Grade	Spec. No.	Grade
2.1	Type 304 Standard	18Cr-8Ni	-425(6) to 1000°F(2)	A182	F304	A351	CF3	A240	304	A182	F304	A312	TP304
			-425(6) to 1000°F(2)							A479	304	A358	304
			-425(6) to 1000°F(2)									A376	TP304
			-425(6) to 1000°F(2)									A430	FP304
	304 High Temp. Service	18Cr-8Ni	-20 to 1500°F	A182	F304H	A351	CF8	A240	304H	A182	F304H	A312	TP304H
			-20 to 1500°F							A479	304H	A376	TP304H
			-20 to 1500°F									A430	FP304H
2.2	Type 316 Standard	16Cr-12Ni-2Mo	-425(7) to 1000°F(2)	A182	F316			A240	316	A182	F316	A312	TP316
			-425(7) to 1000°F(2)							A479	316	A358	316
			-425(7) to 1000°F(2)									A376	TP316
			-425(7) to 1000°F(2)									A430	FP316
		18Cr-12Ni-2Mo	-425(7) to 1000°F(2)			A351	CF8M						
	316 High Temp. Service	16Cr-12Ni-2Mo	-20 to 1500°F	A182	F316H			A240	316H	A182	F316H	A312	TP316H
			-20 to 1500°F							A479	316H	A376	TP316
			-20 to 1500°F									A430	FP316H
		18Cr-12Ni-2Mo	-20 to 1500°F			A351	CF10M						
	Type 317	18Cr-13Ni-3Mo	-20 to 1000°F	A182	F317			A240	317	A182	F317	A312	TP317
		19Cr-10Ni-3Mo	-20 to 1000°F			A351	CG8M						
2.3	304L (low carbon stainless Steels)	18Cr-8Ni	-425(6) to 800°F	A182	F304L			A240	304L	A182	F304L	A312	TP304L
			-425(6) to 800°F							A479	304L		
	316L (low carbon stainless Steels)	16Cr-12Ni-2Mo	-425(7) to 850°F	A182	F316L			A240	316L	A182	F316L	A312	TP316L
			-425(7) to 850°F							A479	316L		
		18Cr-12Ni-2Mo	-425(7) to 850°F			A351	CF3M (4)						
2.4	Type 321 Standard	18Cr-10Ni-Ti	-425(6) to 1000°F(2)	A182	F321			A240	321	A182	F321	A312	TP321
			-425(6) to 1000°F(2)							A182	F321H	A358	321
			-425(6) to 1000°F(2)							A479	321H	A376	TP321
			-425(6) to 1000°F(2)									A430	FP321
	321 High Temp. Service	18Cr-10Ni-Ti	-20 to 1500°F	A182	F321H			A240	321H	A479	321	A312	TP321H
			-20 to 1500°F									A376	TP321H
			-20 to 1500°F									A430	FP321H

(2) At temperatures over 1000°F , use only when the carbon content is 0.04% or higher. Max. temperature service 1500°F

(3) This material is classified in group 2.1 in ASME B16.34-1966, The ratings are higher than 304L but the temperature limits are the same.

(4) This material is classified in group 2.1 in ASME B16.34-1966, The ratings are higher than 316L but the temperature limits are the same.

(6) For Cryogenic application

(7) For Cryogenic application. 316 & 316L shall meet requirements of low-temp in ASME B31.3, Paragraph 323.2 for LH2 Service.

Group 2 Materials

ASME B16.34 Group No.	Material			Product Form									
				Forgings		Castings		Plates		Bars		Tubular	
	Comercial Name	Nominal Designation	Temperature Service	Spec. No.	Grade	Spec. No.	Grade	Spec. No.	Grade	Spec. No.	Grade	Spec. No.	Grade
2.5	Type 347 Standard	18Cr-10Ni-Cb	-425(6) to 1000°F(7)	A182	F347	A351	CF8C	A240	347	A182	F347	A312	TP347
			-425(6) to 1000°F(7)							A479	347	A430	FP347
			-425(6) to 1000°F(7)									A376	TP347
			-425(6) to 1000°F(7)									A430	FP347
	347 High Temp. Service	18Cr-10Ni-Cb	-20 to 1500°F	A182	F347H	A351	CF8C (1)	A240	347H	A182	F347H	A312	TP347H
			-20 to 1500°F							A479	347H	A376	TP347H
			-20 to 1500°F									A430	FP347H
	Type 348 Standard	18Cr-10Ni-Cb	-20 to 1000°F	A182	F348			A240	348	A182	F348	A376	TP348
			-20 to 1000°F							A479	348	A312	TP348
	348 High Temp. Service	18Cr-10Ni-Cb	-20 to 1500°F	A182	F348H			A240	348H	A182	F348H	A376	TP347H
			-20 to 1500°F							A479	348H	A312	TP348H
2.6	309 (Heat resistant Stailess Steels)	25Cr-12Ni	-20 to 1500°F			A351	CH8 (1)						
			-20 to 1500°F			A351	CH20 (1)						
		23Cr-12Ni	-20 to 1500°F					A240	309S(1)(4)(5)			A312	TP309H
			-20 to 1500°F					A240	309H			A358	309H
2.7	310 (Heat resistant Stailess Steels)	25Cr-20Ni	-450(6) to 1500°F	A182	F310H	A351	CK20	A240	310S	A182	F310H	A312	TP310H
			-450(6) to 1500°F					A240	310H	A479	310H		
			-450(6) to 1500°F							A479	310S	A358	310H
2.8	254 SMO (8) UNS S31254	20Cr-18Ni-6Mo	-20 to 750°F	A182	F44	A351	CK3MCuN	A240	S31254			A312	S31254
			-20 to 750°F							A479	S31254	A358	S31254
	Duplex S31803	22Cr-5Ni-3Mo-N	-20 to 600°F	A182	F51	A182	F51	A240	S31803	A479	S31803	A789	S31803
			-20 to 600°F									A790	S31803
	Super-Duplex S32750	25Cr-7Ni-4Mo-N	-20 to 600°F	A182	F53	A182	F53	A240	S32750	A479	S32750	A789	S32750
			-20 to 600°F									A790	S32750

(1) With Carbon content between 0.04 and 0.08.
(2) The casting grades are not published in ASME B16.34 - 1966. The references are mentioned for convenience.
(3) At temperatures over 1000°F, use only if the material is heat treated by heating to a minimum temperature of 2000°F.
(4) At temperatures over 1050°F, only when grain size is not finer then ASTM 6.
(5) For temperatures above 1000°F, use only if the material is solution heat treated at temperature specified, but not lower than 1900°F and quenched in water or rapidly cooling.
(6) For Cryogenic application
(7) At temperatures over 1000°F , use only if the carbon content is 0.04% or higher. Max temperature service 1500°F
(8) This alloy is a proprietary trademark of Avesta Sheffield.

Group 3 Materials

ASME B16.34 Group No.	Material			Product Form									
				Forgings		Castings		Plates		Bars		Tubular	
	Comercial Name	Nominal Designation	Temperature Service	Spec. No.	Grade	Spec. No.	Grade	Spec. No.	Grade	Spec. No.	Grade	Spec. No.	Grade
3.1	Alloy 20	35Ni-35Fe-20Cr-Cb	-20 to 800°F	B462	N08020			B463	N08020	B473	N08020	B464	N08020
			-20 to 800°F									B468	N08020
	Obsolete Cast Alloy 20	28Ni-19Cr-Cu-Mo	-20 to 300°F					A351	CN7M				
	New Cast Alloy 20 (8)	28Ni-19Cr-Cu-Mo	-20 to 300°F (9)					A990	CN3MCu				
3.2	Nickel	99Ni	-423(5) to 600°F	B160	N02200			B162	N02200	B160	N02200	B161	N02200
			-423(5) to 600°F									B163	N02200
		95Ni	-423(5) to 600°F			A494	CZ100 (1)						
3.3	Nickel low C	99Ni-Low C	-423(5) to 1200°F	B160	N02201			B162	N02201	B160	N02200		
3.4	Monel 400	67Ni-30Cu	-423(5) to 900°F	B564	N04400	A494	M35-1 (1)	B127	N04400	B164	N04400	B165	N04400
			-423(5) to 900°F			A494	M30C (1)					B163	N04400
		67Ni-30Cu-S	-20 to 900°F	B564	N04405					B164	N04405		
3.5	Inconel 600	72Ni-15Cr-8Fe	-430(5) to 1200°F	B564	N06600			B168	N06600	B166	N06600	B167	N06600
			-430(5) to 1200°F									B163	N06600
3.6	Incoloy 800	33Ni-42Fe-21Cr	-20 to 1500°F	B564	N08800			B409	N08800	B408	N08800	N163	N08800
3.7	Hastelloy B-2	65Ni-28Mo-2Fe	-425(5) to 800°F	B335	N10665	A494	N7M (1)	B333	N10665	B335	N10665	B622	N10665
3.8	Hastelloy C276	54Ni-16Mo-15Cr	-425(5) to 1250°F	B574	N10276			B575	N10276	B574	N10276	B622	N10276
	Chlorimet 3 (6)	56Ni-19Mo-18Cr-2Fe	-425(5) to 1250°F			A494	CW-6M (3)						
	Cast Hastelloy C-276 (7)	56Ni-16Mo-16Cr-2Fe	-425(5) to 1250°F			A494	CW-2M (1)						
	Hastelloy C-22 (2)	55Ni-21Cr-13.5Mo	-430(5) to 1250°F	B574	N06022			B575	N06022	B574	N06022	B622	N06022
	Cast Hastelloy C-22	59Ni-22Cr-14Mo-4Fe-3W	-430(5) to 1250°F			A494	CX2MW (4)						

(1) The casting grade is not published in ASME B16.34-1966, the reference is mentioned for convenience.
(2) This material is not yet published in ASME B16.34, because is new material.
(3) The casting grade is not published in ASME B16.34 - 1966. Material considered as A494-CW6M (S Number) in ASME PVC.
(4) The casting grade is not published in ASME B16.34 - 1966. Material considered as SA494-CX2MW (P Number) in ASME PVC.
(5) For Cryogenic application
(6) This is a Trademark of Flowserve (Durco 6W6M , UNS N30107)
(7) This Alloy is considered the cast equivalent to Hastelloy C-276 and is aweldable alloy with NiCrMo-7 or NiCrMo-10 Filler Material.
(8) This alloy is specially controlled to obtain weldability properties. Can be welded with AWS A5.4 and AWS A5.9 320LR
(9) The specially controlled process of this alloy, provides castings with heat resistance near or equal to the wrought grades of alloy 20, that is to say 800°F , but this has not been stablished yet by ASME B16.34

Group 3 Materials

ASME B16.34 Group No.	Material			Product Form									
				Forgings		Castings		Plates		Bars		Tubular	
	Comercial Name	Nominal Designation	Temperature Service	Spec. No.	Grade	Spec. No.	Grade	Spec. No.	Grade	Spec. No.	Grade	Spec. No.	Grade
3.8	Inconel 625	60Ni-22Cr-9Mo-3.5Cb	-430(8) to 1200°F	B564	N06625	A494	CW6MC (1)	B443	N06625	B446	N06625		
	Hastelloy B	62Ni-28Mo-5Fe	-425(8) to 800°F	B335	N10001			B333	N10001	B335	N10001	B622	N10001
	Hastelloy N	70Ni-16Mo-7Cr-5Fe	-20 to 1300°F	B573	N10003			B434	N10003	B573	N10003		
	Hastelloy C-4	61Ni-16Mo-16Cr	-425(8) to 800°F	B574	N06455	A494	CW2M (1)(9)	B575	N06455	B574	N06455	B622	N06455
	Incoloy 825	42Ni-21.5Cr-3Mo-2.3Cu	-20 to 1000°F	B425	N08825	A494	CU5MCuC(1)	B424	N08825	B425	N08825	B423	N08825
3.9	Hastelloy X	47Ni-22Cr-9Mo-18Fe	-20 to 1500°F	B572	N06002			B435	N06002	B572	N06002	B622	N06002
3.10	JS-700	25Ni-47Fe-21Cr-5Mo	-20 to 650°F	B672	N08700			B599	N08700	B672	N08700		
3.11	904L	44Fe-25Ni-21Cr-Mo	-20 to 700°F	B649	N08904			B625	N08904	B649	N08904	B677	N08904
3.12	Hastelloy 20MOD	26Ni-43Fe-22Cr-5Mo	-20 to 800°F	B621	N08320			B620	N08320	B621	N08320	B622	N08320
	Alloy G3	47Ni-22Cr-20Fe-7Mo	-20 to 800°F	B581	N06985			B582	N06985	B581	N06985	B622	N06985
3.13		49Ni-25Cr-18Fe-6Mo	-20 to 800°F	B581	N06975			B582	N06975	B581	N06975	B622	N06975
	Alloy 31	Ni-Fe-Cr-Mo-Cu-Low C	-20 to 800°F	B564	N08031			B625	N08031	B649	N08031	B622	N08031
3.14	Hastelloy G	47Ni-22Cr-19Fe-6Mo	-20 to 1000°F	B581	N06007			B582	N06007	B581	N06007	B622	N06007
3.15	Alloy 800H	33Ni-2Fe-21Cr	-20 to 1500°F	B564	N08810			B409	N08810	B408	N08810	B407	N08810
	Obsolete Cast Hastelloy B (6)	Ni-Mo	-425(8) to 1000°F			A494	N-12MV						
	Obsolete Cast Hastelloy C (7)	Ni-Mo-Cr	-425(8) to 1000°F			A494	CW-12MW						
3.16	Alloy 330	35Ni-19Cr-11/4Si	-20 to 1500°F	B511	N08330			B536	N08330	B511	N08330	B535	N08330

(1) The casting grade is not published in ASME B16.34-1966, the reference is mentioned for convenience.
(5) This material is classified in group 2.8 in ASME B16.34-1966. There is not equivalent casting grade to 904L, but many times the alloy CK3MCuN is used as a substitute of 904L alloy.
(6) This casting is now considered as obsolete for many industries. The old Hastelloy B is now substituted by Hastelloy B-2 (Group 3.7)
(7) This casting is now considered as obsolete for many industries. The old Hastelloy C is now substituted by Hastelloy C-276 (Group 3.8)
(8) For Cryogenic applications
(9) This Casting alloy similar to wrought alloy C-4, is also selected as a casting alloy similar to C-276 wrought alloy
(10) This alloy is a proprietary trademark of Allegheny Ludlum Corporation

Bolting Material Specifications (1)

Common designation.	Specification No.	Grade	Notes	Common designation.	Specification No.	Grade	Notes
Alloy & S.S. Bolting	A193	-	(2)(3)	High Temp Boling (14)	A449	-	(7)(8)
Carbon Steel Bolting	A307 B	-	(4)(5)	Alloy Steel Bolting	A453	-	(9)(10)
Low Temp Bolting	A320	-	(2)(3)(6)	Alloy Steel Bolting Sp.	A540	-	-
Q & T Alloy Bolting	A354	-	-	17-4 PH Bolting	A564	630	(7)
Monel 400 Bolting (13)	B164	-	(11)(12)(13)	Ni-Cr-Fe Alloy Bolting	B408	-	(11)(12)(13)
Monel 400 Bolting (17)	B165	-	(11)(12)	Alloy 20 Bolting (15)	B473	-	(11)
Hastelloy B-2 Bolting (18)	B335	N10665	(11)	Hastelloy C-276 Bolting (16)	B574	N10276	(11)
Monel K-500 Bolting (17)(20)	B865	N05500	(11)	Hastelloy C-22 Bolting (16)	B574	N06022	(11)
Inconel 600 Bolting (19)(20)	B166	N06600	(11)	High Temp PH Ni Alloy	B637	N07718	(11)
				High Temp PH Ni Alloy	A1014	N07718	(11)

GENERAL NOTES:

(a) The user is responsible for assuring that bolting material is not used beyond the limits specified in the governing code or regulations.

(b) ASME Boiler and Pressure Vessel Code Section II material that also meet the requirements of the listed ASTM specification may also be used.

(c) Material limitations, restrictions, and special requirements are shown on pressure-temperature tables.

NOTES:

(1) Repair welding of bolting material is not permitted.

(2) Where austenitic bolting materials have been carbide solution treated but not strain hardened, they are designated Class 1 or Class 1A in ASTM A193. ASTM A194 nuts of corresponding material are recommended.

(3) Where austenitic bolting materials have been carbide solution treated and strain hardened, they are designated Class 2 in ASTM A193. ASTM A194 nuts of corresponding material are recommended.

(4) For limitations of usage and strength levels, see ASME B16.34 para. 5.1.1.(Limited to 400°F)

(5) Bolts with drilled or undersize heads shall not be used.

(6) For ferritic bolting materials intended for service at low temperatures, ASTM A194 Gr. 4 or Gr. 7 nuts are recommended.

(7) H1150 Condition Standard, H1150M for NACE MR075. Acceptable nuts for use with these quenched and tempered steel bolts are ASTM A194 Grade 2 and 2H. 194 Grade 2HM for NACE MR075.

(8) Mechanical property requirements for studs shall be the same as those for bolts.

(9) These are bolting materials suitable for high temperature service with austenitic stainless steel valve materials.

(10) Only Grades 651 and 660 shall be used.

(11) Nuts may be of the same material or may be of compatible grade of ASTM A194.

(12) Forging quality not permitted unless the producer last heating or working these parts tests them as required for other permitted conditions in the same specification and certifies their final tensile, yield, and elongation properties to equal or exceed the requirements for one of the other permitted conditions.

(13) Maximum operating temperature is arbitrarily set at 500°F (260°C) unless material has been annealed, solution annealed, or hot finished, because hard temper adversely affects design stress in the creep-rupture temperature range.

(14) With expansion Coefficients comparable to Austenitic Stainless Steels.

(15) For Temperature Service up to 800°F

(16) For Temperature Service up to 1250°F

(17) For Temperature Service up to 900°F

(18) For Temperature Service up to 800°F

(19) For Temperature Service up to 1600°F

(20) Non listed in ASME B16.34-1966.

Bolt Material	Nut Material	Temperature Range
ASTM A193 Grade B7	ASTM A194 Grade 2H	-20°F (-30°C) to + 1000°F (+538°C)
ASTM A320 Grade L7	ASTM A194 Grade 4	-150°F (-101°C) to + 1000°F (+538°C)
ASTM A193 Grade B16	ASTM A194 Grade 2H	-20°F (-30°C) to + 1100°F (+538°C)
ASTM A193 Grade B8	ASTM A194 Grade 8F	- 450°F (- 268°C) to + 1500°F (+ 801°C)
ASTM A193 Grade B8 CL2	ASTM A194 Grade 8F	- 450°F (- 268°C) to + 1000°F (+ 538°C)

참고문헌_References

서적(Books)

1. Brent T. Stojkov, The Valve Primer: Industrial Press Inc, 1997 (본문 Chapter 1, 2, 5, 6)
2. Philip L. Skousen, Valve Handbook: Second Edition, McGraw-Hill, 2004 (본문 Chapter 7, 8)
3. 민경화, 밸브의 알파와 오메가: 배관기술, 2005 (본문 Chapter 2, 10)
4. Fisher Controls Company, Control Valve Handbook: Second Edition, 1997 (본문 Chapter 2)
5. Peter Smith & R. W. Zappe, Valve Selection Handbook, fifth Edition, Elsevier, 2004 (본문 Chapter 2, Figure 2.56)

페이퍼(Papers)

1. Selhar Samy & Dave Stemler, Linear Piston Actuators, CCI: 21st AOV User's Group Conference, Winter 2002, Jan. 9-11, Clearwater Beach, FL, USA (본문 Chapter 7)
2. Flowserve, VALTEK. Sizing and Selection Manual 3 "Control Valve Sizing" (본문 Chapter 7, 8)

웹 문서(Internet Sources)

1. Jock A. Carlisle and Joan Carlisle, "John Wilkinson, Ironmaster", June 1999. (본문 Chapter 10)
2. INDUSTRIAL VALVES: WORLD MARKETS, McIlvaine report <http://www.mcilvainecompany.com/brochures/valve%20brochure/valvecharts/valvebrochure.htm> (본문 Chapter 10.3)

여기서 인용된 사진, 그림, 데이터, 자료 등은 독자들의 이해를 돕기 위해 사용하였으며, 해당 정보에 대해 더 상세한 (제품정보를 포함) 정보가 필요한 경우 이해를 돕기 위해 출처를 표시하였습니다. 사용된 모든 자료는 각 제조사 또는 기관, 개인에게 저작권이 있음을 밝힙니다. 원저작권자의 저작권을 존중하며, 인용을 허락하여 주셔서 감사드립니다. (지은이의 착오나 오류로 저작권에 대해 인용 허락을 받는 데 있어 잘못된 점이 있을 수 있으며, 이러한 사실이 있는 경우 지은이에게 알려 주시면 감사하겠습니다.)

밸브와 관련된 오해와 거짓말 Best 7

1 “본 회사는 1/2″에서 24″까지 생산하고 있으며, 압력등급으로는 150 lbf에서 4,500 lbf까지 생산하고 있습니다.”

질문> “그러면 24″ 4,500 lbf 밸브도 생산합니까?”

2 “밸브재질을 탄소강이 아닌 스테인리스로 해주세요.”

3 “압력등급이 1,500 lbf인 밸브는 평방인치당 1,500 lbf까지 밸브를 사용할 수 있는 압력입니다.”

4 “이번 밸브는요. 어떻게 설치해도 아무런 문제가 없는 밸브로 해 주세요.”

5 “이 정압밸브는 입구의 압력과 관계없이 항상 일정한 출구압력을 갖도록 해야 합니다.”

6 “밸브의 유량특성을 알고 있고, 밸브의 열림 위치를 알면 유량을 계산할 수 있지요?”

7 “*No problem!*”

밸브입문서

2009년 8월 21일 1판 1쇄 펴냄 | 2020년 1월 31일 1판 5쇄 펴냄
지은이 최병권
펴낸이 류원식 | **펴낸곳 (주)교문사(청문각)**

편집부장 김경수 | **본문편집** 이투이디자인 | **표지디자인** 이투이디자인
제작 김선형 | **홍보** 김은주 | **영업** 함승형 · 박현수 · 이훈섭

주소 (10881) 경기도 파주시 문발로 116(문발동 536-2)
전화 1644-0965(대표) | **팩스** 070-8650-0965
등록 1968. 10. 28. 제406-2006-000035호
홈페이지 www.cheongmoon.com | E-mail genie@cheongmoon.com
ISBN 978-89-6364-018-1 (93550) | **값** 16,000원

* 잘못된 책은 바꿔 드립니다. * 저자와의 협의 하에 인지를 생략합니다.

청문각은 ㈜교문사의 출판 브랜드입니다.